教育部高等学校电子信息类专业教学指导委员会规划教材

高等学校电子信息类专业系列教材

U0367315

EDA技术及应用

（第2版）

主　编　张　瑾
副主编　李泽光
参　编　韩　睿　孙芹芝

清华大学出版社

北京

内 容 简 介

本书系统介绍电子系统设计的主流技术——EDA 技术。全书共 8 章,分别为概述、CPLD/FPGA 结构与工作原理、VHDL 结构与要素、Quartus Ⅱ 应用指南、VHDL 基本语句、VHDL 设计、EDA 技术应用实例、EDA 技术设计实验项目。本书旨在使读者掌握运用 EDA 技术进行电子系统设计的方法,形成并提升EDA 设计能力。

本书安排了大量例题、习题以及应用实例,每个设计都提供了完整的程序代码,程序均经过仿真验证。第 7 章给出 5 个大型 EDA 技术应用实例以及电子系统设计常用的码制转换设计示例,所有设计均完成硬件电路并且测试成功。

本书可作为高等院校计算机类、电子信息类、自动化类以及相关专业的本科或研究生 EDA 课程教材,也可作为教师以及广大科技工作者的参考用书。

图书在版编目(CIP)数据

EDA 技术及应用/张瑾主编. —2 版. —北京:清华大学出版社,2021.10(2023.9重印)
(高等学校电子信息类专业系列教材)
ISBN 978-7-302-59241-9

Ⅰ. ①E…　Ⅱ. ①张…　Ⅲ. ①电子电路－电路设计－计算机辅助设计－高等学校－教材
Ⅳ. ①TN702

中国版本图书馆 CIP 数据核字(2021)第 191802 号

责任编辑:王　芳
封面设计:李召霞
责任校对:胡伟民
责任印制:曹婉颖

出版发行:清华大学出版社
　　　　网　　　址:http://www.tup.com.cn,http://www.wqbook.com
　　　　地　　　址:北京清华大学学研大厦 A 座　　　邮　　编:100084
　　　　社　总　机:010-83470000　　　　邮　　购:010-62786544
　　　　投稿与读者服务:010-62776969,c-service@tup.tsinghua.edu.cn
　　　　质量反馈:010-62772015,zhiliang@tup.tsinghua.edu.cn
　　　　课件下载:http://www.tup.com.cn,010-83470236
印 装 者:三河市科茂嘉荣印务有限公司
经　　销:全国新华书店
开　　本:185mm×260mm　　印　张:16　　　　　字　　数:400 千字
版　　次:2018 年 3 月第 1 版　　2021 年 11 月第 2 版　　印　　次:2023 年 9 月第 4 次印刷
印　　数:3501~4500
定　　价:59.00 元

产品编号:093013-01

前 言

PREFACE

近年来,随着 EDA 技术的快速发展和日臻完善,电子信息类高新技术项目的开发与设计越来越广泛地采用 EDA 技术。EDA 技术中,软件设计方案落实到硬件系统的环节由专用工具自动完成,这使设计人员从繁重的手工设计中解脱出来,得以将更多精力投入设计优化、性能提高方面。在基于 EDA 技术的产品设计中,可以在设计过程中的多个阶段进行仿真,现场编程修改、升级系统设计,在完成硬件系统后,还能对系统中的目标器件进行边界扫描测试,进一步确认设计的正确性,大大降低了设计成本,缩短了设计周期。另外,由于承载设计方案的核心器件是大规模可编程逻辑器件,其高密度、低功耗、高速稳定的特性造就了以此为核心的电子系统在体积、功耗、速度、稳定性方面优越的性能。同时,EDA 技术采用的"自顶向下"的设计思想和方法使得设计过程中不必因为某个层级出现了问题而将底层的设计全部推翻重做,这样将使复杂设计的成功率更高。

EDA 技术的巨大优势与广泛应用使得越来越多的人希望迅速掌握 EDA 设计的方法和应用技巧。目前各高校电子信息类专业普遍开设 EDA 课程,旨在培养 EDA 技术方面的专业人才,然而高校 EDA 课程大都存在信息量大与学时少的矛盾。本书结合作者多年的教学与科研经验,遵循学生的认知规律,摒弃了在内容阐述上片面追求面面俱到的做法,对 EDA 技术的内容进行了精简,对内容的顺序安排做出了调整,力求重点突出,言简意赅,便于初学者在较短时间内把握 EDA 设计要领。

本书的总体编写思路是,保留完成设计所必需的最基础、最常用、最高效可行的设计方法,删减操作困难、使用烦琐、语义晦涩的语句和流程,使初学者有信心,易上手。在内容组织上做了如下安排:先介绍 EDA 技术的概况,使读者对 EDA 技术有基本了解;然后简要介绍 EDA 设计的重要载体 CPLD/FPGA 的内部结构和工作原理,使学习者能够基于 CPLD/FPGA 的特性进行有效设计;在介绍了编程语言和编程规则后,介绍 EDA 软件工具操作办法,至此,学习者已经能够独立完成一个简单的设计。在此基础上,介绍 VHDL 语法与设计技巧,并通过较为复杂的综合系统设计实例使学习者进一步形成并提升设计能力。

2018 年 3 月,本书第 1 版正式出版,并被评为辽宁省教材建设奖优秀教材。通过各高校近三年的使用,编者总结经验、勘察错误、调整内容,于 2021 年 2 月完成对第 1 版的修订工作。修订内容包括修改文字描述和部分电路结构图,更换部分例题,增加 3.7 节"转换函数",补充 EDA 应用实例 7.5 节"数字测频系统设计"和 7.6 节"码制转换设计"。编者力求通过修订做到叙述更加清晰准确,示例更加贴切实用,应用案例丰富翔实,程序注释完整细致。

本书共 8 章。第 1 章概括介绍 EDA 技术的含义、发展状况、主要内容、设计流程与工具;第 2 章介绍大规模可编程器件 CPLD 和 FPGA 的结构和工作原理,并对二者的性能特点进行对比;第 3 章介绍 VHDL 的结构与要素,阐述运用 VHDL 应遵循的基本规则;第 4 章介绍 EDA 开发软件工具 Quartus Ⅱ 的应用方法;第 5 章介绍 VHDL 常用语句,包括顺序语句和并行语句;第 6 章介绍基本电路设计方法以及应用于较复杂电路设计的两种方法——状态机设计法和 LPM 定制法;第 7 章的 7.1～7.5 节详细介绍 5 个综合设计项目,包括设计要求、设计方案、源代码、仿真分析与电路工艺结构图;7.6 节介绍了电子系统设计常用的码制转换设计,给出设计原理和方案、源代码和仿真分析。第 8 章为基于 EDA 课程的实验项目。

全书由张瑾统稿,第 1、4、5、6 章以及第 7 章的 7.1～7.4 节由张瑾撰写;第 2 章和第 3 章由李泽光撰写;第 8 章由韩睿撰写;第 7 章 7.5～7.6 节由孙芹芝撰写。李泽光审校第 1、4、5、6 章,张瑾审校第 2、3 章,刘春玲审校第 7、8 章。在本书编写过程中,戴文季、侯海鹏、李雅丽、许莹红、李学芳、罗钰杰、石娅、袁雯霞、贺海波、张婉琪、李孝、陶晨晨等同学在程序调试与硬件测试中做了大量工作,同时本书的编写也参考了很多专家与学者的文献,在此深表感谢!

由于编者水平有限,书中难免存在不足和疏漏之处,恳请广大读者和同行专家批评指正!

配套资源

- 教学课件、应用案例等资源,扫描下方二维码或到清华大学出版社网站本书页面下载。
- 微课视频(40 个,共 130 分钟),扫描书中各章节对应位置二维码即可观看。

教学课件

应用案例

编 者

2021 年 2 月于大连

目 录
CONTENTS

概　　述

1.1　EDA 技术及其发展

1.1.1　EDA 技术的含义

电子设计自动化(Electronic Design Automation,EDA)技术是一门迅速发展的现代电子设计技术。它打破了传统的学科界限,融合了众多领域的最新成果和最新技术,成为功能强大的综合性技术。EDA 技术的发展得益于微电子技术的发展以及电子技术、仿真技术、设计技术、测试技术和最新计算机技术的融合,是现代电子设计技术的核心。

EDA 技术依托功能强大的计算机,用软件工具来自动化地验证、设计电子系统,具有明显的设计自动化的特征。符合这一特征的技术有很多,如 PSpice、EWB、MATLAB 等计算机辅助分析技术和 Protel、OrCAD 等印制电路计算机辅助设计技术,但是它们设计的载体不是可编程逻辑器件,不具有对设计进行逻辑综合和逻辑适配等环节,所以将这样的电子设计自动化技术归于**广义 EDA 技术**。

相对于广义 EDA 技术,**狭义 EDA 技术**指的是在计算机平台上利用 EDA 软件工具,以硬件描述的方式对大规模可编程器件进行设计,自动地完成逻辑编译、综合、布局布线以及仿真测试,从而达到电子系统功能要求的设计技术。

本书讨论的内容是狭义 EDA 技术。

1.1.2　EDA 技术的优势

EDA 技术与传统数字电子系统或 IC 设计技术相比有着显著提升,具体表现如下。

1. EDA 技术用软件工具自动化地设计硬件电路,使设计更加快捷、高效

传统的数字电路设计的流程是根据电子系统的功能要求,首先对系统进行功能划分,然后针对每个子模块展开设计,包括真值表表达、卡诺图化简、推导出输出与输入之间的逻辑关系、得到逻辑电路图,进而选择元器件、设计电路板,最后进行电路实测与调试,不但工作量巨大,而且开发周期长,很难满足当今电子产品迅速更迭对产品研发周期提出的更高要求,造成市场竞争力低下。而 EDA 技术中,软件设计方案落实到硬件系统的环节由专用工具自动完成,这一进步将设计人员从繁重的手工设计中解脱出来,得以将更多精力投放到设计优化、性能提高方面。

2. 可在设计过程中多个阶段进行仿真,能够现场编程修改、升级系统设计

传统设计方法对于复杂系统的调试和纠错、修改设计十分不便。完成设计形成硬件系统后,PCB的结构特性以及硬件器件封装的局限决定了测试与重新修改硬件电路都困难重重。其根本原因是传统设计无法在错误出现之初进行系统仿真,而是在形成硬件电路之后通过硬件测试才能发现问题,这样无论在时间上和资金上都会造成浪费。相比之下,EDA技术可以在电子设计的各个阶段、各个层次进行仿真验证,保证了设计的正确性。在完成硬件系统后,还能对系统上的目标器件进行边界扫描测试,进一步确认设计的正确性,大大降低了设计成本,缩短了设计周期。

由于EDA技术一般针对可编程器件进行系统设计,可编程器件的任意可编程性决定了系统功能即使在形成硬件系统以后仍然可以轻松修改,只要将新的设计在软件平台上重新编译综合,下载到器件中,就可以实现功能修改与升级。

3. 基于 EDA 技术设计的系统,集成度更高,速度更快

由于承载设计方案的核心器件是大规模可编程逻辑器件,它的高密度、低功耗、高速稳定的特性造就了以此为核心的电子系统在体积、功耗、速度、稳定性方面优越的性能。

数字系统在使用 EDA 工具进行硬件描述时,系统的行为功能往往被划分为若干进程,这些进程并行工作,而每个进程在运算与控制方面的工作都可以与 CPU 相当。一个设计实体中可以包含多个这样的进程,这个实体的功能就相当于多个并行工作的 CPU,尽管这里的每个进程工作的速度可能不如一个 CPU 快,但是多个可编程器件的多个进程共同工作,带来的效率可能超过一个高速 CPU。

4. "自顶向下"设计方法使复杂的设计成功率更高

以往电子系统的设计一般采用"自底向上"的设计方法,即先分析系统设计要求,确定系统的底层电路结构,在集成电路厂商提供的标准通用集成电路芯片中选型,组成各子功能模块,如接口模块、数据采集模块、控制与数据处理模块等,然后由它们组建更高一级的子系统,逐层递推,最终完成整个系统设计。这种设计方法带来的问题是,如果设计中某个层级出现了问题,那么这个层级以下的所有设计都要重新审视,最底层的电路结构乃至芯片选型都有可能推翻重做。另外,系统设计在最初的底层设计阶段就要考虑很多因素,甚至与设计无关的因素都能影响设计进程,例如供货问题、价格问题等。

从 20 世纪 90 年代起,随着 EDA 技术的快速发展,"自顶向下"的设计方法在业界逐渐推广。这种设计方法不要求设计人员过早考虑具体的电路、元器件的参数以及在细节上倾注过多精力,而是做好在系统顶层进行模块划分和结构设计的工作,并且用硬件描述语言对系统级的设计进行行为描述和功能验证,最后再考虑每个功能模块具体由什么电路和器件加以实现。这一设计方法的广泛应用是以强大的 EDA 工具、硬件描述语言和先进的 ASIC 制造工艺与开发技术为前提的。

5. 对设计者硬件知识和经验要求低

电子设计人员在研发中除需要具备电子技术理论和软件工具应用能力外,一般都必须熟练掌握目标器件的内部结构、功能特性、封装特性、电气特性,才能通过编程设计加以有效控制和利用,例如单片机技术和 DSP 技术中的单片机和 DSP 器件。然而设计人员成熟的硬件经验是需要在大量的开发实践中磨炼总结的,所以具有硬件经验的人才的培养更需要时间与资金的支持。EDA 技术的设计语言、设计平台、设计载体决定了基于 EDA 技术完成的设计对设计者的硬件知识和经验要求较低,使得设计者能够更多地关注产品性能和成本。

1.1.3　EDA 技术的发展历程

EDA 技术的发展与微电子技术、计算机技术、设计工艺的发展息息相关。从 20 世纪 60 年代中期开始，EDA 技术的应用领域从 PCB 设计延伸到电子线路和集成电路设计，直至整个电子系统的设计，一般认为，EDA 技术发展大致分为 3 个阶段。

1. 20 世纪 70 年代的计算机辅助设计阶段

硬件设计进入到发展的初级阶段，计算机辅助设计（Computer Aided Design，CAD）使得 PCB 布局布线、IC 版图编辑等手工操作被软件程序取代，为电子系统和集成电路设计效率的提高做出了贡献，计算机辅助设计开始进入人们视线。该阶段由于受到软件功能、计算和绘图速度的限制，使得 CAD 能够处理的电路规模并不是很大，电子设计的工作效率仍然比较低下。

2. 20 世纪 80 年代的计算机辅助工程设计阶段

伴随着计算机和集成电路的发展，EDA 技术进入到计算机辅助工程设计（Computer Aided Engineering，CAE）阶段。与初级阶段的 CAD 相比，这一阶段的 CAE 工具除了能够进行图形编辑外，又增加了逻辑模拟、定时分析、故障仿真、自动布局和布线等电路功能和结构设计功能，并且将二者结合起来进一步实现工程设计。利用这些工具，设计人员能在设计方案形成产品之前预知产品的功能与性能。

3. 20 世纪 90 年代以来电子系统设计自动化阶段

随着电子技术的进步，电子系统功能更多，速度更快，更加智能，这些系统对 IC 芯片的要求也更高，随之而来的是 EDA 技术水平的进一步提升。在这个阶段，系统的高层次描述与设计可以由 EDA 工具直接进行综合和处理，自动布局布线后形成 IC 版图的设计和验证，并且通过工具能够完成面积、延时等优化处理，这些工作所用时间较以往大大缩短。

微电子技术的高速发展使得大规模可编程逻辑器件无论种类、数量还是性能都得到极大的丰富，用户能够自己设计芯片，自由地在可编程芯片上实现对系统的设想，满足了用户千差万别的设计要求。

1.2　EDA 技术四要素

EDA 技术需要在软件开发环境下，以硬件描述语言为工具，以大规模可编程逻辑器件为设计载体，通过实验开发平台的测试来完成电子系统设计，由此 EDA 技术主要涉及 4 个要素：软件开发工具、硬件描述语言、大规模可编程逻辑器件、实验开发系统。

1.2.1　软件开发工具

软件开发工具对器件世界的理解比设计者更深入。软件开发工具就是把编程设计的逻辑语言转换为可编程器件能够理解和执行的语言与命令，使器件按照设计者的要求去工作。首先，软件开发工具会把设计师的逻辑思路转变成电路，但是这个电路仅停留在网表文件层面，并不是实际元器件的连接。然后软件开发工具会做第二件事情：对照可编程器件自有的资源把设计中涉及的器件找出来，放置到相应位置上，然后连接起来。这样，设计者的思想就在硬件上完美地体现出来了，同样，这些信息仍然被保存成文件而不是实际电路。

　　这一切工作都由软件工具自动完成,但是为了让软件工具的工作完成得更精准,设计者可以提出很多约束条件,并且可以通过仿真了解自己的设计是不是真的可以实现。最后将这些设计思想付诸实际电路的工作也是由软件工具完成的。

　　目前比较流行的主流 EDA 软件工具有 Altera 公司的 MAX＋plus Ⅱ、Quartus Ⅱ、Lattice 公司的 ispEXPERT、Xilinx 公司的 Foundation Series、ISE/ISE WebPACK Series 等。这些软件工具面向的目标器件不一样,性能各有优劣。

1. MAX＋plus Ⅱ

　　MAX＋plus Ⅱ是 Altera 公司推出的第三代工具软件,具有完全集成化的 EDA 设计开发环境,它界面友好,使用便捷,被誉为最易上手的 EDA 工具软件。它支持原理图、文本文件(VHDL、Verilog 语言和 Altera 公司自己制定的 Altera HDL 语言)以及波形文件作为设计输入,并且支持这些文件的混合设计。它可以进行功能仿真和时序仿真,能够产生精确的仿真结果。

　　MAX＋plus Ⅱ支持主流的第三方 EDA 工具,支持除 APEX20K 系列之外的所有 Altera 公司的 FPGA/CPLD 大规模逻辑器件。

2. Quartus Ⅱ

　　Quartus Ⅱ是 Altera 公司提供的 FPGA/CPLD 开发集成环境,是 MAX＋plus Ⅱ的升级产品。在 Quartus Ⅱ上能够完成设计输入(Design Entry)、综合(Synthesis)、适配布线(Fitter)、时序分析(Timing Analysis)、仿真(Simulation)、编程和配置(Programming ＆ Configuration)等 EDA 设计的完整流程。

　　设计输入使用 Quartus Ⅱ软件的文本输入、图形输入、波形输入、状态输入等方式表达设计者对电路的设想,同时使用分配编辑器(Assignment Editor)设置初始设计的约束条件。

　　综合是将人类能够理解的逻辑语言转换成器件能够理解的语言的过程,即将文本、原理图等设计输入翻译成由与/或/非门、触发器等基本逻辑单元组成的逻辑连接(网表),并且输出 edf 或 vqm 等标准格式的网表文件,供布局布线器进行实现。综合除了可以用 Quartus Ⅱ软件的 Analysis ＆ Synthesis 命令外,也可以使用第三方综合工具,生成与 Quartus Ⅱ软件配合使用的 edf 或 vqm 文件。

　　布局布线的输入文件是综合后的网表文件,Quartus Ⅱ软件中的布局布线包含分析布局布线结果、优化布局布线、增量布局布线等。

　　时序分析分析设计中所有逻辑的时序性能,并协助引导布局布线,以满足设计中的时序要求。时序分析不必手动进行,默认情况下,时序分析作为编译的一部分自动运行,它观察和报告时序信息,如建立时间、保持时间、时钟至输出延时、最大时钟频率以及设计的其他时序特性,时序分析生成的信息可以用来分析、调试和验证设计的时序性能。

　　仿真主要是验证电路功能是否符合设计要求。时序仿真包含了延时信息,它能较好地反映芯片的工作情况。仿真可以使用 Quartus Ⅱ软件集成的仿真工具,也可以使用第三方仿真工具,如 Model Technology 公司的 ModelSim SE 软件。

　　编程和配置是在全编译成功后对可编程器件进行的,它包括 Assemble(生成编程文件)、Programmer(建立包含设计所用器件名称和选项的链式文件)、转换编程文件等。

　　Quartus Ⅱ配备了基本逻辑元件库(如基本逻辑门、触发器等)、宏功能元件(包含了几乎所有 74 系列的器件)以及类似于 IP 核的参数可设置的宏功能模块 LPM 库。与 MAX+plus Ⅱ 相比,Quartus Ⅱ 元件库资源更加丰富,原理图输入设计功能更加直观便捷,操作更加灵活,能够提供原理图输入多层次设计功能,使得更大规模电路系统的设计变得方便可行。

3. Foundation Series

Foundation Series 是 Xilinx 公司开发的集成 EDA 工具,它采用自动化的、完整的集成设计环境,Foundation 项目管理器集成了 Xilinx 实现工具,并包含了强大的 Synopsys FPGA Express 综合系统,是业界最强大的 EDA 设计工具之一。

4. ISE/ISE WebPACK Series

集成软件环境(Integrated Software Environment,ISE)是 Xilinx 公司新近推出的全球性能最高的 EDA 集成软件开发环境,它提供的先进功能能够打破以往的设计瓶颈,加快设计开发的流程。例如,Project Navigator(先进的设计流程导向专业管理程序)让设计人员能在同一设计工程中使用 Synplify 与 Xilinx 的合成工具,混合使用 VHDL 及 Verilog HDL 源程序,能够调用固定的 IP 与现成的 HDL 设计资源。

ISE 的高版本软件 ISE WebPACK 新增了很多功能,如管脚锁定与空间配置编辑器(Pinout and Area Constraints Editor,PACE),能够提供操作简易的图形化界面针脚配置与管理功能。

5. ispEXPERT

ispEXPERT System 是 ispEXPERT 的主要集成环境,通过它可以进行 VHDL、Verilog 及 ABEL 的设计输入、综合、适配、仿真和在系统下载,ispEXPERT System 是目前流行的 EDA 软件中最容易掌握的设计工具之一,与第三方 EDA 工具兼容良好。

6. 第三方 EDA 工具

在实际开发设计中,由于所选用的 EDA 工具软件的某些局限性,往往需要使用第三方工具。业界最流行的第三方 EDA 工具包括有良好逻辑综合性能的 Synplify 以及仿真功能强大的 ModelSim。

Synplify 是 Cadence 公司研发的一款逻辑综合性能非常好的 PLD 逻辑综合工具,支持工业标准的 Verilog HDL 和 VHDL 混合硬件描述语言,能够在综合后利用生成的 VHDL 和 Verilog HDL 仿真网表对设计进行功能仿真;它具有符号化的 FSM 编译器,以实现高级的状态机转化;它可以显示综合后的错误,能够迅速定位和纠正所出现的问题;在编译和综合后可以以图形方式(RTL 图、Technology 图)观察结果。

ModelSim 支持 VHDL 和 Verilog HDL 的混合仿真,使用它可以进行 3 个层次的仿真,即寄存器传输层次(RTL)、功能(Functional)和门级(Gate-Level)。RTL 级仿真仅验证设计的功能,没有时序信息;功能仿真是经过逻辑综合后,针对特定的目标器件生成的 VHDL 网表进行仿真,此时在 VHDL 网表中含有精确的时序延迟信息,因而可以得到与硬件相对应的时序仿真结果。

1.2.2 硬件描述语言

最早的基于大规模可编程器件的电子设计采用的是与电路实验中在面包板上搭建电路类似的思路,即在设计软件环境中,通过调用元件库中的元件并在元件之间连线的办法完成设计。这种设计方法直观、容易理解,可以准确无误地描述想要的电路结构,不容易造成歧义,编译器能够准确转换从而保证可编程器件能够正确实现设计。但是这种设计方法需要设计者清楚底层电路每一个元件的功能以及它们之间的连接方式。随着电路复杂程度提高以及规模增大,这种方法给设计环节和纠错环节都带来了巨大困难,于是,一种能够直接描述电路结构或者功能行为的语言——硬件描述语言(Hardware Description Language,HDL)被人们开发出来了,它可以与 EDA 工具一道完成对电路的建模、仿真、性能分析以及设计下载、电路实现直至所有设计工作结束。

用 HDL 进行可编程器件的设计,可以不必很清楚电路的底层结构,也不必绘制规模庞大的电路原理图,只要通过语言描述预期的电路功能就可以了,使得设计者能够将精力更多地投入电子系统的功能表达上。但是电路用语言编程来描述,对硬件来说是一个间接的过程,中间需要经过很多转换环节,如编译综合、适配布线等,由此也带来了结果的不确定性。因此成功设计一个复杂的系统,需要设计者具有灵活驾驭 HDL 的能力、较为深厚的理论基础与实践能力,还要依靠编译器功能的强大和完善,等等。尽管如此,用 HDL 对大规模可编程器件进行功能描述是目前最主流的设计方法。

在具体的设计工作中,有时也会几种手段混合运用,以达到扬长避短的效果。例如某个电路模块的内部电路结构不得而知,但是其外部功能行为能够很方便地用 HDL 描述出来,于是将语言描述的设计封装成模块,在原理图设计中加以调用。反过来,当用语言描述有困难而对电路结构十分了解时,就可以用图形化方法完成底层设计,在用语言描述进行顶层设计时,将前期的设计作为底层元件用专用语句加以调用。

常用的硬件描述语言有 VHDL、Verilog HDL、ABEL 等,目前在此基础上结合高级程序语言 C,又发展出很多抽象程度更高的语言,如 System C、CoWare C、Superlog、System Verilog 等,这些语言在硬件电路的较高层次描述(如行为级、功能级、系统级描述)上都有比较出色的表现,尽管如此,VHDL、Verilog HDL、ABEL 仍然是适用面最广、更为广大电子工程师所接受的硬件描述语言。

1. VHDL

超高速集成电路硬件描述语言(Very-High-Speed Integrated Circuit Hardware Description Language,VHDL)是一种用来描述数字逻辑系统的"编程语言",源于美国政府于 20 世纪 80 年代初期启动的超高速集成电路(VHSIC)计划。在这一计划的执行过程中,人们发现硬件系统中的众多组件仿真语言各不相同,仿真环境各不兼容,所以急需一种标准的、能够广泛描述集成电路的、能被多种仿真环境支持的语言。对此有着更为迫切需求的美国国防部于 1981 年开发出 VHDL,被美国军方用来提高设计可靠性和缩短设计开发周期。该语言很快于 1987 年底被美国国防部以及美国电气和电子工程师协会(The Institute of Electrical and Electronics Engineers,IEEE)所承认,确认为 IEEE 的工业标准硬件描述语言,语法标准为 IEEE STD 1076-1987。随后各大 EDA 公司相继推出自主的、支持 VHDL 的设计环境,或者宣布自己的设计工具可与 VHDL 接口。IEEE 于 1993 年对 VHDL 标准进行了修订,即 IEEE STD 1076-1993 版本,它使得 VHDL 在系统描述能力上有了更大的扩展。在随后进行的几次修订中,本质上的变化都没超过 1993 年的范围。在电子工程领域,VHDL 已成为事实上的通用硬件描述语言。

VHDL 能够精确且简明地描述数字电子系统,可用于从系统级到门级的描述,特别是

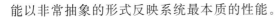

能以非常抽象的形式反映系统最本质的性能。

2. Verilog HDL

1983 年，Gateway Design Automation 公司在 C 语言的基础上，为它的仿真器开发了一种专用硬件描述语言——Verilog HDL，随着该仿真器产品受到广泛认可，Verilog HDL 也被众多数字电路设计者所接受。1995 年，在 Verilog HDL 新的拥有者 Cadence 公司的推动下，Verilog HDL 语言标准正式成为 IEEE 的标准之一，即 IEEE STD 1364-1995 版本。2001 年，IEEE STD 1364-2001 版本发布，增加了 Verilog HDL A 标准，使得 Verilog HDL 具有了描述模拟电路的能力。

Verilog HDL 从 C 语言中继承了多种操作符和结构，语法和 C 语言比较接近。支持 VerilogHDL 的 EDA 工具较多。Verilog HDL 适用于 RTL 级和门电路级的描述，其综合过程较 VHDL 稍简单，但其在高级描述方面不如 VHDL。

3. ABEL

ABEL 是一种最基本的硬件描述语言，支持各种不同输入方式，如真值表、布尔方程、状态机等。ABEL 除了可对 GAL 器件进行逻辑设计，也能用于更大规模的 FPGA/CPLD 的功能设计，但是对于复杂设计做不到游刃有余。虽然它在使用灵活、格式简洁、编译要求宽松等方面比 VHDL 与 Verilog HDL 略胜一筹，但是由于它是从可编程逻辑器件的设计中发展而来的，相比于由集成电路设计发展而来的 VHDL 与 Verilog HDL，其特性与受支持程度远远不及，而且为 ABEL 提供综合器的 EDA 公司仅有 Data I/O 一家，所以目前 ABEL 的应用空间越来越小。

4. VHDL 与 Verilog HDL 的比较

从目前电子设计的现实情况来看，VHDL 与 Verilog HDL 几乎承担了全部的数字系统设计任务，二者各有千秋。认清它们各自的优劣，可以在电子设计中针对不同环境和不同要求，优选最恰当的语言来表达设计。

(1) 在描述级别上，二者适用的层次不同。描述层次分为电路行为级描述、RTL 级描述、门电路级描述，VHDL 更适合行为级描述，所以更适合大型系统级设计，规模大、复杂程度高的设计推荐使用 VHDL，它虽然也能够进行 RTL 级、门电路级描述，但是能力不及 Verilog HDL。

Verilog HDL 适用于 RTL 级和门电路级描述，描述风格接近电路原理图，是电路原理图的高级表达，它在电路的高级描述方面不如 VHDL，不能像 VHDL 一样只描述电路行为功能，而是要给出接近电路原理图的描述。

(2) 在源程序的综合方面，对于 VHDL 源程序的编译综合，需要先根据行为描述，依次进行 RTL 级电路、门级电路的转化，最后生成门级电路网表文件。而 Verilog HDL 由于描述的层次更接近底层，所以源程序的综合过程简单，效率更高。

(3) 在代码简洁程度方面，Verilog HDL 做得更好，Verilog HDL 语法灵活、简洁，便于编译器综合、优化，VHDL 的语法则非常严谨，导致代码冗长。但是事情的另一面则是，Verilog HDL 的简洁灵活容易造成编译产生歧义电路的可能性增加，而 VHDL 的严谨冗长使得歧义减少。

(4) 在市场应用方面，国内的情况是，VHDL 使用面更广一些，尤其各大高校的授课与科研普遍采用 VHDL，而研发公司采用 Verilog HDL 更多一些，国外（如美国）采用 Verilog

HDL 的比例更高些。

一个优秀的设计师应该同时掌握这两种主流设计语言,二者混合使用,各取所长是 EDA 设计的大趋势。

本书选取 VHDL 作为硬件描述语言,介绍 VHDL 的结构、语句以及基于 VHDL 进行硬件描述和设计的方法、应用实例。

1.2.3　大规模可编程逻辑器件

集成电路工艺技术的快速发展和设计技术的进步加快了电子系统的更新换代,中小规模通用标准集成电路已经不能适应这种快速变化的态势了,电子产品生产商都希望生产具有独特性能的产品,于是专用集成电路(Application Specific Integrated Circuits,ASIC)应运而生,它区别于标准逻辑、通用存储器、通用微处理器等通用电路,是根据用户的特定需求采用全定制或半定制法设计完成的电路,目前 ASIC 在逻辑电路上的市场占有率超过 50%。然而,ASIC 从设计到流片需要耗费大量的时间和资金,一旦出现错误就需要修改设计,则成本成倍增加,必须通过大批量生产才能降低成本。当需求量不大而又要降低成本时,验证 ASIC 功能的任务就交给了大规模可编程器件,如 FPGA。可编程器件(Programmable Logic Device,PLD)是 ASIC 的重要分支,随着它的出现,设计师不需要到 IC 厂家流片验证、加工制造,在自己的实验室里就可以对可编程器件进行设计,制造个性化的专用集成电路,修改设计也不必考虑成本而能够随时、随意地进行。

PLD 是一种由用户编程以实现某种逻辑功能的新型逻辑器件。从 20 世纪 70 年代发展到现在,已形成了许多类型的产品,其结构、工艺、集成度、速度和性能都在不断改进和提高。PLD 又可分为简单低密度 PLD 和复杂高密度 PLD。最早的 PLD 是 1970 年制成的 PROM(Programmable Read Only Memory),即可编程只读存储器,现在应用最广泛的 PLD 主要是现场可编程门阵列(Field Programmable Gate Array,FPGA)、复杂可编程逻辑器件(Complex Programmable Logic Device,CPLD)和可擦除可编程逻辑器件(Erasable Programmable Logic Device,EPLD)。它们属于复杂高密度 PLD,成本比较低,使用灵活,设计周期短,而且可靠性高,风险小,因而发展非常迅速,很快得到普遍应用。

1. 编程只读存储器

PROM 由固定的与阵列和可编程的或阵列组成,用熔丝工艺编程,只能写一次,不能擦除和重写。随着技术的发展和应用要求,此后又出现了紫外线可擦除只读存储器(UVEPROM)、电可擦除只读存储器(EPROM),由于它们价格低,易于编程,速度不高,因此主要用作存储器,用于存储函数和数据表格,典型的 EPROM 有 2716、2732 等。

2. 可编程逻辑阵列

可编程逻辑(Programmable Logic Array,PLA)器件于 20 世纪 70 年代中期出现,它是由可编程的与阵列和可编程的或阵列组成,但由于器件的与阵列和或阵列均可编程,使得软件编程变得非常复杂,运行速度下降,因而没有得到广泛应用。

3. 可编程阵列逻辑

可编程阵列逻辑(Programmable Array Logic,PAL)器件是 1977 年美国 MMI 公司(单片存储器公司)率先推出的,它由可编程的与阵列和固定的或阵列组成,采用熔丝编程方式,双极性工艺制造,器件的工作速度很高。由于它的输出结构种类很多,设计很灵活,因而成为第一个得到普遍应用的可编程逻辑器件,如 PAL16L8。但是事情的另一面是,PAL 的结构多样给设计带来了麻烦,设计中要根据电路功能不同而采用 I/O 结构不同的 PAL,于是 PAL 逐渐被另一种新型器件 GAL 取代。

4. 通用阵列逻辑器件

通用阵列逻辑器件(Generic Array Logic,GAL)器件是 1985 年 Lattice 公司最先发明的可电擦写、可重复编程、可设置加密位的 PLD。GAL 在 PAL 的基础上,采用了输出逻辑宏单元形式 E2CMOS 工艺结构。具有代表性的 GAL 芯片有 GAL16V8、GAL20V8,这两种 GAL 几乎能够仿真所有类型的 PAL 器件。在实际应用中,GAL 器件对 PAL 器件仿真具有百分之百的兼容性,所以 GAL 几乎完全代替了 PAL 器件,并可以取代大部分 SSI、MSI 数字集成电路,如标准的 54/74 系列器件,因而获得广泛应用。

PAL 和 GAL 都属于简单 PLD,随着半导体技术的发展,简单 PLD 在集成密度和性能方面的局限性也暴露出来,虽然结构简单,设计灵活,但其规模小以及寄存器、I/O 引脚、时钟资源数目有限等不足都制约了它对复杂逻辑功能的实现。因此 EPLD、CPLD 和 FPGA 等复杂 PLD 迅速发展起来,并向着高密度、高速度、低功耗以及结构体系更灵活、适用范围更宽广的方向发展。

5. 可擦除可编程逻辑器件

EPLD 是 20 世纪 80 年代中期 Altera 公司推出的基于 UVEPROM 和 CMOS 技术的 PLD,后来采用 E2CMOS 工艺制作,EPLD 的基本逻辑单元是宏单元。

宏单元由可编程的与或阵列、可编程寄存器和可编程 I/O 共 3 部分组成。从某种意义上说 EPLD 是改进的 GAL,它在 GAL 的基础上大量增加输出宏单元的数目,提供更大的与阵列,灵活性较 GAL 有较大改善,集成密度大幅度提高,内部连线相对固定,延时小,有利于器件在高频率下工作,但内部互连能力十分薄弱。世界著名的半导体器件公司如 Altera、Xilinx、AMD、Lattice 均有 EPLD 产品,但结构差异较大。

6. 复杂可编程逻辑器件

CPLD 是 20 世纪 80 年代末 Lattice 公司提出了在线可编程(In System Programmability,ISP)技术后,于 20 世纪 90 年代初出现的,它是在 EPLD 的基础上发展起来的,采用 E2CMOS 工艺制作。

与以往的 PLD 相比,CPLD 极大地丰富了逻辑宏单元和高级可配置 I/O 单元,I/O 的性能远远超过以往,在 I/O 怎样工作上提供了更多选项和控制功能。它的非易失 E^2PROM 编程系统结构,使得每次芯片重新上电时不需重新编程,非常适合编程设计的调试与测试。其典型器件有 Altera 公司的 MAX7000 系列、Xilinx 公司的 7000 和 9500 系列、Lattice 公司的 PLSI/ispLSI 系列以及 AMD 公司的 MACH 系列。

7. 现场可编程门阵列

FPGA 器件是 Xilinx 公司于 1985 年推出的,它是一种新型的高密度 PLD,采用 CMOS-SRAM 工艺制作。FPGA 的结构与门阵列 PLD 不同,其内部独立的可编程逻辑模块功能很强,不仅能够实现逻辑函数,还可以配置成 RAM 等复杂的形式。

基于 SRAM 结构的 FPGA 器件不可避免地存在数据掉电易失的弊端,所以工作前需要从芯片外部加载配置数据。配置数据存储在片外的 EPROM,上电以后,配置器件中存储的上一次 FPGA 工作的数据会自动加载到芯片中。由于 SRAM 的速度很快,使得 FPGA

编程速度很快,抵消了上电后再配置带来的影响。

FPGA在高密度封装中提供大量的用户逻辑,供设计者实现各种复杂的逻辑,它所具备的高速时钟能够满足专用器件的速度需求,因而可以替代ASIC以及其他专用逻辑器件,这是其他PLD器件无法做到的。FPGA可满足大量高速应用的需求,使之成为很多系统设计的解决方案。Xilinx、Altera和Actel等公司都能提供高性能的FPGA芯片。

FPGA芯片应用广泛,蜂窝电话发射塔、军事雷达、办公室自动化、银行的ATM、汽车导航以及多种消费类的电子产品中均有应用,它甚至在一定程度上蚕食了微处理器的市场。

Xilinx公司的首席执行官W. Roelandts亲眼目睹了FPGA是如何改变计算机构架的。20世纪中叶,匈牙利裔美籍数学家冯·诺依曼(John von Neumann)提出了计算机的设计构想——通过中央处理器从存储器中存取数据,并逐一处理各项任务。现在,采用可编程芯片FPGA取代微处理器,计算机可并行处理多项任务。

W. Roelandts说"由冯·诺依曼提出的计算机架构已经走到尽头""可编程芯片将掀起下一轮应用高潮"。下一代超级计算机将基于可编程逻辑器件,这种计算机的功能将比目前最大的超级计算机还要强大许多。其中的秘诀在于,设计者可以把自己的想法编成程序代码,然后让FPGA芯片去实现。

FPGA芯片处理能力强大,由于速度更快,能耗相当低,是更为环保的选择。虽然当前市场上销售的大多数计算机的内核超过一个,可以同时实施不同任务,但传统多核处理器只能共用一个存储源,这降低了运算速度。

范德堡韦德的研究团队给每个内核分配一定量的专用存储空间,从而加快了处理器的运算速度。在测试中,FPGA芯片每秒能处理5GB的数据,处理速度大概相当于当前台式机的20倍。包括Intel和ARM在内的一些厂商已经宣布将开发集成传统CPU与FPGA芯片的微芯片。此类处理器会得到更广泛的应用,它有助于在今后几年进一步提升计算机运算速度。

范德堡韦德博士说:"这只是初期概念验证研究,我们试图展示对FPGA编程的便捷方式,令其超高速处理的潜力可以更为广泛地应用于未来的运算器和电子设备上。虽然现有许多技术充分使用FPGA芯片,如等离子电视、液晶电视和计算机网络路由器,但它们在标准台式机上的应用却十分有限。"有学者认为,FPGA芯片之所以没有应用于标准计算机,原因是对FPGA芯片编程相当困难。

Intel公司于2015年6月2日宣布以167亿美元收购FPGA生产商Altera公司。收购FPGA巨头,意味着Intel公司如今已在考虑CPU之外的新技术应用。利用Altera公司的FPGA技术,结合Intel公司本身CPU的制造技术,混合FPGA和CPU架构,将CPU的复杂数据处理能力与FPGA的数据并行处理能力结合,可以大大提高计算机的整体运行能力,FPGA可以作为类似GPU一样的加速技术整合到处理器产品中。Intel公司在实现了CPU和FPGA硬件规格深层次结合之后,进一步丰富了自身的产品线。

高集成度、高速度和高可靠性是FPGA/CPLD最明显的特点,其时钟延时可小至纳秒(ns)级。结合其并行工作方式,在超高速应用领域和实时测控方面有着非常广阔的应用前景。世界著名半导体器件公司如Altera、Xilinx、Lattice、Actel和AMD公司的竞争促进了可编程集成电路技术的提高,使其性能不断改善,产品日益丰富,价格逐步下降。

1.2.4　实验开发系统

实验开发系统提供芯片下载电路及 EDA 实验/开发的外围资源,以供硬件验证用。实验开发系统一般包括:实验或开发所需的各类基本信号发生模块,如时钟、脉冲、高低电平等;FPGA/CPLD 输出信息显示模块,如数码显示、发光管显示、声响指示等;目标芯片适配座和 FPGA/CPLD 目标芯片以及编程下载电路。在实验开发系统中可以进行以下 3 个层次的应用。

1. 简单逻辑行为的实现

该层次的应用包括红绿交通灯控制、表决器、显示扫描器、电梯控制、乒乓球游戏、数字钟表、普通频率测量等电路的设计。这一层面的应用不能体现出 CPLD/FPGA 的优势和必要性,只是 CPLD/FPGA 应用的准备和练习。

2. 控制与信号传输功能的实现

控制与信号传输功能的实现包括高速信号发生器(含高速 D/A 输出)、PWM、FSK/PSK、A/D 采样控制器、数字频率合成、数字 PLL、FIFO、RS232 或 PS/2 通信、VGA 显示控制电路、逻辑分析仪、存储示波器、虚拟仪表、图像采样处理和显示、机电实时控制系统、FPGA 与单片机综合控制等电路的设计。在这一层面,设计者能够比较充分地体会到基于 CPLD/FPGA 的 EDA 技术的优越性。

3. 算法的实现

算法的实现包括离散 FFT、数字滤波器、浮点乘法器、高速宽位加法器、数字振荡器、DDS、编码译码和压缩、调制解调器、以太网交换机、高频端 DSP(现代 DSP)、基于 FPGA 的嵌入式系统、SoPC/SoC 系统、实时图像处理、大信息流加解密算法实现等电路的设计,以及嵌入式 ARM、含 CPU 软核 Nios 的软硬件联合设计。在这一层面的设计项目中,时钟频率都很高,一般在 50MHz 以上,能够较好地体现 CPLD/FPGA 器件的高速性能。

1.3　EDA 流程及工具

基于 EDA 技术对目标器件 FPGA 或 CPLD 进行电子系统设计,需要经历如下的流程。

第一,要将设计者对系统的设想和功能要求用一定的逻辑手段表达出来,表达形式就是文本代码或图形文件,即源程序的**编辑和输入**。

第二,要针对设计提出"预算",给出要完成设计所需要的逻辑资源的列表,如需要多少个与门、或门、触发器、存储器等。此处并未涉及各元件之间的连接,仅仅统计出所需资源的种类、数量,称为**逻辑综合**,输出文件是门级网表文件。

第三,要确定网表所列的逻辑资源在选定的器件中的具体位置以及它们之间的连接关系,进而生成顶层资源位置网表、映射报告以及布局信息、布局报告等配置/下载文件,即目标器件的**布线/适配**。至此,关于系统的设计全部将转化成 FPGA 或 CPLD 器件上的具体数字电路图,但是所有的设计仍然停留在各种文件、报告的层面,并未在真实的器件中构成真实的电路。

第四,在经过验证没有错误的前提下,将理论上的设计付诸实施。布线/适配环节产生的配置/下载文件通过编程器、下载电缆下载到目标芯片中,即目标器件的**编程/下载**。

在设计过程中随时要进行有关仿真,即模拟电路的工作,验证设计结果与设计构想是否相符。最后,要进行硬件仿真/硬件测试,验证硬件系统是否符合设计要求。综上所述,EDA 工程设计的基本流程如图 1.1 所示。

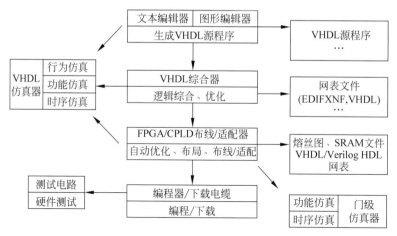

图 1.1　EDA 工程设计基本流程

1.3.1　源程序的编辑和输入

基于 EDA 技术设计一项工程,需要将设计思想用 HDL 形式或图形化方式表达出来,EDA 工具中的文本编辑器或图形编辑器将承担排错编译工作,为进一步的逻辑综合做好准备。常用的源程序输入方式有 3 种。

1. 原理图输入方式

在图形编辑环境下,以原理图的方式进行输入。原理图输入方式直观且方便,通过鼠标拖曳开发软件中自带的元件库中的元件并且连线,就能得到与绘制传统电路图一样的结果,容易被人接受,为 EDA 技术初学者提供了很大的便利。另外,这种输入方式在后来的编译、综合环节中更容易准确地翻译门级网表和约束信息并且正确地实现电路。然而原理图输入法也有着无法克服的不足。

(1) 随着设计规模的增大,设计的易读性迅速下降,对于图中众多的元器件和连线,无论分析电路功能还是修改设计都非常困难。

(2) 设计者必须准确掌握所设计电路的内部结构,否则如果只知道电路的行为方式、功能特点,面对原理图输入方式将一筹莫展,所以它的应用范围有较大局限。

(3) 因为不存在一个标准化的原理图编辑器,所以原理图设计的移植和交流都很困难。

2. 状态图输入方式

以图形的方式表示状态图并进行输入。当填好时钟信号名、状态转换条件、状态机类型等要素后,就可以自动生成 VHDL 程序。这种设计方式能够简化状态机的设计,具有一定的应用价值,但是适用场合并不多,所以这种输入方式不够主流。

3. 文本输入方式

文本输入就是将 HDL 代码输入到文本编辑器。对于复杂的设计或者不清楚内部电路结构而只掌握外部功能、行为的设计,硬件语言描述将发挥其优势。HDL 描述出的设计尽管没有电路结构的信息,但是随后的编译综合环节同样能够以合理的电路结构实现 HDL 所描述的电路功能,同时能够把设计者从繁重的绘制电路图工作中解脱出来。

1.3.2 逻辑综合和优化

所谓逻辑综合,就是将人类能够理解的电路高级语言(如 HDL、原理图或状态图形的描述)转换成器件能够读懂的低级语言,这个语言以网表文件的形式描述门级电路或更底层的电路。转换的目标是把 HDL 的软件设计与硬件的可实现性挂钩,这是一个复杂烦琐的工程,好在不用设计者自己动手操作,依靠 EDA 软件工具,采取默认设置就能实现完美的综合。当然关于综合环节,设计者也可以按照自己的要求进行综合的设置和约束,例如速度优先约束、面积优先约束、功耗最低约束等。

综合工具通常被各大芯片生产厂商集成在软件开发环境中,如 Xilinx XST。业内有专门的综合工具开发商,如 Synopsys 公司的 Synopsys DC 等都是非常出色的,由这些工具综合出的门级网表更加高效,速度更快。

由于各综合工具的侧重点不尽相同,所以对于相同的 HDL 代码,不同的综合器可能综合出结构不同的电路系统。另外 HDL 代码的书写要符合语法结构和规范要求,否则有可能综合出的网表不能正常工作。VHDL 综合器不能支持 VHDL 的所有语句。

1.3.3 目标器件的布线/适配

所谓适配,就是把综合器产生的网表文件中列出的逻辑资源与具体的目标器件进行一一对应的逻辑映射操作,包括底层器件配置、逻辑分割、逻辑优化、布线与操作等。适配所选定的目标器件(FPGA/CPLD 芯片)必须与原综合器综合时所指定的目标器件系列一致。

布局布线与适配的对象都是不同公司的器件产品,它们都囿于具体器件的结构,需要利用具体器件中的各种资源来实现顶层资源网表的功能,所以适配器一般由 FPGA/CPLD 生产商自己提供,而 EDA 软件中的综合器则可由专业的第三方 EDA 公司提供。

1.3.4 目标器件的编程/下载

如果编译、综合、布线/适配和各级仿真等过程都没有发现问题,说明设计满足要求,这样,由 FPGA/CPLD 布线/适配器产生的包含了资源位置、布局布线、器件型号等信息的配置/下载文件就可以下载到目标器件 FPGA 或 CPLD 中,在器件中还原出配置文件中给出的电路结构,从而完成设计工作。

1.3.5 设计过程中的仿真

仿真是在编程下载之前对设计进行的模拟测试。设计过程中的仿真有 3 种,分别是行为仿真、功能仿真和时序仿真。

行为仿真就是将设计源程序直接送到仿真器中所进行的仿真。该仿真只是根据语义进行的,与具体电路没有关系。

功能仿真是将综合后的网表文件再送到仿真器中所进行的仿真,这种仿真只能了解设计是否满足功能要求,不能对硬件特性如延迟时间等进行测试。

时序仿真就是将布线器/适配器所产生的网表文件送到仿真器中所进行的仿真,这时的仿真就能测试电路特性了,能够得到电路的时序仿真结果,根据时序仿真结果和较为精确的延时信息,就可以判断设计是否达到要求,是否需要修改设计以缩小延时、去除毛刺。时序仿真是应用最多的一种仿真手段。但是,设计规模较大的时序仿真比较耗时,所以建议每次修改设计,先用功能仿真来确认逻辑功能是否正确,在最后阶段应用时序仿真进行全面测试和验证。

需要注意的是,图 1.1 中有两个仿真器,一个是 VHDL 仿真器,另一个是门级仿真器,它们都能进行功能仿真和时序仿真,区别是仿真文件的格式不同。

1.3.6 硬件仿真/硬件测试

硬件仿真,就是在 ASIC 设计中,迫于验证费用的压力,经常利用 FPGA 对系统进行功能检测,测试通过后再将 VHDL/Verilog HDL 设计以 ASIC 形式付诸实现的过程。

硬件测试就是将设计的文件下载到目标器件后对系统进行功能检测的过程。

硬件仿真和硬件测试的目的是为了在更真实的环境中检验设计的运行情况,特别是对于设计上不是十分规范、语义上含有一定歧义的程序,进行硬件仿真和硬件测试尤为重要。

1.4 IP 核

随着人们对电子系统的要求不断提高,设计者的压力也越来越大,虽然半导体器件在规模和集成度上的长足进步为电子系统的高性能提供了物理基础,但是,一再压缩的开发周期和严苛的性能指标还是给设计工作带来巨大的挑战。在这种环境下,如果设计者的所有设计都从底层代码写起,要做很多重复性工作,大大拖延开发周期,也必然在市场竞争中落败。

IP(Intellectual Property)核是知识产权核或知识产权模块的意思,标准单元库就是 IP 核的一种形式。美国著名的咨询公司 Dataquest 将半导体产业的 IP 核定义为用于 ASIC 或 FPGA/CPLD 中预先设计好的电路功能模块。它可以移植到设计中,只要修改参数就可以修改功能,从而成为自己设计的一部分,减轻设计人员负担,提高设计效率。IP 核分为软核、硬核和固核。

1.4.1 软核

软核是用硬件描述语言描述的功能块,并不涉及具体电路元件。尽管用于开发的软件环境比较昂贵,但是它设计周期短,能为后续设计提供足够的发挥空间,具有较强的适应性,这些仍然使其具有吸引力。软核的代码能够作为自己编写的代码直接进入设计的流程中,十分方便。但是软核的缺点是不同系统中的布局布线会造成同一软核的时序的不确定,其性能因具体的系统和具体的实现方式而异。

1.4.2 硬核

硬核提供的是设计的最终产品,类似于一片集成电路芯片。设计以版图形式描述,用户不能再更改设计,用户得到的只是产品功能,却得不到产品的设计,因而有效地保护了设计者的知识产权。硬核的引入有可能使系统的布局布线变得困难,因为硬核的布局不容更改。

有的 IC 生产厂商为扩大业务,用免费提供经过工艺验证的标准单元及其相关的数据资料来吸引没有生产线的 IC 设计公司成为其客户,当设计公司以这些标准单元完成设计以后,自然到这家工厂去做工艺流片,工厂就达到扩大业务的目的,此时的 IP 核并未直接为其盈利。

1.4.3 固核

固核的性能介于软核与硬核之间,是完成了综合的功能块,以网表文件的形式提交给客户。固核可以在系统中重新布局布线,但是关键数据是固定不可修改的,而且不同厂家的产品不能互相替换,所以固核虽然比硬核更具灵活性,但在修改设计方面与软核相比灵活性很小。由于固核的网表文件对客户公开,所以对知识产权的保护有较大困难。

目前,IP 核已经成为 IC 设计的一项独立技术,成为实现 SoC 设计的技术支撑与 ASIC 设计方法学中的分支学科。

1.5 EDA 技术应用展望

市场对电子系统的要求日益苛刻,如电子系统必须体积小、速度高、成本低、智能化等,不一而足,这就对系统的集成度等性能指标提出更高要求;同时激烈的市场竞争必然要求缩短开发周期,提高设计效率,在这样的背景下,EDA 技术大有可为。未来,EDA 技术将广泛应用于科研以及新产品、集成电路的开发中。

1.5.1 EDA 技术应用于科研和新产品的开发

高性能的 EDA 工具得到长足的发展,其自动化和智能化程度不断提高,为嵌入式系统设计提供了功能强大的开发环境。计算机硬件平台性能大幅度提高,为复杂的 SoC 设计提供了物理基础。

1. FPGA 在嵌入式系统中的应用

嵌入式系统是一种嵌入在受控设备内部,为特定应用而设计的专用计算机系统,应用领域不断扩展,但是嵌入式系统的设计却面临着严峻的挑战,仅就设计成本和风险来说就非常之高。2006 年,65nm 集成电路的掩膜成本高达数百万美元,加上整个研发队伍所需的设计与验证成本、纳米级 EDA 工具版权和最终的产品测试费用,总共需要数千万美元的成本。如果在流片后又发现新的问题,则需要重新流片,又要支付数百万美元的掩膜费用。

利用 FPGA 的嵌入式系统设计,可以大幅节省流片费、昂贵的 EDA 工具版权费用和芯片本身的测试成本。因为 FPGA 芯片已经过严格测试,用户不需要自己流片,FPGA 的设计软件工具很便宜,甚至可以免费授权,另外 FPGA 的系统设计可以随时修改更新。

从系统设计成本、上市时间以及灵活性的需求等方面考虑,以 FPGA 来实现可配置的嵌入式系统已经越来越广泛地被采用。

2. FPGA 在可编程片上系统设计中的应用

片上系统(System on Chip,SoC)就是在单个芯片上集成一个功能完整的复杂系统。SoC 通常由一个主控单元和一组功能模块构成。主控单元一般是一个微处理器,也可以是一个 DSP 核。在主控单元周围,根据系统所需功能配置系统的功能模块,完成信号的接收、预处理、转换和输出等任务。片上系统通常应用于日益复杂的小型电子设备。例如,声音检测设备的片上系统在单个芯片上为所有用户提供包括音频接收端、模数转换器(ADC)、微处理器、必要的存储器以及输入输出逻辑控制等设备。

可编程片上系统(System on Programmable Chip,SoPC)是一种基于 FPGA 的灵活高效的片上解决方案,是以嵌入式微处理器和硬件可编程性为核心的嵌入式系统。SoPC 具有两个特征:它是一个片上系统,即由单个芯片完成整个系统的主要功能;它是可编程系统,可裁剪,可扩充,可升级,具备软硬件在线系统可编程功能。目前两大 FPGA 厂商 Altera 和 Xilinx 都提供了设计工具和包括微处理器在内的大量 IP 核用于支持 SoPC 的开发。

1.5.2　EDA 技术应用于专用集成电路的开发

可编程逻辑器件编程设计简单,不必以芯片产量来降低成本,开发成本低廉,这些长处弥补了 ASIC 设计复杂、开发周期长且成本高、生产数量有要求等不足,除 ASIC 验证可以用可编程器件替代外,ASIC 也可在固有的标准单元以外再融合可编程单元,这样,嵌入了可编程单元的 ASIC 将兼具二者的优点,不仅体积小,功能强大,功耗低,而且能减少成本,提高灵活度,加快上市速度。目前许多 PLD 生产商为 ASIC 提供 FPGA 内核。

尽管 EDA 技术取得了令人瞩目的进步,但是不可否认,EDA 技术的很多环节还有待突破。一个简单的例子就是 EDA 技术中现有的 HDL 存在一定缺陷,它只能提供行为级或功能级的描述,所以完成更加复杂的系统级的抽象描述有些力不从心。人们正尝试开发一种新的系统级设计语言,使之更趋于电路行为级的描述,如 System C、System Verilog 及系统级混合仿真工具,它们可以在同一个开发平台上完成高级语言(如 C/C++等)与标准 HDL (Verilog HDL、VHDL)或其他更低层次描述模块的混合仿真。

习题

1-1　简述 EDA 的设计流程。

1-2　IEEE 分别于 1987 年和 1993 年公布了 VHDL 的语法标准,这两个标准名称是什么?

1-3　IP 核的含义是什么?查阅文献,阐述 IP 核今后的发展趋势。

1-4　EDA 的设计输入包括哪些方式?

1-5　CPLD 和 FPGA 在设计处理过程中产生的供器件编程使用的数据文件分别是什么?

1-6　VHDL 和 Verilog HDL 分别是在哪一年正式推出的?比较这两种语言的特点。

1-7　Verilog HDL 是在什么语言的基础上演化来的?

1-8　基于硬件描述语言的数字系统设计目前最常采用的设计方法是什么?简要说明该方法。

1-9　在 EDA 工具中,哪个工具能够完成在目标器件上的布局布线工作?

1-10　简述 PAL 和 GAL 器件。

1-11　高密度可编程逻辑器件包括哪几种?

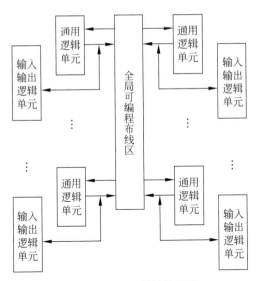

图 2.1　CPLD 的结构框图

2.1.2　CPLD 实现逻辑的基本原理

CPLD 器件的核心结构是通用逻辑单元,其中与阵列的功能是完成乘积项,或阵列由多个或门构成,功能是将乘积项相加,完成用与或式表达的逻辑函数。与阵列输出的数量往往标志着 CPLD 的容量大小,进而影响 CPLD 的集成度与成本。

例如,一个逻辑电路如图 2.2 所示,该电路包括组合电路和时序电路两部分,组合电路部分的输出用函数 $F = AB'C + A'CD'$ 表达,时序电路是一个 D 触发器。组合逻辑函数 F 用 CPLD 的与、或逻辑阵列来实现,其原理图如图 2.3 所示。在乘积项阵列中,每个交叉点都是一个可编程熔丝,如果导通则实现"与"逻辑,用"."表示,与阵列和或阵列共同构成复杂的组合逻辑 F。

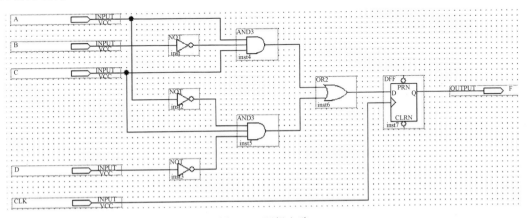

图 2.2　逻辑电路

电路中的 D 触发器就采用 CPLD 已有的 D 触发器资源,时钟、复位与置位、使能等控制端口均可以编程选择,如果不需要某个控制端口甚至整个 D 触发器,也可以将其旁路输出直接接到 I/O 口。

第 2 章

CPLD/FPGA 结构与工作原理

CPLD/FPGA 是近几年发展最快的集成电路产品,适用于实时性强、频率高、电路规模较大的设计。CPLD 与 FPGA 在其基本结构中都包含底层可编程逻辑单元、可编程连线资源和可编程 I/O 资源,虽然如此,由于 CPLD 与 FPGA 的制造工艺、内部构造、逻辑资源的数量以及可编程的方式等不同,造成了 CPLD 和 FPGA 在工作原理、性能与价格等很多方面存在着不小的差异,设计者需要根据系统要求恰当选择 CPLD 或 FPGA,有效利用硬件资源,在提高产品性能的同时降低成本。

2.1 CPLD

CPLD 是由 EPLD 演变而来,最终在 GAL 上发展起来的,其主体结构仍然是基于 ROM 工艺的可编程与阵列和乘积项共享的或阵列结构,所以功能更为强大,而且兼具 PLD 的数据掉电不丢的长处。在 CPLD 芯片中,除了基本的可编程电路外,还集成了编程所需的高压脉冲产生电路以及编程控制电路,因此编程下载工作无须拔出芯片,在芯片正常的工作状态下即可进行。

2.1.1 CPLD 的基本结构

虽然不同厂家的 CPLD 产品在内部结构的命名上各不相同,但是基于构造的原理,基本可以将其内部结构划分为通用逻辑单元、全局可编程布线区和输入输出逻辑单元 3 部分,如图 2.1 所示。

CPLD 的通用逻辑单元由与阵列、或阵列、输出逻辑宏单元构成,其中或逻辑阵列采用了乘积项共享的结构形式,使得 CPLD 能够实现更大规模的与或逻辑函数。

CPLD 的全局可编程布线区采用固定长度连线,因而所设计的电路更具时间可测性。根据信号的传输路径,能够计算出信号的延迟时间,这对设计高速逻辑电路非常重要。

CPLD 中的输入输出逻辑单元根据器件的类型和功能不同可有各种不同的结构形式,但基本上每个逻辑单元都由输入缓冲器、三态输出缓冲器、触发器以及与它们相关的选择电路组成。数据选择器的编程组态不同,将得到输入输出逻辑单元的不同组态,如单向输入单元、单向输出单元、双向输入输出单元,而每种组态又分别有几种不同模式。

与 FPGA 相比,CPLD 包含的组合逻辑资源更丰富,寄存器的数量却比较少。CPLD 分解组合逻辑的功能很强,一个单元就可以完成十几种或更多的组合逻辑输入,更适用于复杂的多输入组合逻辑设计。

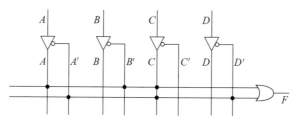

图 2.3　用 CPLD 的与或阵列实现函数 F

2.2　FPGA

　　FPGA 属于高密度 PLD,它的主体结构虽然也包含底层逻辑单元、输入输出单元、连线资源,但是内部结构和工作原理与 CPLD 有着很大的区别。研究 FPGA 的工作原理,首先要了解 FPGA 所能提供的主要内部资源。除此之外,对能够保障 FPGA 正常工作的供电机制的了解、将软件设计付诸硬件实施的 FPGA 配置方式的研究也必不可少。

2.2.1　主要内部资源

　　在这里主要介绍可编程逻辑块(Configurable Logic Block,CLB)、输入输出模块(I/O Block,IOB)、可编程连线资源(Interconnect Resource,IR)和时钟网络资源,至于锁相环(PLL)、数据缓存(Block RAM)等结构读者自行了解。FPGA 的基本结构如图 2.4 所示。一个 FPGA 芯片包括成千上万个 CLB,它的排列形式与门阵列单元的排列类似,所以用门阵列描述。在阵列之间配备了丰富的可编程连线资源以及开关盒与连线盒,用于逻辑块之间的通信。

1. CLB

　　CLB 是 FPGA 的主要组成部分,是实现逻辑功能的基本单元,包括多个查找表(Look Up Table,LUT)和时序逻辑电路(如寄存器)、组合逻辑电路(如多路选择器和加法器)等。

　　LUT 是基于 SRAM 工艺,用存储器构造的一个函数发生器,这也是 FPGA 与 CPLD 之间的最大区别。一个 N 输入的查找表可以实现 N 个输入变量的任何函数(至于是何种函数,要看如何配置),相当于地址线为 N 条的 RAM 存储了 2^N 个 1b 的数据,每一位数据都对应于逻辑函数式的一个最小项。LUT 的输入一般为 4 位、6 位或者更多,因此,LUT 能够灵活描述任何复杂的组合逻辑。以 4 输入 LUT 为例,FPGA 查找表的内部结构如图 2.5 所示。4 输入逻辑函数(以"与逻辑"为例)的表现形式共 16 种,结果为 1 或 0,数量为 16 个,存储于 16×1b 的 RAM 中,经过 A、B、C、D 层层查找(A、B、C、D 取值组合共 16 种),最终某个函数的运算结果被找到并送出。

　　FPGA 具有比 CPLD 更为丰富的寄存器资源,一般被配置成 D 触发器或锁存器,具有保持与记忆功能。多个寄存器还可以级联,完成移位寄存的功能,使得电路功能更加丰富,以适应不同的设计要求。

　　FPGA 中多路选择器 MUX 的应用十分广泛,除去用于实现内部逻辑外,很多 MUX 在最后 FPGA 配置时才被用来选通某个逻辑功能。

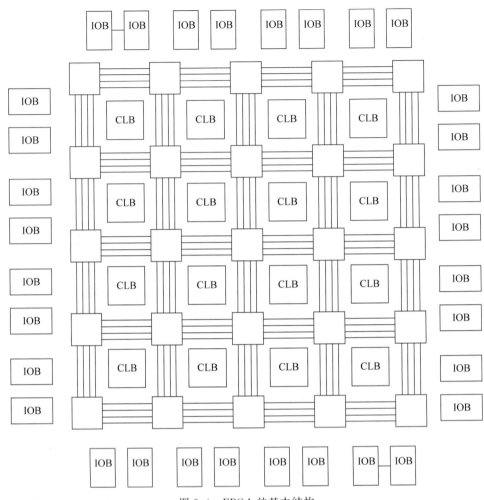

图 2.4　FPGA 的基本结构

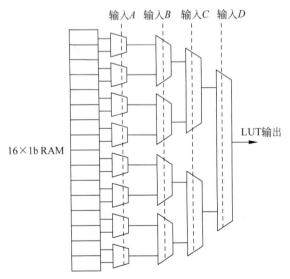

图 2.5　LUT 的内部结构

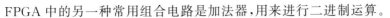

FPGA中的另一种常用组合电路是加法器,用来进行二进制运算。

2. IOB

IOB提供了器件引脚和内部逻辑阵列之间的连接,通常排列在芯片的四周,接口资源丰富与否是设计中选择芯片的一个重要考量。FPGA的I/O接口是有分工的,一般包括接VCC口、接GND口、用于芯片配置、芯片测试以及数据I/O接口。有的用户时钟引脚也兼具数据I/O的功能,但是数据I/O引脚不一定兼具用户时钟功能。

3. IR

IR包括各种长度的金属连线线段和一些可编程连接开关,它们将分散排列在各处的CLB以及IOB互相连接起来,构成各种复杂的功能系统。

4. 时钟网络资源

CPLD的固定与/或逻辑阵列结构使得CPLD在实现设计时有一定的局限性,FPGA的CLB结构克服了这一缺陷,在实现大规模复杂设计时表现得更加灵活和便捷,但是灵活的CLB组合一方面方便构成功能复杂的系统,另一方面也使信号传输的延时变得不确定,因为信号传输途径不同,传输延迟就会不同,这种时间延迟的不可预知性容易造成系统各模块之间的时序配合出现纰漏,使系统达不到预期功能,给设计带来困难。于是,在FPGA器件中引入专用的时钟网络资源来弥补上述不足,解决了各模块之间的时序配合问题。按照时钟网络作用的范围,将其分为全局时钟网络、区域时钟网络、I/O接口时钟网络。

时钟网络资源随着应用的范围不同,分工也各有不同。其中,全局时钟网络资源作用范围最广,覆盖FPGA芯片全部区域,它能保证时钟到达FPGA芯片上任何地点的时间偏差最小;区域时钟网络资源只作用于FPGA的某一个区域,它能保证该网络中的时钟信号到达该网络覆盖区域的任何位置的时间偏差最小;I/O接口时钟网络资源作用区域为接口,它能够配合高速接口逻辑进行高速数据传输,时钟到达寄存器的时间延迟最短,而不是如全局或区域时钟那样仅仅是保证传输延迟的偏差最小。

2.2.2　FPGA的供电机制

观察FPGA的封装引脚,可以看到一些标注为VCCIO、VCCINT的引脚,它们分别是FPGA为它的I/O接口资源和内部逻辑资源提供电源的引脚。为保证电源的稳定,通常需要在靠近FPGA芯片处加大电容来滤除低频干扰,在每个VCCIO、VCCINT引脚处接小电容以滤除高频干扰。

FPGA的供电机制主要包括外部接口供电和内部逻辑供电两种。

1. 外部接口供电

通常一片TQFP封装的144引脚的FPGA芯片将众多I/O资源划分为4个I/O Bank,每个I/O Bank各自具有单独的VCCIO接口资源,以应对接口电平。这样一来,一片FPGA可能同时存在多种接口电平,如I/O Bank1的接口电平为3.3V,I/O Bank4的接口电平为2.5V,这样的供电机制能够满足不同通信环境的不同电平要求。

2. 内部逻辑供电

尽管FPGA外部接口在工作时能同时支持多种电平,但是内部逻辑资源在正常工作时只能有一种供电电平,给内部逻辑资源提供电源的引脚一般命名为VCCINT。当然,FPGA内部逻辑供电电平也有多种选择,但是并非每次工作时多种内部逻辑供电电平同时启用。

2.2.3 FPGA 的配置

当设计文件以文本形式、原理图形式或者其他形式输入后,经过编译综合、布线适配,最后得到与 FPGA 逻辑资源相映射的网表文件,这些文件必须经过逻辑配置,装载到 FPGA 硬件中,才能真正将设计方案付诸实施。FPGA 的配置也简称 FPGA 的下载。

由于 FPGA 的编程数据存放在 SRAM 中,所以系统掉电后,SRAM 的数据会丢失,系统每次工作都要重新加载数据。如果在研发初期需要反复修改设计,频繁进行系统编程测试,则选择掉电即丢方式即可,这种方式操作简便;如果设计进入较成熟阶段,需要固化设计,将电路转换为实用系统时,则需要采用掉电不丢的配置方式。

1. 掉电即丢的配置

这种配置通过 FPGA 的 JTAG 接口来完成。JTAG(Joint Test Action Group)本意是"联合测试行动组织",20 世纪 80 年代该组织开发了"边界扫描测试"技术规范,自此,大多数 CPLD/FPGA 厂家为输入引脚、输出引脚以及专用配置引脚提供了边界扫描测试能力。而 FPGA 一方面利用 JTAG 口进行在线扫描测试和查错,另一方面,FPGA 上的 JTAG 口被用来与 PC 上的并口或 USB 口连接,通过 PC 上的集成 EDA 开发工具进行 FPGA 的编程配置。如果系统断电,这种配置方式下取得的系统功能将全部消失,不做保留。

2. 掉电不丢的配置

掉电不丢的配置可以避免反复下载,这里给出两种方式。

1) 用 FPGA 主动控制专用配置芯片来完成配置

一片或多片基于 Flash 或 EPROM 结构的存储芯片作为配置器件与 FPGA 相接,当 FPGA 自身所存数据因系统掉电而丢失时,这些保存在外挂的配置芯片中的数据即使掉电也不会丢失。系统重新上电时,配置芯片中保存的 FPGA 的配置数据被自动读到 FPGA 中。配置芯片的读取由 FPGA 提供的专门配置电路主动完成。Altera 公司为 FPGA 提供了 EPC 型号的专用配置器件,例如 Cyclone/Cyclone Ⅱ 芯片的配置器件为 EPCS 系列。

EPCS 系列配置器件需要采用主动串行(Active Serial,AS)模式或 JTAG 间接编程模式实现配置下载。AS 配置需要选择专用的编程接口,这样,FPGA 的配置数据自动进入 EPCS 系列配置器件,每次上电 FPGA 都被自动配置。JTAG 间接配置则需要先将 sof 文件转换成 jic 文件,然后用 FPGA 的 JTAG 口下载。

由于专用配置器件的结构以及读取逻辑非常容易被破解,所以这种配置方式的保密性不够好。

2) 用其他设备控制 FPGA 来完成配置

只要设备能够存储数据以及产生控制信号,就可以作为 FPGA 外挂的配置设备,例如单片机、CPLD 等。这些设备在上电后自动执行设定的程序,这些程序就包含对 FPGA 配置行为的控制。由于对单片机、CPLD 的破解要比对 EPROM 的破解困难得多,所以这种配置方式有较好的保密性。

2.2.4 器件的标识方法说明

以 Xilinx 器件的标识方法为例,它的标识形式是器件型号＋封装形式＋封装引脚数＋速度等级＋环境温度,例如 XC3164 PC 84-4 C,其含义如下。

第一项：XC3164 表示器件型号。

第二项：PC 表示器件的封装形式。封装形式主要有塑料方形扁平封装（PLCC）、塑料四方扁平封装（PQFP）、四方薄扁形封装（TQFP）、大功率四方扁平封装（RQFP）、球形网状阵列封装（BGA）、陶瓷网状直插阵列封装（PGA）等。

第三项：84 表示封装引脚数。CPLD/FPGA 器件的引脚数一般有 44、68、84、100、144、160、208、240 等多种，常用的器件封装引脚数有 100、144、208、240 等，最大的达 596 个引脚。而最大用户 I/O 是指相应器件中用户可利用的最大输入输出引脚数目，它与器件的封装引脚不一定相同。

第四项：－4 表示速度等级。速度等级有两种表示方法。在较早的产品中，用触发器的反转速率来表示，单位为 MHz，一般分为－50、－70、－100、－125 和－150；在之后的产品中用一个 CLB 的延时来表示，单位为 ns，一般可分为－10、－8、－6、－5、－4、－3、－2 等。

第五项：C 表示环境温度范围。温度范围有 3 种，C 代表商用级（0～85℃），I 代表工业级（－40～100℃），M 代表军用级（－55～125℃）。

2.3 CPLD 和 FPGA 的比较

CPLD 与 FPGA 各有所长，不能互相取代，所以目前这两种器件都得到广泛的应用。综合本章所述，二者的性能比较如下。

1. 制作工艺

CPLD 采用 EPROM、E^2PROM、Flash 等工艺，所以数据不易失。CPLD 的配置方式简单，但是对配置次数有限制，不能无限次下载。CPLD 设有专用加密编程单元，加密的编程数据不易被读出，所以具有很好的保密性。

而 FPGA 是基于 SRAM 的工艺，数据掉电易失。如果采用掉电不丢的配置方式，必须外挂专用配置器件或者设备，操作相对复杂。理论上 FPGA 可以提供配置下载的次数为无限次，但是保密性稍差。

2. 逻辑资源的规模

FPGA 的逻辑复杂度更高，逻辑资源的规模更大，逻辑函数的实现能力更强大。就组合逻辑资源来说，CPLD 比 FPGA 更丰富，但是触发器等时序逻辑资源比 FPGA 少，所以 CPLD 更适合实现组合逻辑，而 FPGA 更适合实现复杂度更高的时序逻辑电路。

3. 实现逻辑设计的方式

CPLD 实现逻辑是基于乘积项扩展的原理，而 FPGA 是查找表的逻辑结构。

4. 延时的预测

CPLD 由于连线资源长度固定，所以信号传输的时间延迟具有可预测性。而 FPGA 在构成复杂系统时，信号传输路径长短会因为所用逻辑单元的数量不同而各有不同，所以信号传输的时间延迟并不确定，因此，对 FPGA 的时序约束和时序仿真更为重要。

5. 成本与功耗

与 FPGA 相比，CPLD 成本低，价格低，但是功耗比 FPGA 高。

未来 CPLD/FPGA 的发展将朝着更高密度、更大容量迈进，不断追求芯片的低电压、低功耗,并且寻求将 CPLD/FPGA 的可编程性与片上系统结合,提供基于 CPLD/FPGA 的 SoPC 的解决方案。

习题

2-1　什么是基于乘积项的可编程逻辑结构?

2-2　什么是基于查找表的可编程逻辑结构?

2-3　系统断电后,编程信息不丢失的可编程器件有哪几种? 编程信息丢失的可编程器件是基于什么结构的器件?

2-4　在可编程器件 PROM、EPLD、FPGA、PAL 中,哪些是易失性器件?

2-5　CPLD 的内部结构至少包含哪几个部分? FPGA 呢?

2-6　解释编程与配置这两个概念。

2-7　说明 JTAG 的含义以及边界扫描技术所解决的主要问题。

第 3 章

VHDL 结构与要素

3.1 VHDL 概述

VHDL 主要用于描述数字系统的接口、结构、行为功能,除此之外还包含了关于该设计所适用的设计规范的说明。

通常情况下,对于一个集成芯片的关注往往集中在以下三点:这个芯片是哪个公司生产的,符合什么设计标准或规范,是否通用;这个芯片各引脚的职能如何,即哪些作为数据输入用,哪些作为数据输出用,对这些引脚有什么约束;最重要的一点就是这个芯片有什么功能。

相应地,使用 VHDL 设计一个硬件电路时,也需要把这三方面信息表述出来供使用者了解。首先进行库、程序包使用说明,表明设计是在什么规范内设计的,然后进行设计实体的说明,表明所设计的硬件电路与整个系统的接口信息。通过实体说明,可以粗略透露这个封装了的看不到内部结构的电路的规模、功能,但是远远不够清晰和准确,这就需要进一步的结构体说明,它能准确描述所设计的硬件电路内部各组成部分的功能、相互间的逻辑关系以及整个系统的逻辑功能。至此,VHDL 所描述的电路的全部信息就都清晰地展现出来了。

本章遵循 VHDL 代码编写的结构顺序,对于出现的新概念、新语法现象依次进行说明。

3.1.1 一个设计实例

在具体介绍 VHDL 的结构要素以及编程设计方法之前,用一个比较有代表性的设计实例来呈现 VHDL 设计的概貌。

序列信号发生器能够产生一组特定的串行数字信号,常常用于数字信号的传输和数字系统的测试。8 位序列信号发生器由模 8 计数器和八选一数据选择器共同构成,计数器的输出作为数据选择器的地址,由该地址指定连接到八选一数据选择器输入端的数据由其唯一的输出端进行输出。由于计数器的计数过程是按节拍进行的,是循环的、周而复始的,因此数据选择器发出的信号也是序列的、周而复始的。

构成序列信号发生器的 MUX 和计数器分别是组合逻辑和时序逻辑的典型电路,设计代码分别见例 3.1 和例 3.2。例 3.3 用元件例化法将这两个电路作为底层元件加以调用,完成了最后的顶层设计。

【例 3.1】 设计一个八选一数据选择器。

```
LIBRARY IEEE ;                              -- IEEE 库及程序包的使用说明
USE IEEE.STD_LOGIC_1164.ALL;
USE IEEE.STD_LOGIC_UNSIGNED.ALL;
USE IEEE.STD_LOGIC_ARITH.ALL;
ENTITY MUX_1 IS                             -- 实体 MUX_1 的说明
   PORT(S: IN STD_LOGIC_VECTOR(2 DOWNTO 0);
        D0,D1,D2,D3,D4,D5,D6,D7: IN STD_LOGIC;
        Y : OUT STD_LOGIC);
END MUX_1;
ARCHITECTURE  aa  of  MUX_1  is             -- 结构体 aa 的说明
   BEGIN
      PROCESS(S) IS                         -- 使用进程语句进行描述
        BEGIN
          IF  S = "000"  THEN               -- 使用 IF 语句
             Y < = D0;
          ELSIF  S = "001"  THEN
             Y < = D1;
          ELSIF  S = "010"  THEN
             Y < = D2;
          ELSIF  S = "011"  THEN
             Y < = D3;
          ELSIF  S = "100"  THEN
             Y < = D4;
          ELSIF  S = "101"  THEN
             Y < = D5;
          ELSIF  S = "110"  THEN
             Y < = D6;
          ELSIF  S = "111"  THEN
             Y < = D7;
          ELSE  Y < = '0';
          END IF;
      END PROCESS;
END aa;
```

该设计生成的八选一数据选择器的元件符号如图 3.1(a)所示。

【例 3.2】 设计一个模 8 计数器。

```
LIBRARY IEEE;                               -- IEEE 库及程序包的使用说明
USE IEEE.STD_LOGIC_1164.ALL;
USE IEEE.STD_LOGIC_ARITH.ALL;
USE IEEE.STD_LOGIC_UNSIGNED.ALL;
ENTITY  COUNT_1  IS                         -- 实体 COUNT_1 的说明
   PORT(CLK: IN STD_LOGIC;
        Q: OUT STD_LOGIC_VECTOR(2 DOWNTO 0));
END COUNT_1;
ARCHITECTURE  bb  OF  COUNT_1  IS           -- 结构体 bb 的说明
   SIGNAL Q1: STD_LOGIC_VECTOR(2 DOWNTO 0);
     BEGIN
       PROCESS(CLK)
```

```
        BEGIN
            IF  CLK' EVENT AND CLK = '1' THEN
                Q1 < = Q1 + 1;
            END IF;
                Q < = Q1;
        END PROCESS;
END bb;
```

该设计生成的模 8 计数器的元件符号如图 3.1(b)所示。

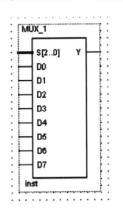

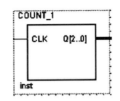

(a) 八选一数据选择器符号　　　　　　　(b) 模8计数器符号

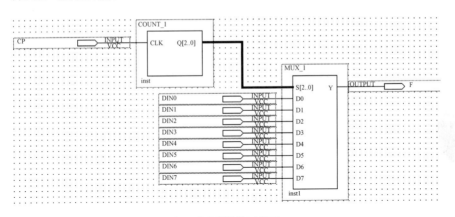

(c) 序列信号发生器结构原理图

图 3.1　序列信号发生器内部结构

【例 3.3】　设计一个序列信号可以自定义的 8 位序列信号发生器。

该设计将例 3.1 和例 3.2 的设计作为底层设计,运用元件例化语句进行元件调用。顶层设计的结构原理如图 3.1(c)所示,其顶层设计的 VHDL 描述如下。

```
LIBRARY IEEE;                                 -- IEEE 库及程序包的使用说明
USE IEEE.STD_LOGIC_1164.ALL;
USE IEEE.STD_LOGIC_ARITH.ALL;
USE IEEE.STD_LOGIC_UNSIGNED.ALL;
ENTITY  XULIE  IS                             -- 实体 XULIE 的说明
   PORT(
        CP: IN STD_LOGIC;
```

```
          DIN0,DIN1,DIN2,DIN3,DIN4,DIN5,DIN6,DIN7:IN STD_LOGIC;
            F: OUT STD_LOGIC);
END XULIE;
ARCHITECTURE cc OF XULIE  IS                          -- 结构体 cc 的说明
   COMPONENT MUX_1 IS                                 -- 底层元件 MUX_1 的说明
      PORT(S: IN STD_LOGIC_VECTOR(2 DOWNTO 0);
             D0,D1,D2,D3,D4,D5,D6,D7: IN STD_LOGIC;
             Y: OUT STD_LOGIC);
   END COMPONENT  MUX_1;
   COMPONENT COUNT_1 IS                               -- 底层元件 COUNT_1 的说明
      PORT(CLK: IN STD_LOGIC;
             Q: OUT STD_LOGIC_VECTOR(2 DOWNTO 0));
   END COMPONENT COUNT_1;
   SIGNAL m : STD_LOGIC_VECTOR(2 DOWNTO 0);           -- 设定连接两个元件的信号连线
      BEGIN                                           -- 元件调用与连接说明
      U1: COUNT_1 PORT MAP(CP, m);                    -- 调用元件 COUNT_1
      U2: MUX_1 PORT MAP(m,DIN0,DIN1,DIN2,DIN3,DIN4,DIN5,DIN6,DIN7, Y = > F);
                                                      -- 调用元件 MUX_1
END cc;
```

3.1.2　设计实例的说明

　　例 3.1～例 3.3 共涉及 3 个设计实体,分别为 MUX_1、COUNT_1 和 XULIE,其中,例 3.3 中的实体 XULIE 为顶层实体。

　　实体 MUX_1 定义了八选一数据选择器的地址 S、数据输入 Di 和数据输出 Y,其对应的结构体 aa 描述了输入与输出信号间的逻辑关系,即八选一数据选择器的功能。

　　实体 COUNT_1 及对应的结构体 bb 描述了一个模 8 计数器的功能。

　　实体 XULIE 根据图 3.1(c)的原理图,定义了引脚的端口信号属性和数据类型。在结构体 cc 中,用元件例化语句对所要调用的 MUX_1 和 COUNT_1 进行说明,包括这两个元件的对外接口信息以及二者之间的连接说明。

3.2　VHDL 结构

　　3.1 节的 3 个实例清晰地反映了 VHDL 的基本架构,一个相对完整的 VHDL 程序(或称为设计实体)应具有如图 3.2 所示的比较固定的结构,即至少应包括 3 个基本组成部分:库和程序包使用说明、实体说明、结构体说明,而配置、类属说明并不是每个 VHDL 程序必须具备的结构。

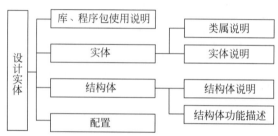

图 3.2　VHDL 程序结构框图

3.2.1　库、程序包和配置

1. 库

在利用 VHDL 进行工程设计中,为了使设计能够共同遵循统一标准或采用统一数据格式而达到一致和规范,提高设计效率,通常将一些有用的信息汇集在一起以供调用,这就是库(library)的概念。库可以分为两大类:一类是工作库,用来存放用户自己定义的信息,访问它时不必显式声明,因为 EDA 开发工具会自动完成这种调用;另一类是资源库,用来存放常规的标准的模块信息,关于库的研究一般是针对这种类型。

几种常用库有 IEEE 库、STD 库、WORK 库、VITAL 库。

(1) IEEE 库是 VHDL 设计中最为常见的库,它包含 IEEE 标准的程序包和其他一些支持工业标准的程序包。

(2) STD 库包括了两个标准程序包,即 STANDARD 和 TEXTIO 程序包。

(3) WORK 库是用户的 VHDL 设计的现行工作库,用于存放用户设计和定义的一些设计单元和程序包。因为 WORK 库自动满足 VHDL 标准,在实际调用中,不必显式预先说明。

(4) VITAL 库是各 FPGA/CPLD 生产厂商提供的面向 ASIC 的逻辑门库。使用 VITAL 库,可以提高 VHDL 门级时序模拟的精度,因而只在 VHDL 仿真器中使用。

库的语句格式如下:

```
LIBRARY 库名;
```

这一语句相当于为其后的设计实体打开了以"库名"命名的库,以便设计实体利用该库中的程序包所定义的所有函数、数据类型、常数等。例如语句"LIBRARY IEEE;"表示打开 IEEE 库。

在 VHDL 中,库的说明语句要放在实体单元前面,而且库语句必须与 USE 语句同用。LIBRARY 语句指明所使用的库名,而 USE 语句具体表明使用库中的哪个程序包,该程序包对本设计实体全部开放,即是可视的。USE 语句有两种常用格式:

```
USE 库名.程序包名.项目名;
USE 库名.程序包名.ALL;
```

第一个语句格式的含义是向本设计实体开放指定库中的特定程序包内所选定的项目,第二个语句格式的含义是向本设计实体开放指定库中的特定程序包内所有的内容。例如:

```
LIBRARY IEEE;
USE IEEE.STD_LOGIC_1164.ALL;
USE IEEE.STD_LOGIC_UNSIGNED.ALL;
```

以上的 3 条语句表示打开 IEEE 库,再打开此库中的 STD_LOGIC_1164 程序包和 STD_LOGIC_UNSIGNED 程序包的所有内容。

不同的编译器有时还有自己特定的库。例如 ISE 的 UNISIM 库关于库和包的声明语句如下:

```
LIBRARY UNISIM;
USE UNISIM.VCOMPONENTS.ALL;
```

一旦说明了库和程序包,整个设计实体都可进入其中访问或调用,但其作用范围仅限于所说明的设计实体。VHDL要求,在一个含有多个设计实体的更大的系统中,每一个设计实体都必须有自己完整的LIBRARY语句和USE语句。

2. 程序包

VHDL程序包(package)是为了使设计实体能够方便地访问和共享,而将常数、数据类型、元件调用说明以及子程序经过定义、收集形成的一个集合体。一个库可以包含多个程序包。常用的程序包有STD库的STANDARD和TEXTIO程序包以及IEEE库的STD_LOGIC_1164、STD_LOGIC_ARITH、STD_LOGIC_UNSIGNED和STD_LOGIC_SIGNED程序包。

STD库的STANDARD程序包定义了许多基本的数据类型、子类型和函数,如BIT、BIT_VECTOR、INTEGER、BOOLEAN等,但是这个程序包是所有编译器必须包含的,所以调用时不需要显式声明。TEXTIO程序包在使用前需要加语句USE STD.TEXTIO.ALL,但由于该程序包主要供仿真器使用,所以可以不必过于关注。

下面重点研究IEEE库中常用的几种程序包,它们对设计有着重大意义。

(1) STD_LOGIC_1164程序包。STD_LOGIC_1164程序包是IEEE库中最常用的程序包,是IEEE的标准程序包。其中包含了一些数据类型、子类型和函数的定义,这些定义将VHDL扩展为一个能描述多值逻辑(即除具有0和1以外还有其他的逻辑量,如高阻态Z、不定态X等)的硬件描述语言,很好地满足了实际数字系统的设计需求。

(2) STD_LOGIC_ARITH程序包。STD_LOGIC_ARITH程序包预先编译在IEEE库中,是Synopsys公司开发的程序包。此程序包在STD_LOGIC_1164程序包的基础上扩展了3个数据类型:UNSIGNED、SIGNED和SMALL_INT,并为其定义了相关的算术运算符和转换函数。

(3) STD_LOGIC_UNSIGNED和STD_LOGIC_SIGNED程序包。这两个程序包都是Synopsys公司开发的程序包,都预先编译在IEEE库中。这些程序包重载了可用于INTEGER型及STD_LOGIC和STD_LOGIC_VECTOR型混合运算的运算符,并定义了由STD_LOGIC_VECTOR型到INTEGER型的转换函数。

一般来说,IEEE库的上述程序包基本能够满足设计需求,所以在VHDL设计中关于库与程序包的声明语句基本固化如下:

```
LIBRARY IEEE;
USE IEEE.STD_LOGIC_1164.ALL;
USE IEEE.STD_LOGIC_ARITH.ALL
USE IEEE.STD_LOGIC_UNSIGNED.ALL;
```

如果设计中使用了这些库与程序包所不包含的函数或数据类型,则编译器会报错,只有找到相应的库和程序包并且显式声明才能解决这一问题。

3.2.2 实体

实体(ENTITY)的功能是描述设计实体与外部电路的接口。它规定了设计单元的输入输出接口信号或引脚,是设计实体经封装后对外的一个通信界面,它所能描述的仅限于电路的外貌。

1. 实体语句结构

实体说明单元的常用语句结构如下：

```
ENTITY 实体名 IS
[GENERIC(类属表);]
    PORT(端口表);
END [ENTITY] 实体名;
```

实体必须以语句"ENTITY 实体名 IS"开始，以语句"END ［ENTITY］实体名;"结束。IEEE STD 1076-1987 版本 VHDL 标准要求结束语句中必须包含 ENTITY，IEEE STD 1076-1993 版本的标准则更加灵活，用中括号括起来表示不是必需的，这也是 VHDL 语法说明的惯例。

设计中的实体名非常重要，在使用 EDA 工具进行设计文件的保存、综合、编译以及仿真等几乎所有场合，都需要以实体名为文件名反复加以确认，即该设计以实体名而不是结构体名来代表。

2. 类属

类属(GENERIC)语句又称为参数传递说明语句，在实体结构中并不是必需的，但是在某种情况下使用类属语句结构可以使设计大为简化。例如，一个设计中需要两个结构一样但是规模不同的计数器，分别为模 16 和模 32，如果用 GENERIC 语句，则不必编写两段计数器代码，只在一个计数器中设定类属变量而不明确其取值，然后在顶层元件例化时分别定义类属变量为 16 和 32，使同一个设计因为类属变量不同而成为两个规模不同的设计。最终，类属变量为 16 和 32 的两个计数器成为两个底层元件被调用。由此可见，类属语句能够方便地改变电路结构和规模，方便代码的复用，提高设计的可重用性。

GENERIC 语句的地位与常数相似，但不同的是，它可以在实体外部动态地接受赋值，其行为类似于端口语句 PORT。但是 GENERIC 语句不是必需的，而端口语句 PORT 的描述却是必需的。

GENERIC(类属表)的具体表述为：

```
GENERIC (参数名:数据类型);
```

例如：

```
GENERIC (n : INTEGER);                        -- 定义类属参量及其数据类型
```

例 3.4 是类属语句最简单的应用。GENERIC 语句对实体 mck 的地址总线端口 add_bus 的数据类型和宽度作了定义，即定义 add_bus 为一个 16 位的位矢量。改变类属变量 n 的值，能够方便地改变 add_bus 总线的宽度。

【例 3.4】　类属语句应用举例。

```
...
ENTITY mck IS
    GENERIC(n:INTEGER: = 16);
        PORT(add_bus:OUT STD_LOGIC_VECTOR(n - 1 DOWNTO 0));
...
```

3．端口

端口(PORT)的说明是指每个端口的输入输出类型、数据类型以及位宽的说明。端口表的具体表述为：

```
PORT (端口名 : 端口模式数据类型;
      端口名 : 端口模式数据类型);
```

注意,端口表结束处的分号";"要放在括号外而不是紧跟语句,用以隔断本端口表与下一语句的联系。

【例 3.5】 2 输入与门的端口说明举例。

```
...
ENTITY and2 IS
    PORT(a:IN STD_LOGIC;
         b:IN STD_LOGIC;
         c:OUT STD_LOGIC);
END ENTITY and2;
...
```

其中,端口 a、b 的模式是输入,端口 c 是输出,3 个端口的数据类型均为标准逻辑位,即1 位二进制数。由该端口说明能清晰地了解与门的引脚数量与用途。

3.2.3　结构体

结构体(ARCHITECTURE)用于描述实体的内部结构及各部分的逻辑关系。如果实体代表一个封装了的器件符号,则结构体描述了这个符号的内部行为,是实体的详细解读和具体实现,因此结构体语句中首先要声明是从属于哪个实体的结构体。

一个实体可以有多个结构体,这些结构体有的适于综合,有的适于仿真,最后必须用CONFIGURATION 语句指明各结构体的具体用途,而在综合后的、与硬件电路相对应的设计实体中,一个实体只对应一个结构体。对于初学者,不建议采用此种方式,一个实体对应一个结构体的结构对于完成设计任务没有任何局限。VHDL 不允许一个结构体对应多个实体。

1．结构体的基本语句格式

结构体的基本语句格式为

```
ARCHITECTURE 结构体名 OF 实体名 IS
[说明语句;]
    BEGIN
      功能描述语句;
END [ARCHITECTURE] 结构体名;
```

结构体用来描述硬件电路内部结构与功能的语句构造,如图 3.3 所示。一般地,一个完整的结构体由两个部分组成:一部分是结构体说明语句,包括对结构体中所要调用的元件的声明,信号的声明,以及对数据类型、函数、过程的定义等;另一部分是结构体功能描述语句,包括以不同描述风格表达实体逻辑行为的各种描述语句,如进程语句、元件例化语句等。

2．结构体说明语句

结构体中的说明语句是对结构体的功能描述语句中将要用到的信号(SIGNAL)、数据

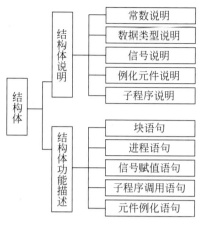

图3.3　结构体构造框图

类型（TYPE）、常数（CONSTANT）、元件（COMPONENT）、函数（FUNCTION）和过程（PROCEDURE）等加以说明的语句。

3. 结构体功能描述语句

图3.3所示的结构体功能描述部分可以含有5种不同类型的、以并行方式工作的语句结构，而在每一语句结构的内部可能含有并行运行的逻辑描述语句或顺序运行的逻辑描述语句。

3.3　端口模式

常用的端口模式有4种，各端口模式的功能及符号分别见表3.1和图3.4。其中，IN相当于只可输入的引脚；OUT相当于只可输出的引脚；BUFFER相当于带输出缓冲器并可以回读的引脚；而INOUT相当于双向引脚，主要在涉及数据总线的设计中使用，因为数据总线通常为读/写结构，即读与写共用一个通道。BUFFER与INOUT的区别是，定义为BUFFER的端口在将数据回读重新输入时，输入的位置已经不是原来准备输出的端口位置了，而INOUT端口的输入和输出都用同一个端口位置。

表3.1　端口模式

端口模式	端口模式说明
IN	输入端口，单向输入，将数据通过该端口读入
OUT	输出端口，单向输出，将数据从该端口输出
BUFFRE	是具有读功能的输出端口，可以读出数据，该数据也可以写入，只有一个驱动源
INOUT	输入输出双向端口，可以通过同一端口从电路内部读数据，从电路外部写入数据

计数器设计中输出Q的端口模式设置方式有OUT或BUFFER两种，根据端口模式设置的不同，程序代码也不同。Q的端口模式为OUT，则"Q<=Q+1"这一实现计数器的有效算法将无法进行，因为Q不能既做输出又做输入而分别列写于等式的左右两端。要维持Q纯粹的输出类型不变，只有再定义一个没有方向限制的中间信号Q1，它累计相加的结果传递给输出端口Q，如例3.6的设计一。如果将Q定义为BUFFER类型，则Q既可以参加

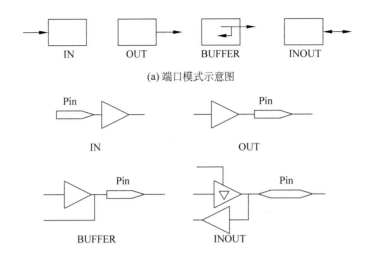

(a) 端口模式示意图

(b) 端口电路结构图

图 3.4　端口模式

每次的累加计算,还能由 Q 输出最后结果,如例 3.6 的设计二。

【例 3.6】　设计一个计数器。

设计一:

```
LIBRARY IEEE;
USE IEEE.STD_LOGIC_1164.ALL;
USE IEEE.STD_LOGIC_ARITH.ALL;
USE IEEE.STD_LOGIC_UNSIGNED.ALL;
ENTITY zj IS
    PORT(CLK: IN STD_LOGIC;
           Q: OUT STD_LOGIC_VECTOR(3 DOWNTO 0));
END zj;
ARCHITECTURE  a  OF  zj  IS
    SIGNAL Q1: STD_LOGIC_VECTOR(3 DOWNTO 0);
      BEGIN
         PROCESS(CLK)
            BEGIN
               IF  CLK' EVENT AND CLK = '1' THEN
                   Q1 < = Q1 + 1;
               END IF;
               Q < = Q1;
            END PROCESS;
END a;
```

设计二:

```
LIBRARY IEEE;
USE IEEE.STD_LOGIC_1164.ALL;
USE IEEE.STD_LOGIC_ARITH.ALL;
USE IEEE.STD_LOGIC_UNSIGNED.ALL;
ENTITY zj IS
```

```
            PORT(CLK: IN STD_LOGIC;
                     Q: BUFFER STD_LOGIC_VECTOR(3 DOWNTO 0));
        END zj;
        ARCHITECTURE a OF zj IS
            BEGIN
                PROCESS(CLK)
                    BEGIN
                        IF CLK' EVENT AND CLK = '1' THEN
                            Q < = Q + 1;
                        END IF;
                END PROCESS;
        END a;
```

3.4 数据类型

VHDL 是一种强类型语言,要求设计实体中的每一个常数、信号、变量、函数以及设定的各种参量都必须具有确定的数据类型,并且要求只有数据类型相同的量才能互相传递和作用。VHDL 作为强类型语言的好处是能使 VHDL 编译或综合工具很容易地找出设计中的各种常见错误,方便设计人员编程建模。

3.4.1 VHDL 的预定义数据类型

在 3.2.1 节中提到,VHDL 标准程序包 STANDARD 包含在所有编辑器中,而 VHDL 的预定义数据类型都是在程序包中定义的,所以在实际使用中,它们已经自动包含进 VHDL 的源文件中,因而不必通过 USE 语句进行显式调用。由于 VHDL 综合器不支持实数类型和时间类型,在此对这两种类型不做介绍。最常用的 VHDL 的预定义数据类型有布尔、位、位矢量、整数等几种。

1. 布尔数据类型

程序包 STANDARD 中定义布尔数据类型(BOOLEAN)的源代码如下:

```
TYPE BOOLEAN IS(FALSE,TRUE);
```

布尔数据类型实际上是一个二值枚举型数据类型,它的取值有 FALSE 和 TRUE 两种。

【例 3.7】 布尔数据类型的应用示例。

```
...
ENTITY control_stmts IS
  PORT (a, b, c: IN BOOLEAN;
        output: OUT BOOLEAN);
END control_stmts;
ARCHITECTURE example OF control_stmts IS
    BEGIN
      PROCESS (a, b, c)
        VARIABLE n: BOOLEAN;
            BEGIN
```

```
           IF  a  THEN  n := b;  ELSE  n := c;
                                    -- 若 a 为真(a = 1)则将 b 赋值给 n,否则将 c 赋给 n
           END IF;
           output <= n;
      END PROCESS;
END example;
```

2. 位数据类型

在实用中,端口描述中的数据类型主要有两类:位(BIT)和位矢量(BIT_VECTOR)。若端口的数据类型定义为 BIT,则其信号值是一个 1 位的二进制数,取值只能是 0 或 1;若端口数据类型定义为 BIT_VECTOR,则其信号值是一组二进制值。

用位数据类型定义的数据对象,如变量、信号等,在参与逻辑运算后,运算结果仍是位的数据类型。在程序包 STANDARD 中定义的源代码是:

```
TYPE BIT IS ('0','1');
```

例如,定义某具有 1 位位宽的输入端口 S 时,则用语句:

```
S: IN BIT;
```

相应地,为 S 赋值时,所赋的值要加单引号,例如:

```
S <= '1';
```

3. 位矢量数据类型

位矢量是基于 BIT 数据类型的数组,位宽必须大于或等于两位,在程序包 STANDARD 中定义的源代码是:

```
TYPE BIT _VETOR IS ARRAY(NATURA  RANGE < >)OF BIT;
```

例如,定义某输入端口 S 位宽为 6 位时,使用语句:

```
S: IN BIT_VECTOR(5 DOWNTO 0);
```

在 BIT_VECTOR 类型的具体赋值语句中,区别于 BIT 类型的赋值,要给所赋的值加双引号,例如:

```
S <= "100011" ;
```

4. 整数数据类型

整数类型(INTEGER)的数包括正整数、负整数和零,可以使用加、减、乘、除等运算符进行算术运算。编程设计中定义某端口 S 为整数类型以及赋值语句通常表示如下:

```
S: IN INTEGER RANGE 0 TO 36 ;
S <= 18;
```

RANGE 规定了 S 的取值范围,在赋值时,所赋之值不能超出该范围,而且无须加引号。

3.4.2 IEEE 预定义标准逻辑位与标准逻辑矢量

在 IEEE 库的程序包 STD_LOGIC_1164 中,定义了两个非常重要的数据类型,即标准

逻辑位 STD_LOGIC 和标准逻辑矢量 STD_LOGIC_VECTOR。

1. 标准逻辑位数据类型

数据类型 STD_LOGIC 在程序包中定义如下：

```
TYPE STD_LOGIC IS ('U','X','0','1','Z','W','L','H','_');
```

由定义可见，STD_LOGIC 共定义了 9 种值，是标准的 BIT 数据类型的扩展。各值的含义是：'U'为未初始化的，'X'为强未知的，'0'为强低电平，'1'为强高电平，'Z'为高阻态，'W'为弱未知的，'L'为弱低电平，'H'为弱高电平，'_'为忽略。

数字电路中，3 种最常用的输入输出状态是低电平、高电平、高阻状态，在 VHDL 编程中分别用 0、1 和 Z 表示，其中 Z 在双向端口设计、三态门设计中十分方便。这一点是位数据类型 BIT 所不具备的。对于初学者，除此之外的 6 种状态因为不常用，所以暂时不必关注。在程序中使用此数据类型前，需加入下面的程序包调用语句，因为该数据类型定义在 IEEE 库的 STD_LOGIC_1164 程序包中。例如：

```
LIBRARY IEEE;
USE IEEE.STD_LOGIC_1164.ALL;
```

注意：'U'、'X'、'Z'、'W'、'L'、'H'在程序中必须为大写，否则编译会出错。例如，信号 A 定义为 STD_LOGIC，则将 A 赋值为高阻态时应写成：A<= 'Z'；如果信号 A 定义为 STD_LOGIC_VECTOR(2 DOWNTO 0)，则应写成：A<= "ZZZ"。

2. 标准逻辑矢量数据类型

STD_LOGIC_VECTOR 类型在程序包中定义如下：

```
TYPE STD_LOGIC_VECTOR IS ARRAY (NATURA RANGE <>) OF STD_LOGIC;
```

编程时，如果定义 A 是输入 4 位位矢量，则使用语句

```
A: IN STD_LOGIC_VECTOR(3 DOWNTO 0);
```

或者

```
A: IN STD_LOGIC_VECTOR(0 TO 3);
```

注意：在描述输入端口 A 的端口模式和数据位宽方面，这两种表达的结果是一样的。但是二者的含义是有区别的，DOWNTO 描述的数据范围与二进制编码书写顺序一致，即数据最高位位列最左，最低位位列最右，而 TO 描述的数据排列方式与二进制数书写规则正相反。在具体设计中，二者的区别有可能造成设计结果的大相径庭，不了解该区别会造成混乱甚至错误。例如，执行 A+1，用 DOWNTO 描述 A 时加 1 的位置是 A 的最低位，用 TO 描述 A 时执行加 1 操作的结果是在 A 的最高位加 1。

STD_LOGIC_VECTOR 是对标准逻辑位数据类型的扩展，在逻辑运算时，位矢量可以逐位地进行逻辑操作，这将大大简化位数据按位操作的描述代码。

例如，若有以下定义：

```
SIGNAL a,b,c: STD_LOGIC_VECTOR(3 DOWNTO 0);
```

则下面两段代码的执行结果是完全一样的：

```
(1)c<= a  AND  b ;
(2)c(3)<=a(3)  AND  b(3);
   c(2)<=a(2)  AND  b(2);
   c(1)<=a(1)  AND  b(1);
   c(0)<=a(0)  AND  b(0);
```

3.4.3　其他预定义标准数据类型

VHDL综合工具所带的扩展程序包中定义了一些非常常用的类型。例如,Synopsys公司在IEEE库中加入的程序包STD_LOGIC_ARITH中定义了如下的数据类型:无符号型(UNSIGNED)、有符号型(SIGNED)和小整型(SMALL_INT)。

如果将信号或变量定义为这几个数据类型,就可以使用本程序包中定义的运算符。在使用之前,请注意必须加入下面的语句:

```
LIBRARY IEEE;
USE IEEE.STD_LOGIC_ARITH.ALL;
```

1. 无符号数据类型

UNSIGNED数据类型代表一个无符号的数值,在综合器中,这个数值被解释为一个二进制数,这个二进制数的最左位是其最高位。

2. 有符号数据类型

SIGNED数据类型表示一个有符号的数值,综合器将其解释为补码,此数的最高位是符号位。例如,SIGNED("0101")代表+5,SIGNED("1101")代表-5。

3.4.4　自行定义的数据类型

除上述一些标准的预定义类型外,VHDL还允许用户自行定义新的数据类型。由用户定义的数据类型有多种,如枚举类型(Enumeration Type)、数组类型(Array Type)、时间类型(Time Type)、记录类型(Record Type)等,以枚举类型和数组类型最为常见。

1. 枚举类型

VHDL中的枚举数据类型是用文字符号来表示一组实际的二进制数的类型(若直接用数值来定义,则必须使用单引号),是状态机设计法中常用的定义方式。例如:

```
TYPE M_STATE  IS (STATE1,STATE2,STATE3,STATE4,STATE5);
SIGNAL CURRENT_STATE, NEXT_STATE: M_STATE;
```

在这里,信号CURRENT_STATE和NEXT_STATE的数据类型定义为M_STATE,它们的取值范围是可枚举的,即从STATE1～STATE5共5种,而这些状态代表5组唯一的二进制数值。

2. 数组类型

数组类型属复合类型,它是将一组具有相同数据类型的元素集合在一起,作为一个数据对象来处理的数据类型。数组可以是一维数组(每个元素只有一个下标)或多维数组(每个元素有多个下标)。VHDL仿真器支持多维数组,但VHDL综合器只支持一维数组。

数组的元素可以是任何一种数据类型,用以定义数组元素的下标范围的子句决定了数组中元素的个数以及元素的排序方向,即下标数是由低到高或是由高到低。

1）限定性数组

定义语句格式如下：

TYPE 数组名 IS ARRAY（数组范围） OF 数据类型；

其中，数组名是新定义的限定性数组类型的名称，可以是任何标识符，其类型与数组元素相同；数组范围明确指出数组元素的定义数量和排序方式，以整数来表示其数组的下标；数据类型即指数组各元素的数据类型。

【例 3.8】 限定性数组定义示例。

TYPE stb IS ARRAY(7 DOWNTO 0) OF STD_LOGIC;

这个数组类型的名称是 stb，它有 8 个元素，它的下标排序是 7～0，各元素的排序是 stb(7)，stb（6），…，stb（1），stb（0）。

2）非限定性数组

定义语句格式如下：

TYPE 数组名 IS ARRAY（数组下标名 RANGE＜＞）OF 数据类型；

其中，数组名是定义的非限定性数组类型的名称；数组下标名是以整数类型设定的一个数组下标名称；符号"＜＞"是下标范围待定符号，用到该数组类型时，再填入具体的数值范围；数据类型是数组中每一元素的数据类型。

【例 3.9】 非限定性数组定义示例一。

TYPE bit_vector IS ARRAY(NATURA RANGE＜＞) OF BIT;
VARIABLE va: bit_vector (1 TO 6);   -- 将数组取值限定为1～6

【例 3.10】 非限定性数组定义示例二。

TYPE real_matrix IS ARRAY(POSITIVE RANGE＜＞) OF REAL;
VARIABLE real_matrix_object: real_matrix (1 TO 8);   -- 限定范围

【例 3.11】 非限定性数组定义示例三。

TYPE logic_vector IS ARRAY(NATURA RANGE＜＞,POSITIVE RANGE＜＞) OF INTEGER;
VARIABLE objec t_ 3: logic_vector (0 TO 7,1 TO 2);   -- 限定范围

3.5 数据对象

数据对象能够描述硬件电路的很多特性和功能，VHDL 赋予了它们不同的含义，用来应对硬件设计中的不同需要，数据对象的形式有常量、变量和信号 3 种。在 VHDL 中，数据对象类似于容器，能够接受不同数据类型的赋值，对这 3 种数据对象的赋值操作占据了代码书写的很大篇幅，可见数据对象在编程设计中的作用。

3.5.1 常量

在程序中，常量（CONSTANT）是一个恒定不变的值，一旦对它进行了赋值定义，在该全部程序代码中就将一直保持这个赋值的定义不再改变，因而具有全局意义。通过对常量

进行设定可以方便设计人员修改常量以改变硬件结构。例如一个定义为常量的位矢量,修改这个常量就改变了它的宽度。

常量的定义形式如下:

CONSTANT 常量名:数据类型:= 表达式;

VHDL 要求所定义的常量数据类型必须与表达式的数据类型一致。例如:

```
CONSTANT fbus : BIT_VECTOR:= "101011";          -- 标准位矢量类型
CONSTANT datain : INTEGER:= 27;                 -- 整数类型
```

常量的可视性,即常量的使用范围取决于它被定义的位置。常量可以定义在程序包、实体、结构体、块、进程和子程序中。在程序包中定义的常量具有最大全局化特征,可以用在调用此程序包的所有设计实体中;定义在设计实体中的常量的有效范围为这个实体定义的所有的结构体;定义在设计实体的某一结构体中的常量则只能用于此结构体;定义在结构体的某一单元(如一个进程)中的常量只能用在这一单元中。

3.5.2 变量

变量(VARIABLE)是暂存某些值的载体,在 VHDL 语法规则中,变量是一个局部量,其适用范围仅限于定义了变量的进程或子程序中。由于使用范围的局限,变量不能将信息带出定义它的当前设计单元。变量的赋值是一种理想化的数据传输,是立即发生,不存在任何延时的行为,常用在实现某种算法的赋值语句中。

1. 变量的定义格式

定义变量的语法格式如下:

VARIABLE 变量名:数据类型[:= 初始值];

例如:

```
VARIABLE  a: INTEGER;                  -- 定义 a 为整型变量
VARIABLE  b,c: INTEGER:= 2;            -- 定义 b 和 c 为整型变量,初始值是 2
VARIABLE  e : INTEGER RANGE 0 TO 15 ;  -- 定义变量 e 定义为常数,取值为 0～15
VARIABLE  d : STD_LOGIC := '1';        -- 定义变量 d 为标准逻辑位数据类型,初始值是 1
```

变量定义语句中的初始值可以是一个与变量具有相同数据类型的常数值,也可以是一个全局静态表达式,这个表达式的数据类型必须与所赋值变量一致。**此初始值不是必需的,综合过程中综合器将略去所有的初始值**。

2. 变量的赋值格式

变量数值的改变是通过变量赋值来实现的,其赋值语句的语法格式如下:

目标变量名:= 表达式;

例如,在一个进程中定义一个变量并且对其赋值的语句为:

```
...
PROCESS (a)
   VARIABLE  b : STD_LOGIC;
      BEGIN
```

```
              IF a = '1' THEN
                 b: = c;
              END IF;
    END PROCESS;
    …
```

在进程中定义 b 为变量,a 是启动进程的敏感变量,当 a 的变化启动了进程时,变量 b 就被赋值为 c。

3.5.3 信号

信号(SIGNAL)是描述硬件系统的基本数据对象,它的作用类似于连接线或存储单元。信号可以作为设计实体中并行语句模块间的信息交流通道。在 VHDL 中,信号及其相关的信号赋值语句、延时语句等很好地描述了硬件系统的许多基本特征,如硬件系统运行的并行性、信号传输过程中的惯性延时特性、多驱动源的总线行为等。

1. 信号的定义格式

信号作为一种数值容器,不但可以容纳当前值,也可以保持历史值,这一属性与触发器的记忆功能有很好的对应关系,在多位移位寄存器的设计中,正是利用了信号的这一特性,而这一点却是变量所不具备的。与变量相比,信号的硬件特征更为明显,它具有全局性特性。信号的定义格式如下:

SIGNAL 信号名:数据类型[: = 初始值];

信号初始值的设置不是必需的,而且初始值仅在 VHDL 的行为仿真中有效。

定义信号的语句实例如下:

```
SIGNAL S1: STD_LOGIC: = '0';              -- 定义了一个标准逻辑位的单值信号 S1,初始值为低电平
SIGNAL S2,S3: BIT;                         -- 定义了两个数据类型为 BIT 的信号 S2 和 S3
SIGNAL S4: STD_LOGIC_VECTOR(15 DOWNTO 0);   -- 定义了一个标准逻辑矢量信号,共 16 位
```

2. 信号的赋值格式

信号的赋值语句格式如下:

目标信号名<= 表达式;

这里的"表达式"可以是一个运算表达式,也可以是变量、信号或常量之一。数据信息的传入可以设置延时量,如"AFTER 3ns",但是即使是将延时设置为 0 或者不做任何设置,信号的赋值也要经历一个特定的延时,即 δ。因此,符号"$<=$"两边的数值并不总是一致的,这与实际器件的传播延迟特性是吻合的,这一点与变量的赋值过程有很大差别,变量赋值能够立即完成。

信号定义以及赋值的示例程序如下:

```
…
ARCHITECTURE  aa  OF  example  IS
   SIGNAL b: STD_LOGIC ;
     BEGIN
        PROCESS (a)
           BEGIN
```

```
            IF  a = '1'  THEN
               b <= c ;
            END IF;
      END PROCESS;
...
```

在这里,信号被定义在结构体 aa 之中、进程之外,于是,对于结构 aa 的所有进程,关于信号 b 的定义均有效。

3.5.4　常量、变量、信号的比较

常量、变量和信号虽然有一定的共同之处,但是它们之间的区别更为显著,除了表现在功能、用途不同以外,还表现在声明的位置、赋值格式、赋值操作的实现方式等方面。

1. 共同之处

(1) 变量与信号在定义时都无须方向说明,即没有方向限制,这样一来,信号与变量既可以接收信息,又可以传出信息,在赋值语句中,它们既可以位于赋值符号的左边,又可以位于右边。而端口则需要遵守定义给它的类型。例如,如果定义某端口为输入类型,则不能赋值给该输入端口,即不能有"输入端口<=…"这样的语句;如果定义为输出端口,则不能从输出端口读入数据,即不允许有"…<= 输出端口"这样的语句。

(2) VHDL 仿真器允许变量和信号设置初始值,但在实际应用中,VHDL 综合器都不能把这些信息综合进去。

2. 不同之处

(1) 从硬件电路系统来看,常量相当于电路中的恒定电平,如 GND 或 VCC 接口,而变量和信号则相当于组合电路系统中门与门间的连接及其连线上的信号值。

(2) 在信息保持与传递的区域大小上,常量可以定义在程序包、实体、结构体、块、进程和子程序中。信号的使用和定义范围是程序包、实体和结构体,不允许在进程和子程序的顺序语句中定义信号。变量作为进程中局部数据存储单元,只能在所定义的进程中使用。

(3) 在接收和保持信息的方式上,信号在进程的最后才对信号赋值,变量立即赋值,二者在赋值操作过程中的内在区别详见 3.5.5 节。

(4) 从综合后所对应的硬件电路结构来看,在大部分情况下,信号和变量并没有什么区别,但有时信号将对应更多的硬件结构。

3.5.5　进程中的信号赋值与变量赋值

准确理解和把握进程中的信号和变量赋值行为的特点,对利用 VHDL 正确地设计电路十分重要。

虽然信号的定义一般不允许出现在进程中,但是信号的赋值既可以在进程中进行,也可以直接出现在结构体的并行语句结构中,赋值的位置不同,决定了它们运行方式的不同。进程内的信号赋值属顺序信号赋值,这时的信号赋值操作只有在进程被启动时才能进行,并且允许对同一目标信号进行多次赋值(尽管只有一次赋值得以执行,但并不会报错);而进程外的信号赋值语句则具有与进程同等的地位,属并行信号赋值,其赋值操作是各自独立并行地发生的,且不允许对同一目标进行多次赋值。

由于信号有着全局意义和地位,才被允许把进程外的信息带入进程内部,或是将进程内

的信息带出进程,于是信号能够列入进程敏感表,而变量则不可以,即进程对信号敏感,却对变量不敏感。

1. 信号与变量赋值技巧

怎样把握进程中信号与变量的赋值技巧? 需要透过现象来分析信号与变量赋值过程中的行为特点,主要应注意以下 3 个方面。

1) 在同一进程中,可以允许同一信号有多个驱动源(赋值源)

在同一进程中存在多个同名的信号被赋值,但赋值的结果只有最接近 END PROCESS 的赋值语句被启动,并进行赋值操作。例如:

```
SIGNAL A,B,C,Y,Z : INTEGER;
...
    PROCESS (A,B,C)
        BEGIN
            Y < = A + B;
            Z < = C - A;
            Y < = B;
    END PROCESS;
...
```

其中,A、B、C 被列入进程敏感表,当进程被启动后,信号赋值将自上而下顺序执行,但第一项赋值操作并不会发生,这是因为 Y 的最后一项驱动源是 B,因此 Y 被赋值 B。在并行赋值语句中,不允许出现同一信号有多个驱动源的情况。

2) **不完整的条件语句中,单独的变量赋值语句与信号赋值语句将产生相同的时序电路**

比较例 3.12 和例 3.13。例 3.12 是典型的 D 触发器的 VHDL 描述,综合后的电路如图 3.5 所示。例 3.13 则将例 3.12 中定义的信号换成了变量,其综合的结果与例 3.12 完全一样,也是图 3.5 所示的 D 触发器。可见对于单个变量或信号的赋值,二者没有差别,设计人员可以根据自己的风格任意选择。

【**例 3.12**】 信号赋值应用示例一。

```
...
ARCHITECTURE  bhv  OF dff_1 IS
    SIGNAL QQ : STD_LOGIC ;
        BEGIN
            PROCESS (CLK)
                BEGIN
                    IF  CLK' EVENT AND CLK = '1'  THEN
                        QQ < = D ;
                    END IF;
                END PROCESS ;
                Q < = QQ;
    END bhv;
```

【**例 3.13**】 变量赋值应用示例一。

```
...
ARCHITECTURE bhv OF dff_1 IS
```

```
      BEGIN
        PROCESS (CLK)
          VARIABLE QQ : STD_LOGIC ;
            BEGIN
              IF  CLK' EVENT AND CLK = '1'  THEN
                  QQ := D ;
              END IF;
              Q <= QQ;
        END PROCESS ;
    END bhv;
```

3) 在多个信号或变量传递赋值方面,二者赋值的差别使得综合出来的电路结构差别很大

比较例 3.14 和例 3.15,它们唯一的区别在于进程中 A 和 B 定义了不同的数据对象类型,前者定义为信号,而后者定义为变量。然而,它们的综合结果却有很大的不同。前者的电路如图 3.6 所示,是一个 3 位移位寄存器,后者的电路仍如图 3.5 所示,即与例 3.12 和例 3.13 的结果完全相同。

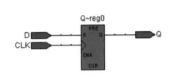

图 3.5　D 触发器的 RTL 电路图

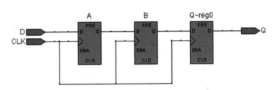

图 3.6　移位寄存器的 RTL 电路图

【例 3.14】 信号赋值应用示例二。

```
LIBRARY IEEE ;
USE IEEE.STD_LOGIC_1164.ALL ;
ENTITY DFF3 IS
    PORT (CLK, D : IN STD_LOGIC ;
          Q : OUT STD_LOGIC) ;
END DFF3;
ARCHITECTURE bhv OF DFF3 IS
    SIGNAL A,B : STD_LOGIC ;
      BEGIN
        PROCESS (CLK)
          BEGIN
            IF  CLK' EVENT AND CLK = '1'  THEN
                A <= D ;
                B <= A ;
                Q <= B ;
            END IF;
        END PROCESS ;
    END bhv;
```

【例 3.15】 变量赋值应用示例二。

```
LIBRARY IEEE ;
```

```
USE IEEE.STD_LOGIC_1164.ALL ;
ENTITY DFF3 IS
    PORT (CLK,D : IN STD_LOGIC ;
          Q : OUT STD_LOGIC  ) ;
END DFF3;
ARCHITECTURE bhv OF DFF3 IS
    BEGIN
       PROCESS (CLK)
         VARIABLE A,B : STD_LOGIC ;
            BEGIN
              IF  CLK'EVENT AND CLK = '1'  THEN
                  A := D ;
                  B := A ;
                  Q <= B ;            -- 变量给信号赋值,采用的是信号的赋值符号"<="而非":="
              END IF;
         END PROCESS ;
END bhv;
```

分析其原因,信号与变量在行为特性尤其是延时特性上具有差别,这一点在单独的赋值操作中并没有反映出来,但是遇到多个赋值且赋值具有传递性的时候便凸显出来。信号赋值与变量赋值的行为特性差异主要有两点。

(1) 设扫读每条语句的间隔时间为$\delta_{语句}$,信号与变量赋值的延迟时间分别为$\delta_{信号}$和$\delta_{变量}$,即从接到赋值的命令开始直到得出执行结果所用时间,则三者之间的关系是$\delta_{变量} \approx 0$,而$\delta_{信号} \gg \delta_{语句} \gg \delta_{变量}$。

(2) 进程要求所有赋值语句,包括变量赋值语句,都必须在一个δ延时中完成。最先完成赋值的就是变量,因为它的延时几乎为0。而进程中所有信号赋值语句是怎样完成赋值的呢?赋值语句因为在进程中的书写顺序不同而使得接受赋值命令的时间有先后之分,但是由于各语句之间的$\delta_{语句}$非常小,与信号赋值命令执行起来的时间延迟$\delta_{信号}$相比,这个时间的差距微乎其微,可以忽略不计,所以,这时进程中的所有信号赋值操作几乎同时开始,即在进程中的信号顺序赋值是以近乎并行的方式"同时"进行,并且是在执行到 END PROCESS 语句时才同时完成的。因此,"执行赋值操作"和"完成赋值"是两个截然不同的概念。对于VHDL 的信号赋值来说,执行赋值是一个过程,它具有顺序的特征;而完成赋值是一种结果,它的发生具有硬件描述语言最本质的并性特征。

明白了上面的道理,再来分析例 3.14 与例 3.15,其中的差别就很容易理解了。例 3.14中,两个连续的信号赋值语句"A<=D;"和"B<=A;"几乎同时启动赋值操作,在遇到END PROCESS 之前,信号 A 和 B 都未能完成赋值操作,因此信号 A 没有更新为新数据D。同理,信号 B 也没有更新为新的数据 A,而仍然是上一个时钟过后保持的值。这种情况直到进程结束之前的瞬间,同时被改变,完成赋值的结果是:A 得到了 D,B 更新为上一个时钟过后留下的 A 值,而信号 B 也将上一个时钟过后保留下的 B 值送给了 Q。这样,语句"A<=D;"中的 A 和语句"B<=A;"中的 A 并非是同一个值,"B<=A;"与"Q<=B;"中的B 也非同一时刻的 B,因此在同一时刻中,D 不可能直接将值传到 Q,于是综合的结果就是一个由 3 个 DFF 构成的移位寄存器。

在例 3.15 中,由于 A、B 是变量,它们的赋值更新是立即发生的,δ 语句与接近于 0 值的 δ 变量相比具有更长的时间长度,因而使进程中的变量赋值语句有了明显的顺序性。当执行"A:=D;"时,变量 A 几乎瞬时被更新为 D,在经历 δ 语句的延迟后,才执行到下一条赋值语句"B:=A;"。如此一来,在执行到 END PROCESS 之时,所有变量均得以更新,赋值操作得以完成,一个进程执行过后,Q 被新数据 D 更新。虽然此过程经历了 A、B 的中间传送,但是最终综合的结果仍然是 1 个 DFF。

接下来再用例 3.16 进一步说明变量赋值与信号赋值的差别。示例程序中变量和信号赋值同时出现在进程中,比较一下它们的执行情况。

【例 3.16】 比较进程中的信号赋值与变量赋值。

```
SIGNAL din1, din2, … : STD_LOGIC ;
SIGNAL e1: STD_LOGIC_VECTOR(3 DOWNTO 0);
…
   PROCESS(din1, …)
      VARIABLE c1,…: STD_LOGIC_VECTOR(3 DOWNTO 0) ;
         BEGIN
            IF din1 = '1' THEN …
               e1 < = "1010" ;
               din2 < = '0';
               …
               c1 : = "0011" ;
               …
            END IF;
   END PROCESS;
…
```

如上所述,由于进程中变量赋值的延迟几乎为零,所以在顺序执行过程中,所有变量的赋值都依次得以完成。然而,对于信号 e1 的赋值,即使语句位于进程的最前端,但是从开始执行到最后完成所用的时间 $δ_{信号}$ 仍将远远大于所有的变量执行赋值的时间,所以 e1 执行并完成赋值的时间要晚于 c1。

2. 信号与变量赋值语句的应用

例 3.17 和例 3.18 分别描述了信号赋值语句和变量赋值语句在数字电路设计中的应用。它们的设计任务是:以 S0 和 S1 为选通控制信号,D0、D1、D2、D3 为输入数据,设计一个 4 选 1 多路选择器。两例虽然设计思路相同,但由于采用了信号与变量两种不同赋值方式,使得二者的结果截然不同。

【例 3.17】 信号赋值在数字电路设计中的应用。

```
LIBRARY IEEE;
USE IEEE.STD_LOGIC_1164.ALL;
ENTITY MUX4_1 IS
   PORT(D0, D1, D2, D3, S1, S0 : IN  STD_LOGIC;
        Q : OUT  STD_LOGIC);
END  MUX4_1;
ARCHITECTURE  aa  OF  MUX4_1 IS
   SIGNAL  muxval:  INTEGER RANGE 7 DOWNTO 0;
```

```
          BEGIN
              PROCESS (D0, D1, D2, D3, S1, S0)
                  BEGIN
                      muxval <= 0;
                      IF (S0 = '1') THEN  muxval <= muxval + 1; END IF;
                      IF (S1 = '1') THEN  muxval <= muxval + 2; END IF;
                      CASE muxval  IS
                      WHEN 0  => Q <= D0;
                      WHEN 1  => Q <= D1;
                      WHEN 2  => Q <= D2;
                      WHEN 3  => Q <= D3;
                      WHEN OTHERS => NULL;
                      END CASE;
              END PROCESS;
      END aa;
```

【例 3.18】 变量赋值在数字电路设计中的应用。

```
LIBRARY IEEE;
USE IEEE.STD_LOGIC_1164.ALL;
ENTITY  MUX4_1 IS
    PORT (D0, D1, D2, D3, S1, S0 : IN STD_LOGIC;
        Q : OUT STD_LOGIC);
END  MUX4_1;
ARCHITECTURE  bb  OF MUX4_1 IS
    BEGIN
        PROCESS (D0, D1, D2, D3, S1, S0)
            VARIABLE  muxval : INTEGER RANGE 7 DOWNTO 0;
                BEGIN
                    muxval := 0;
                    IF (S0 = '1') THEN muxval := muxval + 1; END IF;
                    IF (S1 = '1') THEN muxval := muxval + 2; END IF;
                    CASE muxval IS
                    WHEN 0  => Q <= D0;
                    WHEN 1  => Q <= D1;
                    WHEN 2  => Q <= D2;
                    WHEN 3  => Q <= D3;
                    WHEN OTHERS => NULL;
                    END CASE;
            END PROCESS;
      END bb;
```

例 3.17 和例 3.18 的主要不同在于,前者将 muxval 定义为信号,后者将其定义为变量。结果,本应是纯组合电路的设计,在例 3.17 的综合结果中出现了时序电路模块,而且仿真未获得输出结果,而例 3.18 的电路设计是正确的。究其原因,例 3.17 没能正确把握信号赋值的特性,信号 muxval 在进程中连续出现了 3 次赋值操作,即有 3 个赋值源给同一个信号赋值:"muxval≤0""muxval≤muxval+1"和"muxval≤muxval+2",根据进程中信号的赋值规则,这种情况只有最靠近进程结束之处的信号才能得到赋值,因而语句"muxval≤0"

并未得以执行,muxval 也就得不到确定的初值,那么在 muxval 上面＋1、＋2 就无法得到确定的结果,进而不能使用 muxval 值来确定选通输入。

例 3.18 将 muxval 定义为变量,根据变量顺序赋值以及暂存数据的规则,在执行了语句"muxval:＝0;"时,率先将 muxval 的初值赋为 0,则两个 IF 语句中的 muxval 都得到确定的结果。另一方面,当 IF 语句不满足条件时,即当 S0 或 S1 不等于 1 时,由于 muxval 已经在第一条赋值语句中被更新为确定的 0 值了,所以尽管两个 IF 语句从表面上看都属于两个不完整的语句,但都不可能被综合成时序电路了。

分析例 3.18,得到该设计的功能表,如表 3.2 所示,该设计基于 Quartus Ⅱ生成的元件符号如图 3.7 所示。

表 3.2　例 3.18 的 4-1MUX 功能表

S1	S0	muxval	Q
0	0	0	D0
0	1	1	D1
1	0	2	D2
1	1	0＋1＋2＝3	D3

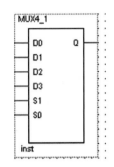

图 3.7　4-1MUX 元件符号图

例 3.19 是数字系统设计中常用的移位寄存器模块,是具有并行输入输出功能的可双向移位的多功能 8 位移位寄存器。

【例 3.19】　多功能移位寄存器设计中信号赋值的应用。

```
LIBRARY IEEE;
USE IEEE.STD_LOGIC_1164.ALL;
ENTITY my IS
  PORT(clk,c0: IN STD_LOGIC;
        model : IN STD_LOGIC_VECTOR(2 DOWNTO 0);
        data: IN STD_LOGIC_VECTOR(7 DOWNTO 0);
        q: OUT STD_LOGIC_VECTOR(7 DOWNTO 0);
        cn : OUT STD_LOGIC);
END my;
ARCHITECTURE  behav  OF  my  IS
  SIGNAL qq: STD_LOGIC_VECTOR(7 DOWNTO 0);
  SIGNAL cy: STD_LOGIC;
    BEGIN
      PROCESS(clk,model,c0)
        BEGIN
          IF clk' EVENT AND clk = '1'THEN
            CASE model IS
            WHEN"001" => qq(0)< = c0;
                         qq(7 DOWNTO 1)< = qq(6 DOWNTO 0);
                         cy < = qq(7);              -- 串行输入,左移
```

```
                WHEN"010" = > qq(0)< = qq(7);
                            qq(7 DOWNTO 1)< = qq(6 DOWNTO 0);
                                                        -- 循环输入,左移
                WHEN"011" = > qq(7)< = qq(0);
                            qq(6 DOWNTO 0)< = qq(7 DOWNTO 1);
                                                        -- 循环输入,右移
                WHEN"100" = > qq(7)< = c0;
                            qq(6 DOWNTO 0)< = qq(7 DOWNTO 1);
                                                        -- 串行输入,右移
                            cy < = qq(0);
                WHEN"101" = > qq(7 DOWNTO 0)< = data(7 DOWNTO 0);
                                                        -- 并置输入
                WHEN OTHERS = > qq < = qq;
                            cy < = cy;                  -- 保持
                END CASE;
            END IF;
        END PROCESS;
        q(7 DOWNTO 0)< = qq(7 DOWNTO 0);
        cn < = cy;
END behav;
```

通过例 3.19 能够再一次体会信号赋值的特性,例如串入左移操作,当 model = "001"时,虽然此项 WHEN 语句中含有的 3 个赋值语句是顺序语句,但它们没有发生原数据的覆盖情况,qq 并未顺序地得到赋值,即一个时钟里,c0 不能从 cy 中直接传出,因为 qq 的所有数位是被同时更新的,外输入数据 c0 只能传出一步,即传给 qq(0)就止步了。

3.6　操 作 符

VHDL 语言实现各种操作,如并置连接、逻辑运算、比较判断、算术运算、赋值等,都离不开操作符(operator)与操作数(operand),它们构成了描述 VHDL 的表达式,其中操作符规定操作的方式,而操作数是各种操作的对象。

表 3.3 列出了 VHDL 各种操作符以及相关操作数的数据类型。在 VHDL 中主要有逻辑操作符(logical operator)、关系操作符(relational operator)、算术操作符(arithmetic operator)和重载操作符(overloading operator)。前 3 类操作符是完成逻辑和算术运算的最基本的操作符单元,重载操作符是对基本操作符做了重新定义的函数型操作符。

对于 VHDL 中的操作符与操作数间的运算有几点需要特别注意。

(1) 操作数的数据类型必须与操作符所要求的数据类型完全一致。

(2) 在基本操作符间,各操作数的数据类型必须相同。这意味着设计者不仅要了解所用的操作符的操作功能,而且还要了解此操作符所要求的操作数的数据类型。

(3) 注意操作符之间的优先级别。它们的优先级如表 3.4 所示,操作符" ＊ "和 NOT 运算级别最高,在算式中被最先执行。除 NOT 以外,逻辑操作符的优先级别最低,所以在编程中应该注意括号的正确使用。

表 3.3　VHDL 操作符

类　　型		操作符	功　　能	操作数数据说明
并置连接操作符		&	并置连接	一维数组
算术操作符	求和操作符	＋	加	整数
		－	减	整数
	求积操作符	＊	乘	整数和实数(含浮点数)
		/	除	整数和实数(含浮点数)
		MOD	取模	整数
		REM	取余	整数
	移位操作符	SLL	逻辑左移	BIT 或布尔型一维数组
		SRL	逻辑右移	BIT 或布尔型一维数组
		SLA	算术左移	BIT 或布尔型一维数组
		SRA	算术右移	BIT 或布尔型一维数组
		ROL	循环左移	BIT 或布尔型一维数组
		ROR	循环右移	BIT 或布尔型一维数组
逻辑操作符		AND	与	BIT,BOOLEAN,STD_LOGIC
		OR	或	BIT,BOOLEAN,STD_LOGIC
		NAND	与非	BIT,BOOLEAN,STD_LOGIC
		NOR	或非	BIT,BOOLEAN,STD_LOGIC
		XOR	异或	BIT,BOOLEAN,STD_LOGIC
		XNOR	异或非(同或)	BIT,BOOLEAN,STD_LOGIC
		NOT	非	BIT,BOOLEAN,STD_LOGIC
关系操作符		=	等于	任何数据类型
		/=	不等于	任何数据类型
		<	小于	枚举与整数类型及对应的一维数组
		>	大于	枚举与整数类型及对应的一维数组
		<=	小于等于	枚举与整数类型及对应的一维数组
		>=	大于等于	枚举与整数类型及对应的一维数组

表 3.4　VHDL 操作符优先级

运　算　符	优　先　级
NOT	最高优先级
＊,/,MOD,REM	
＋(正号)－(负号)	
＋,－,&	
SLL,SRL,SLA,SRA,ROL,ROR	
=,/=,<,<=,>,>=	
AND,OR,NAND,NOR,XOR,XNOR	最低优先级

3.6.1　并置连接操作符

　　并置连接操作符记作 &,该操作符不涉及运算,只是将若干个逻辑量连接、并置,成为新的、矢量更大的逻辑量,这种方法使得关于多个逻辑量的描述变得非常简洁。例 3.20 的

s 就是 4 个 1 位输入 s1、s2、s3、s4 合并而成的 4 位位矢量。例如,执行"s$\Leftarrow$ "1101";"一条语句,相当于执行"s1$\Leftarrow$ '1';" "s2$\Leftarrow$ '1';" "s3$\Leftarrow$ '0';" "s4$\Leftarrow$ '1';"4 条语句。

【例 3.20】　并置连接操作符 & 的应用示例。

```
LIBRARY IEEE;
USE IEEE.STD_LOGIC_1164.ALL;
USE IEEE.STD_LOGIC_ARITH.ALL;
USE IEEE.STD_LOGIC_UNSIGNED.ALL;
ENTITY bingzhi IS
    PORT(din: IN STD_LOGIC;
        s1,s2,s3,s4: IN STD_LOGIC;
        q: OUT STD_LOGIC_VECTOR(3 DOWNTO 0));
END bingzhi;
ARCHITECTURE a OF bingzhi IS
    SIGNAL s :STD_LOGIC_VECTOR(3 DOWNTO 0);
    BEGIN
        s <= s1 & s2 & s3 & s4;
        PROCESS(din,s)
            BEGIN
                IF din = '1' THEN
                    q<= s;
                END IF;
        END PROCESS;
END a;
```

3.6.2　逻辑操作符

VHDL 共有 7 种基本逻辑操作符,都是按位进行逻辑运算,它们是 AND(与)、OR(或)、NAND(与非)、NOR(或非)、XOR(异或)、XNOR(异或非、同或)和 NOT(非、取反)。信号或变量在这些操作符的作用下可直接构成组合电路。

逻辑操作符所要求的操作数(如变量或信号)的基本数据类型有 3 种,即 BIT、BOOLEAN 和 STD_LOGIC。本来逻辑运算符只对 BIT 或 BOOLEAN 型的值进行运算,但由于 STD_LOGIC_1164 程序包中重载了这些操作符,因此这些操作符也可以用于 STD_LOGIC 类型的数据。

操作数的数据类型也可以是一维数组,其数据类型则必须为 BIT_VECTOR 或 STD_LOGIC_VECTOR。

注意:

如果逻辑操作符左右两边值的类型为数组,则这两个数组的尺寸即位宽要相等。

在表达式中有两个以上的操作符时,需要使用括号将这些运算分组。如果一串运算中的操作符相同,且是 AND、OR、XOR 这 3 个操作符中的一种,则不需使用括号;如果一串运算中的操作符不同或有除上述 3 种操作符之外的操作符,则必须使用括号,例如:

A　AND B AND C AND D
(A OR B) XOR C

【例 3.21】 逻辑操作符应用示例。

```
...
SIGNAL a,b,c : STD_LOGIC_VECTOR(3 DOWNTO 0);
SIGNAL d,e,f,g : STD_LOGIC_VECTOR(1 DOWNTO 0);
SIGNAL L, h,i,j,k : STD_LOGIC;
SIGNAL m : BOOLEAN;
...
```

在此定义的前提下,正确的表达式为:

```
a <= b OR c;                        -- b、c 相或后赋值给 a,a、b、c 的数据类型同属 4 位位矢量
d <= e AND f AND g;                 -- 两个操作符 AND 相同,不需括号
L <= (h XOR i) AND (j XOR k);       -- 操作符不同,必须加括号
a <= not a;                         -- 如果之前定义 a 的初值为 0010,则 a 将被赋值为 1101
```

错误的表达式为:

```
h <= i OR j AND k;                  -- 两个操作符不同,未加括号
a <= b OR e;                        -- 操作数 b 与 e 的位矢量长度不一致
h <= i OR m;                        -- i 和 m 的数据类型分别是 STD_LOGIC 和布尔量,不能逻辑运算
...
```

3.6.3　关系操作符

关系操作符的作用是将相同数据类型的数据对象进行数值比较或关系排序判断,当左右表达式满足运算符所表达的关系时,表达式将返回 TRUE,反之将返回 FALSE。VHDL 的关系运算操作符有＝(等于)、/＝(不等于)、＞(大于)、＜(小于)、＞＝(大于或等于)和 ＜＝(小于或等于)6 种。关于关系操作符,VHDL 有以下的规定需要掌握。

1. 关于＝和/＝的规定

对于标量型和非标量型(数值类型)数据,当它们的数据类型和数据的各位数值均相同时,则 a＝b 的运算结果是 TRUE,a/＝b 的运算结果是 FALSE。只要有 1 位数据不相等, a＝b 的运算结果就是 FALSE,a/＝b 的运算结果就是 TRUE。

2. 关于＜、＜＝、＞、＞＝的规定

关于＜、＜＝、＞、＞＝的规定主要包括对数据类型的限制以及不同长度的数组排序的规定。

(1) 对数据类型的限制常应用于排序比较,允许的操作对象的数据类型包括所有枚举型、整型以及由枚举型或整型数据类型元素构成的一维数组。

(2) 不同长度的数组排序规定两个数组的排序判断是通过从左至右逐一对元素进行比较来决定的,无论数组的下标定义为 TO 还是 DOWNTO。在比较过程中,从左至右若发现有一对元素不等,便立即停止比较,确定这对数组的排序结果。从某一位开始数据不相同,则选择其中大的那个数组作为大值数组,而不考虑该位数据小的那个数组很可能具有更多的数位,其真实数值可能更大。如果了解 VHDL 的这个特性,就不会在编程时造成错误。例如,位矢量 0011 和 0001111 的比较,按照从左至右的顺序,0011 在第 3 位出现数据 1,大于 0001111 的第 3 位数据 0,因而判定 0011＞0001111。

利用关系操作符进行编程设计是有一定的技巧的,虽然编程语言的简洁程度没有差别,但是不同的操作符可能造成综合出来的电路繁简不一。例 3.22 使用"="操作符实现了有条件的数据传递,而例 3.23 使用"<"和">"实现了同样的逻辑功能,但是综合电路规模比例 3.22 大了一倍。

【例 3.22】　使用"="操作符进行判断比较。

```
LIBRARY IEEE;
USE IEEE.STD_LOGIC_1164.ALL;
USE IEEE.STD_LOGIC_ARITH.ALL;
USE IEEE.STD_LOGIC_UNSIGNED.ALL;
ENTITY example  IS
   PORT(a,b,c: IN STD_LOGIC;
        m: OUT STD_LOGIC);
END example;
ARCHITECTURE  example_1  OF  example  IS
  BEGIN
   PROCESS(a,b)
      BEGIN
         IF(a = b)THEN
             m <= c;
         ELSE
             m <= '0';
         END IF;
   END PROCESS;
END example_1;
```

【例 3.23】　使用"<"">"操作符进行判断比较。

```
LIBRARY IEEE;
USE IEEE.STD_LOGIC_1164.ALL;
USE IEEE.STD_LOGIC_ARITH.ALL;
USE IEEE.STD_LOGIC_UNSIGNED.ALL;
ENTITY example1  IS
   PORT(a,b,c: IN STD_LOGIC;
        m: OUT STD_LOGIC);
END example1;
ARCHITECTURE example_1 OF example1 IS
   BEGIN
      PROCESS(a,b)
         BEGIN
            IF(a < b) OR(a > b) THEN
                m <= '0';
            ELSE
                m <= c;
            END IF;
      END PROCESS;
END example_1;
```

3.6.4　算术操作符

算术操作符最常用的有求和操作符、求积操作符、移位操作符,这些操作符使得各种运算的编程变得简单,但是这种用算术操作符描述的运算往往带来较为严重的资源浪费问题。例如用乘法操作符实现的 8 位乘 8 位的乘法运算,耗费电路的资源十分惊人,整片 MAX 7000S 系列的 EPM7128SLC84-10 芯片的资源都不能满足该乘法运算的需求,而换为更大规模的 EPM7256SQC208-10 芯片,所占宏单元的比例仍然高达 88%。所以,建议一些运算尽量不直接使用算术操作符实现,例如乘法运算采用移位相加或者查表方式,或者调用 LPM 模块、DSP 模块等方法实现就比较节省资源。如果操作符中的一个操作数或两个操作数都为整型常数,则所需电路资源将大大减少。

1. 求和操作符

VHDL 中的求和操作符包括"+""-"操作符,示例如例 3.24 和例 3.25 所示。

【例 3.24】 加、减运算符应用示例。

```
VARIABLE a,b,c,d,e,f:INTEGER RANGE 0 TO 255;
...
a:=b+c;   d:=e-f;
```

【例 3.25】 加法运算的实现。

```
...
ENTITY sum_2 IS
    PORT(a,b,ci:IN STD_LOGIC;
          s,c0:OUT STD_LOGIC);
END sum_2;
ARCHITECTURE aa OF sum_2 IS
    SIGNAL q,aa,bb:STD_LOGIC_VECTOR(1 DOWNTO 0);
      BEGIN
          aa<='0' & a;
          bb<='0' & b;
          q<=aa+bb+ci;
          c0<=q(1);
          s<=q(0);
END aa;
```

在加法运算中,始终要求加数与和的位数一致。两个 1 位数相加和最大值为 2 位数,所以,作为操作数的加数和操作对象的和均应保持 2 位,用并置符号 & 和语句"aa<='0' & a;""bb<='0' & b;"将加数扩展为 2 位。

2. 求积操作符

求积操作符包括 *(乘)、/(除)、MOD(取模)和 RED(取余)四种。

乘法操作数不限于整数类型,标准逻辑矢量类型也可以,但是标准逻辑位、位、位矢量类型是无法综合的。对于除法、取模、取余运算,则操作数必须为整数类型,否则无法编译综合。

直接使用上述操作符实现运算虽然简单,但是如果操作数不是常数,将会耗费更多的芯片资源,对于大型设计来说,设计优化是十分必要的。使用求积操作符的语句举例如下。

设端口为:

```
b0: IN STD_LOGIC_VECTOR(3 DOWNTO 0);
b1,b2,b3: IN INTEGER;
```

```
    a0: OUT STD_LOGIC_VECTOR(7 DOWNTO 0);
    a1,a2,a3,a4: OUT INTEGER;
```

设变量为：

```
    c0:STD_LOGIC_VECTOR(3 DOWNTO 0);
```

则有

```
    c0: = "0011";
    a0 < = b0 * c0;
    a1 < = b1/7;
    a2 < = b2 MOD 13;
    a3 < = b3 REM 5;
    a4 < = 3 ** 3;
```

【例 3.26】 应用求积操作符设计模 100 计数器,输出用 8421 BCD 码表示。

0~99 内二进制码与 8421 BCD 码的关系是,8421 BCD 码=二进制码+$6n$,$6n$ 为调整值,其中,n 为该二进制码所在区间的整数位值。

例如$(1001111)_2 = (79)_{10} = (01111001)_{8421\,BCD}$,因该二进制码所在区间的整数位值为 7,所以从 1000101 到 01101001 的调整值为 42。

```
LIBRARY IEEE;
USE IEEE.STD_LOGIC_1164.ALL;
USE IEEE.STD_LOGIC_UNSIGNED.ALL;
USE IEEE.STD_LOGIC_ARITH.ALL;
ENTITY count_bcd  IS
     PORT(CLK: IN STD_LOGIC;
          BCD: OUT STD_LOGIC_VECTOR(7 DOWNTO 0));
END count_bcd;
ARCHITECTURE   a   OF count_bcd  IS
    SIGNAL D: INTEGER RANGE 0 TO 99;
    SIGNAL BCDT: INTEGER;
      BEGIN
        PROCESS(CLK)
            VARIABLE DT: INTEGER RANGE 0 TO 99;
                BEGIN
                    IF CLK' EVENT AND CLK  =  '1' THEN
                        D < =  DT;
                        DT : = D + 1;
                      IF   DT  =  100 THEN
                          DT : =  0;
                      END IF;
                    END IF;
        END PROCESS;
        PROCESS(D)
            BEGIN
              BCDT < =  D  +  (D/10) * 6;            -- (D/10)求得 6 的倍数
        END PROCESS;
        PROCESS(D)                                  -- 将十进制转换为二进制
            BEGIN
```

```
                    BCD <= CONV_STD_LOGIC_VECTOR(BCDT,8);
                    --用转换函数将整数 BCDT 用转换为 8 位标准逻辑位矢量类型,详见 3.7 节
            END PROCESS;
    END a;
```

3. 移位操作符

移位操作符包括 SLL、SRL、SLA、SRA、ROL 和 ROR 共 6 种,按照移位方式,可以将它们划分为 3 类。

(1) 逻辑移位操作符。包括逻辑左移 SLL 和逻辑右移 SRL。其中 SLL 是将位矢量向左移,右边移空的位补零;SRL 的功能恰好与 SLL 相反。例如,1101 执行 SLL 的结果是 1010,执行 SRL 的结果是 0110。

(2) 循环移位操作符。包括循环左移 ROL 和循环右移 ROR。循环移位是将移出的位用来填补移空的位,执行的是自循环式移位方式。例如,1101 执行 ROL 的结果是 1011,执行 ROR 的结果是 1110。

(3) 算术移位操作符。包括算术左移 SLA 和算术右移 SRA。算术移位的特点是,移空的位用最初的首位来填补。例如,0101 执行 SLA 的结果是 1010,执行 SRA 的结果是 0010。

移位操作符的语句格式是

标识符 移位操作符 移位位数;

以上 6 种移位操作符都是 VHDL93 标准新增的运算符,所以有的综合器尚不支持此类操作,也有许多综合器不支持移位操作符的语句格式,除非其标识符改为常数,如 1011。由于对移位操作符的操作对象的数据类型有诸多限制,所以也常见用并置连接操作符来替代移位操作的做法,如定义信号 a 为标准位矢量且赋初值为 0111:

SIGNAL a: STD_LOGIC_VECTOR(3 DOWNTO 0):= "0111";

对于它的移位操作有如下的替代方案。

(1) 语句"a<= a ROL 2;"可以用"a<= a(1 DOWNTO 0) & a(3 DOWNTO 2);"替代,执行结果为 a="1101"。

(2) 语句"a<= a ROR 1;"可以用"a<= a(0) & a(3 DOWNTO 1);"替代,执行结果为 a="1011"。

(3) 语句"a<= a SLA 1;"可以用"a<= a(2 DOWNTO 0) & a(0);"替代,执行结果为 a="1111"。

(4) 语句"a<= a SLL 2;"可以用"a<= a(1 DOWNTO 0) & "00";"替代,执行结果为 a="1100"。

……

当然,能够熟练驾驭移位操作,对于乘除法的实现或者其他电路的设计会有不小的帮助。

例 3.27 利用了移位操作符 ROL 十分简洁地完成了 8 位移位寄存器的设计。

【例 3.27】 应用移位操作符设计 8 位环形移位寄存器。

```
LIBRARY IEEE;
USE IEEE.STD_LOGIC_1164.ALL;
```

```
USE IEEE.STD_LOGIC_ARITH.ALL;
USE IEEE.STD_LOGIC_UNSIGNED.ALL;
ENTITY SR IS
    PORT(CLK: IN STD_LOGIC;
        output: OUT BIT_VECTOR(7 DOWNTO 0));
END   SR ;
ARCHITECTURE aa OF SR   IS
    BEGIN
        PROCESS(CLK)
            VARIABLE q:BIT_VECTOR(7 DOWNTO 0): = "10000000";
                BEGIN
                    IF CLK'EVENT AND CLK = '1'   THEN
                        q: = q ROL 1;
                        output < = q;
                    END IF;
        END PROCESS;
    END aa;
```

3.6.5　重载操作符

为了方便各种不同数据类型间的运算,VHDL 允许用户对原有的基本操作符重新定义,赋予新的含义和功能,从而建立一种新的操作符,这就是重载操作符,定义这种操作符的函数称为操作符重载函数。事实上,在程序包 STD_LOGIC_UNSIGNED 中已定义了多种可供不同数据类型间操作的操作符重载函数。Synopsys 的程序包 STD_LOGIC_ARITH、STD_LOGIC_UNSIGNED 和 STD_LOGIC_SIGNED 中已经为许多类型的运算重载了算术操作符和关系操作符,因此只要引用这些程序包,不同数据类型即可混合运算。例如,引用程序包 STD_LOGIC_UNSIGNED,则 INTEGER、STD_LOGIC 和 STD_LOGIC_VECTOR 之间就可以混合运算。

【例 3.28】　重载函数应用示例(4 位二进制加法计数器设计)。

```
LIBRARY IEEE;
USE IEEE.STD_LOGIC_1164.ALL;
USE IEEE.STD_LOGIC_ARITH.ALL;
USE IEEE.STD_LOGIC_UNSIGNED.ALL;              -- 注意此程序包的功能
ENTITY cnt4   IS
    PORT(CLK: IN STD_LOGIC;
        q: BUFFER STD_LOGIC_VECTOR(3 DOWNTO 0));
END ENTITY cnt4;
ARCHITECTURE   art   OF cnt4
    BEGIN
        PROCESS(CLK)IS
            BEGIN
                IF   CLK'EVENT AND CLK = '1'THEN
                    IF q = 15 THEN               -- 数据类型不一致,程序自动调用了重载函数
                        q < = "0000";
                    ELSE
                        q < = q + 1;             -- 程序自动调用了加号 + 的重载函数
                    END IF;
```

```
            END IF;
        END PROCESS;
END ARCHITECTURE art;
```

3.7　转换函数

VHDL 语言中,数据类型种类众多,只有数据类型一致才能完成各种操作,转换函数是实现 VHDL 中各种数据类型转换的函数,IEEE 库的程序包中包含了多种类型的转换函数。

3.7.1　常用转换函数

1. CONV_INTEGER(A)

所在程序包为 STD_LOGIC_ARITH、STD_LOGIC_UNSIGNED,作用是将 A 由 STD_LOGIC_VECTOR 转换成 INTEGER。

2. CONV_STD_LOGIC_VECTOR (A,n)

所在程序包为 STD_LOGIC_ARITH,作用是将整数 A 转换为 STD_LOGIC_VECTOR,位长为 n。

3. TO_STDLOGICVECTOR(A)

所在程序包为 STD_LOGIC_1164,作用是将 A 由 BIT_VECTOR 转换为 STD_LOGIC_VECTOR。

4. TO_BITVECTOR(A)

所在程序包为 STD_LOGIC_1164,作用是将 A 由 STD_LOGIC_VECTOR 转换为 BIT_VECTOR。

5. TO_STDLOGIC (A)

所在程序包为 STD_LOGIC_1164,作用是将 A 由 BIT 转换为 STD_LOGIC。

6. TO_BIT (A)

所在程序包为 STD_LOGIC_1164,作用是将 A 由 STD_LOGIC 转换为 BIT。

3.7.2　转换函数的应用

【例 3.29】　转换函数 CONV_INTEGER(A)的应用。

```
LIBRARY IEEE;
USE IEEE.STD_LOGIC_UNSIGNED.ALL;              -- 该程序包包含转换函数 CONV_INTEGER(A)
USE IEEE.STD_LOGIC_1164.ALL;
ENTITY convert_1 IS
    PORT(input: IN STD_LOGIC_VECTOR(2 DOWNTO 0);
         output: OUT BIT_VECTOR(7 DOWNTO 0));
END convert_1;
ARCHITECTURE a_1 OF convert_1 IS
    BEGIN
        output<= "00000001" SLL CONV_INTEGER(input);   -- 被移位部分是常数
END a_1;
```

转换函数 CONV_INTEGER,能够把 input 取值范围由标准逻辑位矢量所定义的 111

至 000 转换为整数类型描述的 7 至 0,例如输入地址 input 为 000 时,经转换函数作用,语句转换成"output<= "00000001" SLL 0;",执行移位后的输出结果为 00000001,若输入地址 input 为 110 则语句转换成"Output<= "00000001" SLL 6;"执行移位后的输出结果为 01000000,实现了输出高电平有效的 3-8 线译码器的功能。如果设计输出低电平有效的译码器,则要对 11111110 实施循环左移或算术左移操作。

例 3.29 运用移位操作符 SLL 和转换函数 CONV_INTEGER 完成了 3-8 线译码器的设计。

【例 3.30】 转换函数 TO_BITVECTOR(A)的应用。

```
LIBRARY IEEE;
USE IEEE.STD_LOGIC_1164.ALL;            -- 该程序包包含转换函数 TO_BITVECTOR(A)
ENTITY  convert_2  IS
  PORT(a : IN STD_LOGIC;
       din : IN STD_LOGIC_VECTOR(1 DOWNTO 0);
       y : OUT BIT);
END convert_2 ;
ARCHITECTURE a_2 OF convert_2  IS
   SIGNAL s: BIT_VECTOR(1 DOWNTO 0);       -- 定义一个 BIT_VECTOR 类型的信号
     BEGIN
       s < = TO_BITVECTOR(din);            -- 将 din 转换为 BIT_VECTOR 类型
       PROCESS(s)
          BEGIN
            IF a = '0' THEN y < = s(0);
            ELSE y < = s(1);
            END IF;
       END PROCESS;
END a_2;
```

例 3.30 运用 TO_BITVECTOR(A)实现了 STD_LOGIC_VECTOR 和 BIT 不同类型的数据传输。

【例 3.31】 转换函数 CONV_STD_LOGIC_VECTOR (A,n)的应用。

```
LIBRARY IEEE;
USE IEEE.STD_LOGIC_1164.ALL;
USE IEEE.STD_LOGIC_ARITH.ALL;
                             -- 该程序包包含转换函数 CONV_STD_LOGIC_VECTOR (A,n)
ENTITY  convert_3  IS
  PORT(a,b,c : IN  INTEGER RANGE 0 TO 15;
       y : OUT STD_LOGIC_VECTOR(3 DOWNTO 0));
END convert_3 ;
ARCHITECTURE a_3 OF convert_3  IS
   SIGNAL s: BIT_VECTOR(1 DOWNTO 0);
     BEGIN
       PROCESS(s)
          BEGIN
            IF c = 8 THEN y < = CONV_STD_LOGIC_VECTOR(a,4) ;
            ELSE y < = CONV_STD_LOGIC_VECTOR(b,4);
            END IF;
       END PROCESS;
END a_3;
```

3.8 文字规则

本章的示例程序中陆续出现很多语法现象,在此总结并且强化关于文字方面的规定,以方便读者对程序的阅读和调试。

3.8.1 基本规则

对 VHDL 程序设计统一约定如下。

(1) 语句结构描述中方括号"[ ]"内的内容为可选内容。

(2) 程序文字的大小写不加区分。对于 VHDL 的编译器和综合器来说,下面 3 条语句是一样的:

```
signal abc:std_logic;
SIGNAL ABC:STD_LOGIC;
SIGNAL Abc:std_logic;
```

(3) 程序中的注释使用双横线"--"。

(4) 书写和输入程序时,使用层次缩进格式,同一层次的语句对齐,低层次的语句比高层次的语句缩进两个字符。

(5) 为了使同一个 VHDL 源程序文件能适应各个 EDA 开发软件的使用要求,建议各个源程序文件的命名均与其实体名一致。

(6) 分号";"用以分隔语句,但是在有列表存在的地方,列表中的最后一个表达式已经不必与其他表达式加以分隔了,所以不需要加分号,分号要加在列表之外,用以分隔列表与其他语句。例如:

```
PORT (input: IN STD_LOGIC_VECTOR(2 DOWNTO 0);
      output: OUT   BIT_VECTOR(7 DOWNTO 0));
```

3.8.2 数字型文字

数字型文字的值有多种表达方式,现将可综合的常用数字型文字列举如下。

1. 整数文字

整数文字都是十进制的数,例如:

```
5,678,0,156E2( = 15600),45_234_287( = 45234287)
```

2. 以数制基数表示的文字

用这种方式表示的数由 5 个部分组成。第一部分,用十进制数标明数制进位的基数;第二部分,数制隔离符号"♯";第三部分,表达的文字;第四部分,指数隔离符号"♯";第五部分,用十进制表示的指数部分,这一部分的数如果是 0 可以省去不写,举例如下:

```
SIGNAL D1,D2,D3: INTEGER RANGE   0 TO 255;
...
D1 < = 10♯170♯                          -- 十进制数表示,等于(170)_{10}
D2 < = 2♯1111_1110♯                      -- 二进制数表示,等于(254)_{10}
```

```
D3 < = 16 # E # E1                    -- 十六进制数表示,等于 (14×16¹)₁₀ = (224)₁₀
...
```

3.8.3 字符串型文字

字符是用单引号引起来的 ASCⅡ 字符,可以是数值,也可以是符号或字母,如 R、A、Z。而字符串则是一维的字符数组,必须放在双引号中。VHDL 中有两种类型的字符串:文字字符串和数位字符串。

1. 文字字符串

文字字符串是用双引号引起来的一串文字,例如:"ERROR" "X" "ZZZ"。

2. 数位字符串

数位字符串也称位矢量,是预定义的数据类型 BIT 的一维数组,它们所代表的是二进制、八进制或十六进制的数组。

数位字符串的表示首先要有计算基数,然后将该基数表示的值放在双引号中,基数符以 B、O 和 X 表示,并放在字符串的前面。它们的含义分别如下。

(1) B:二进制基数符号,表示二进制数位 0 或 1,在字符串中每一位表示一个二进制位(bit)。

(2) O:八进制基数符号,在字符串中每一位代表一个八进制数,即代表一个 3 位(bit)的二进制数。

(3) X:十六进制基数符号(0~F),字符串中的每一位代表一个十六进制数,即代表一个 4 位的二进制数。

例如:

```
B"1_1101_1110"                        -- 二进制数组,位矢量数组长度是 9
X"AD0"                                -- 十六进制数组,位矢量数组长度是 12
```

注意:

数位字符串即位矢量的基数表达方式是 B、O 和 X,而 3.8.2 节的数字型文字的基数表达方式为 2、10、16 等。

3.8.4 标识符

标识符用来定义常数、变量、信号、端口、子程序或参数的名字。VHDL 的基本标识符是以英文字母开头,由 26 个大小写英文字母、数字 0~9 以及下画线"_"组成的字符串,要求不连续使用下画线"_",不以下画线"_"结尾,不使用关键词,等等。IEEE STD 1076-1993 标准还支持扩展标识符,但是目前仍有许多 VHDL 工具不支持扩展标识符。标识符中的英语字母不分大小写。

例如 Decoder_1、Abc、MUX4_1、State0 等是合法的标识符,非法的标识符及纠错举例如下:

```
_ MUX4_1                              -- 不允许以非英文字母开头
2Abc                                  -- 不允许以数字开头
Sig_#N                                -- 标识符不允许含有"#"
Not - Ack                             -- 标识符不允许含有"-"
```

```
State0_                          -- 标识符的最后不能是下画线"_"
data_ _BUS                       -- 标识符中不能有双下画线"_ _"
AND                              -- 不允许用关键词命名
```

3.8.5　下标名及下标段名

下标名用于指示数组型变量或信号的某一元素,而下标段名则用于指示数组型变量或信号的某一段元素,其语句格式如下:

信号名或变量名 (表达式 1 [TO|DOWNTO 表达式 2]);

下标名及下标段名使用示例如下:

```
SIGNAL a,b,c: BIT_VECTOR(0 TO 7);
SIGNAL m : INTEGER RANGE 0 TO 3;
SIGNAL y,z : BIT;
y <= a(m);                       -- m 是不可计算型下标表示
z <= b(3);                       -- 3 是可计算型下标表示
c (0 TO 3) <= a (4 TO 7);        -- 以段的方式进行赋值
c (4 TO 7) <= a (0 TO 3);        -- 以段的方式进行赋值
```

3.8.6　关键词

关键词是事先定义的确认符,用来组织编程语言。编写程序时要注意不能将信号、变量的标识符命名为关键词,关键词有 AND、NAND、NOR、OR、XOR、BEGIN、END、CASE、ELSE、PROCESS、BLOCK、PORT、AFTER、ALL、ENTITY、ARCHITECTURE、BUFFER、BUS、FOR、LIBRARY、TYPE、SIGNAL、VARIABLE 等。

例如,在一个与门的设计中,如果将实体名定义为 AND,则编译出错,报错为"VHDL syntax error at AND. vhd(4) near text "AND"; expecting an identifier",如果将实体名的标识符改为 AND_2 则编译顺利通过。

习题

3-1　在 VHDL 中经常使用的库有哪些? 经常使用的程序包是什么?

3-2　VHDL 的实体声明部分和结构体的作用分别是什么?

3-3　在 VHDL 的端口模式中,端口方向分为哪几种?

3-4　VHDL 的标识符命名有什么规则?

3-5　VHDL 包括哪几种数据对象? 它们的作用分别是什么?

3-6　VHDL 的几种数据对象在程序中各自作用的范围是什么?

3-7　在 VHDL 中,标准逻辑位共有几种逻辑取值?

3-8　在 VHDL 中,加、减、乘、除算术运算的操作数的数据类型分别是什么? 操作符是什么?

3-9　VHDL 的 WORK 库的功能是什么? 程序包的功能是什么?

3-10　举例说明 GENERIC 语句的功能。

3-11 说明端口模式 INOUT 和 BUFFER 有何异同点。

3-12 什么是重载？重载函数的作用是什么？举例说明。

3-13 VHDL 综合器支持的数据类型有哪些？

3-14 举例说明信号与变量赋值方式的不同，并说明二者赋值时需要注意的问题。

3-15 判断下列 VHDL 标识符是否合法，如果有错误则指出原因。

74HC245，A100％，CLR/RESET，RET＿＿7，＿SEG，ENTIET，COUNT＿，AND♯3，2COUNT，＿rset，dff_2，AND＿，BT♯3，key/SE

3-16 数据类型 BIT、INTEGER 和 BOOLEAN 分别定义在哪个库中？哪些库和程序包总是可见的？

3-17 简述 BIT 和 BOOLEAN 类型，哪种类型适用于逻辑操作，哪种类型适用于关系操作的结果？

3-18 用两种方法设计 4 位比较器，比较器的输入是 A 和 B，输出是 $Y_{A>B}$、$Y_{A=B}$、$Y_{A<B}$。当 A＝B 时 $Y_{A=B}$＝1，其他为 0；当 A＞B 时 $Y_{A>B}$＝1，其他为 0；当 A＜B 时 $Y_{A<B}$＝1，其他为 0。

方法一：直接利用关系操作符进行编程设计。

方法二：通过减法运算后的结果来判别两个 A 和 B 的大小。对两种设计方案的资源耗用情况进行比较。

3-19 判断下面的程序中是否有错误，若有则指出错误所在。

程序 1：

```
…
SIGNAL a, b, en : STD_LOGIC;
   PROCESS (a, b, en)
     VARIABLE c : STD_LOGIC;
        BEGIN
           IF en = 1 THEN    c <= b;
           END IF;
   END PROCESS;
   a <= c;
…
```

程序 2：

```
…
ARCHITECTURE one OF sample IS
   VARIABLE a, b, c : INTEGER;
      BEGIN
         c <= a + b;
END one;
```

第 4 章

Quartus Ⅱ 应用指南

基于 EDA 技术进行电子系统设计,需要运用 EDA 工具如综合器、适配器、时序仿真器、编程器等对设计进行处理和下载,才能最终在 CPLD/FPGA 中形成硬件系统,这一流程随着设计的表达与输入方式的不同而不同,在文本输入、原理图输入、状态图输入、波形图输入、MATLAB 的模型输入以及混合输入等众多方式中,以文本输入、原理图输入方式最为方便和常用。

本章基于 Quartus Ⅱ 9.0 介绍一个设计实例的 VHDL 文本输入设计流程,包括设计输入、综合、适配、仿真测试和编程下载等,其间还介绍 Quartus Ⅱ 9.0 包含的部分测试手段,最后在文本输入法的基础上介绍原理图输入设计法。

4.1 VHDL 文本输入设计流程

本节以十进制计数器设计为例,介绍 Quartus Ⅱ 的重要功能和该设计的具体实现步骤。

4.1.1 建立工程文件夹和编辑文本

基于 EDA 技术进行的每一项设计都是一个工程(project),设计者首先要养成良好的工作习惯,即在设计之初,要为该设计建立专门的文件夹,用以存放与该设计相关的所有设计文件,这些文件都将被 EDA 软件默认纳入工作库(work library)。不同的工程最好放在不同的文件夹中,而同一工程的所有文件都必须放在同一个文件夹中。

建议文件夹与 EDA 软件并列放置在同一个根目录下,文件夹中的文件不要直接放在安装目录中。文件夹名不能用中文和数字,而应采用英文命名,否则在后面的步骤中,有的环节中可能显示找不到该文件夹中的内容。这里假设十进制计数器设计的文件夹取名为 ZJ,路径为 D:\ZJ。

接下来,首先输入源程序。打开 Quartus Ⅱ 9.0,选择菜单 File→New 命令。在 New 窗口的 Design Files 中选择编辑文件的语言类型,这里选择 VHDL File,如图 4.1 所示。单击 OK 按钮,然后在出现的 VHDL 文本编辑窗口输入十进制计数器程序。也可以不使用 File 菜单,而是单击按钮 🗋 进入文本编辑窗口,将更加快捷。

然后进行文件存盘。选择菜单 File→Save As 命令,找到已建立的文件 D:\ZJ,将设计的文本文件保存起来,要求存盘的文件名必须和实体名一致,即为 cnt10(Quartus Ⅱ 9.0 中,此处后缀 vhd 为默认,可省略不写,但在软件工具 MAX+plus Ⅱ 中,vhd 不能省略)。

　　当出现问句"Do you want to create..."时,若单击 Yes 按钮,则直接进入创建工程流程。若单击 No 按钮,则可按 4.1.2 节的方法进入创建工程流程。前者是在初次设计时出现的,当做过几次编译、仿真后,这个问句将不再出现,这时便需要按照 4.1.2 节的指示来执行文本输入之后的流程。

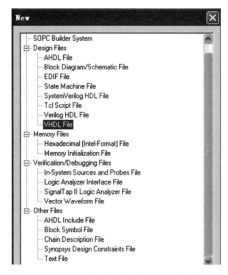

图 4.1　选择编辑文件的语言类型

4.1.2　创建工程

视频 4.1

　　选择菜单 File→New Project Wizard 命令,为工程进行编译前的设置,即创建一个工程,包括指定工作目录,分配工程名称,指定最高层设计实体的名称,选定综合器、仿真器以及该项目的目标器件系列和具体器件等。

1. 指定该设计为一个新工程

　　选择菜单 File→New Project Wizard 命令,即弹出新建工程向导对话框,如图 4.2 所示。

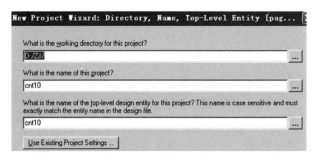

图 4.2　利用新建工程向导创建工程 cnt10

　　图 4.2 中第一行的 D:/ZJ/ 表示工程所在的工作库文件夹;第二行的 cnt10 表示此项工程的工程名,即顶层文件的实体名;第三行是当前工程顶层文件的实体名,这里即为 cnt10。

2. 将设计文件添加到工程中

继续单击下方的 Next 按钮,在弹出的对话框中单击 File 栏的"..."按钮,将与工程相关的 VHDL 文件添加到此工程,接下来的编译和适配/布线工作将以此设计文件为目标文件加以展开,界面如图 4.3 所示。

图 4.3　将相关文件加入工程

添加工程文件的方法有两种:第一种方法是单击 Add All 按钮,将设定的工程目录中的所有 VHDL 文件加入到工程文件栏中;第二种方法是从工程目录中选出相关的 VHDL 文件,然后单击 Add 按钮。

3. 选择仿真器和综合器类型

单击 Next 按钮,在弹出的窗口中选择仿真器和综合器类型,如果都选 None,表示都选 Quartus Ⅱ 中自带的仿真器和综合器。在此都选择默认的 None。

4. 选择目标芯片

单击 Next 按钮,选择目标芯片。首先在 Family 栏选择芯片系列,在此选 Cyclone 系列。然后进一步选择该系列的芯片 EP1C3T144C8。这里 EP1C3 表示 Cyclone 系列及此器件的规模,T 表示 TQFP 封装,C8 表示速度级别。便捷的方法是通过图 4.4 所示窗口右边的 3 个窗口精选:分别选择 Package 为 TQFP,Pin count 为 144,Speed grade 为 8,则符合条件的芯片骤然减少,EP1C3T144C8 清晰地显露出来。

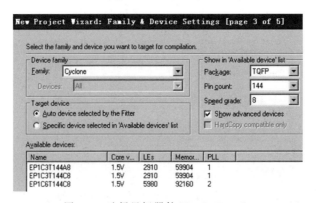

图 4.4　选择目标器件 EP1C3T144C8

5. 结束设置

单击 Next 按钮,弹出的窗口为"工程设置统计",上面列出了此项工程的相关设置情况。最后单击 Finish 按钮,即对新工程进行了必要的设置,并出现 cnt10 的工程管理窗口,或称 Compilation Hierarchy 窗口,主要显示本工程项目的层次结构和各层次的实体名。

4.1.3 全程编译

全程编译(Compilation)是 QuartusⅡ对设计输入的多项处理操作,包括排错、数据网表文件提取、逻辑综合、适配、装配文件(仿真文件与编程配置文件)生成以及基于目标器件的工程时序分析等,QuartusⅡ编译器是一个集成工具,由一系列处理模块构成,这些模块负责对设计项目完成上述处理。全程编译的启动命令是 Processing 菜单中的 Start Compilation 命令。

在编译前,设计者通过各种设置,指导编译器使用各种不同的综合和适配技术,以便提高设计项目的工作速度,优化器件的资源利用率。在编译过程中,设计项目适配到 FPGA/CPLD 目标器件中,同时产生多种用途的输出文件,如功能和时序信息文件、器件编程的目标文件等。编译完成后,可以从编译报告窗口中获得所有相关的详细编译结果,以利于设计者及时调整设计方案。

编译器首先检查工程设计文件中是否存在语法和设计规则的错误,编译信息显示在工程管理窗口下方的 Processing 栏中,如图 4.5 所示。双击一条错误信息,界面会立即跳转到 VHDL 源代码编辑窗口,并用深色标记条表示代码错误之处,修改代码,然后保存(必须经过保存,才能将对错误的修改更新到设计中,编译器才能对新设计进行新一轮检查,否则编译对象仍为错误的设计),再次编译直至排除所有错误。

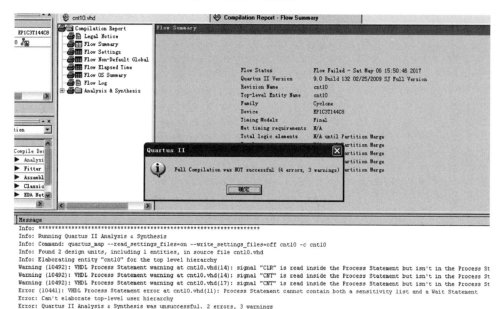

图 4.5 全程编译后出现报错信息

注意,如果发现多处错误,则必须先纠正第一条错误,因为很多错误都是由第一条错误引起的,有时随着第一个错误的纠正,多条错误会立即消失。

如果编译成功,则可以见到图 4.6 所示的工程管理窗口,该窗口的左上角显示了工程 cnt10 的层次结构、模块耗用的逻辑宏单元数以及所用引脚数,在此栏下是编译处理信息,中栏(Compilation Report 栏)是编译报告项目选择菜单,单击其中各项可以详细了解编译与分析结果。

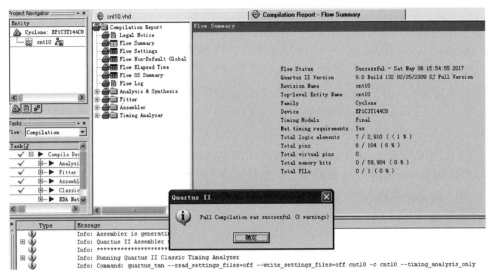

图 4.6　编译成功的工程管理窗口

例如单击 Flow Summary 项,将在右栏显示硬件耗用统计报告,其中报告了当前工程耗用了 7 个逻辑宏单元、0 个内部存储单元等。

单击 Timing Analyzer 项的＋,则能通过单击其下列出的各项目,看到当前工程所有相关时序特性报告。

单击 Fitter 项的＋,则能通过单击其下列出的各选项看到当前工程所有相关硬件特性适配报告,如其中的 Floorplan View,可观察此项工程在 FPGA 器件中逻辑单元的分布情况和使用情况。

为了更详细地了解相关情况,可以打开 Floorplan 窗口,选择菜单 View 中的 Full Screen 命令,打开全部界面,再单击此菜单的相关项,如 Routing→Show Node Fan-In 等。

视频 4.2

4.1.4　时序仿真

编译器的纠错功能主要体现在 VHDL 语法规则方面,至于该设计是否达到预设要求,还需要对设计进行仿真测试来判断,在此主要介绍时序仿真即波形仿真测试的流程。

1. 打开波形编译器

选择菜单 File 中的 New 命令,在 New 窗口选择 Other Files 中的 Vector Waveform File,如图 4.7 所示,单击 OK 按钮,即出现空白的波形编辑器,如图 4.8 所示。

2. 设置仿真时间区域

仿真的时间区域设置合理与否关系到仿真结果能否正常得出,所以有时即使设计正确,也由于没有仿真结果而误判设计的正确性。例如 A/D 转换控制的仿真,仿真时间区域设定

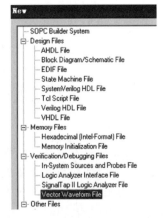

图 4.7　选择编辑矢量波形文件

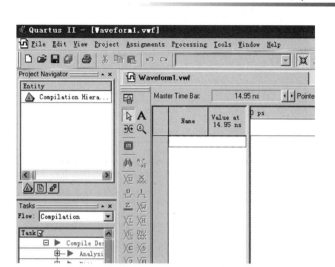

图 4.8　波形编辑器

为 $40\mu s$ 左右,仿真效果真实明确,当时间区域设定为 $1\mu s$,即使同样的设计也根本没有仿真结果。当然,有的设计的仿真对时间区域没有特别的要求,如组合电路、部分时序电路,况且时间区域设置越长,仿真速度越慢,所以恰当设定仿真时间区域很重要。

设置仿真时间区域的方法是:在 Edit 菜单中选择 End Time 命令,在弹出的窗口中的 Time 栏处输入数值,选择时间单位,完成整个仿真域的时间设定,如图 4.9 所示,单击 OK 按钮,结束设置。

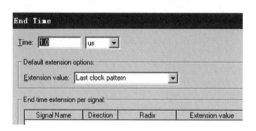

图 4.9　设置仿真时间长度

3. 设置要测试的端口节点

设置要测试的端口节点有两种方法。

第一种方法是,选择 View 菜单中的 Utility Windows 项的 Node Finder 选项,弹出的对话框如图 4.10 所示,在 Filter 下拉列表中选择 Pins:all 选项(通常已默认选此项),然后单击 List 按钮,于是在下方的 Nodes Found 列表中出现设计中的 cnt10 工程的所有端口引脚名。如果此对话框中的列表没有出现 cnt10 工程的端口引脚名,则需要重新编译一次。

最后,用鼠标将想要观测的端口节点 CLK、CLR 和输出总线信号 CNT 分别拖到波形编辑窗口,结束后关闭 Node Finder 对话框。

为了方便仿真波形的观察,可以单击波形窗左侧的全屏显示按钮,使波形处于全屏显示状态,也可以单击放大、缩小按钮调整波形的大小。

用鼠标拖动仿真坐标,仿真坐标在不同位置会显示相应的时间坐标,用来测量延迟时间、电平宽度等。

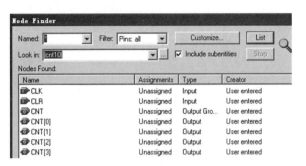

图 4.10　工程文件 cnt10 的端口节点

第二种方法,也是更快捷的方法,在图 4.8 的 Name 栏中空白处双击,出现图 4.11 所示对话框,单击 Node Finder 按钮,弹出 Node Finder 对话框,在 Filter 下拉列表中选择 Pins:all 选项,单击右上角 List 按钮,同样出现了工程文件 cnt10 的端口节点,如图 4.12 所示。选择要观测的节点,单击 `≥` 按钮将节点移入 Selected Nodes 栏中,或者单击 `≫` 按钮一次将列表中的所有端口节点移入 Selected Nodes 栏中。将选错的节点移回 Nodes Found 栏则单击 `≤` 或 `≪` 按钮。观测节点选好后,单击 OK 按钮,进入如图 4.13 所示的端口节点赋值窗口。

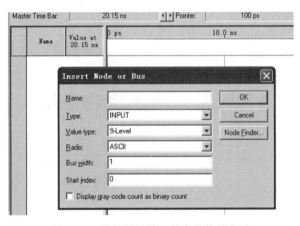

图 4.11　设置测试端口节点的快捷方法

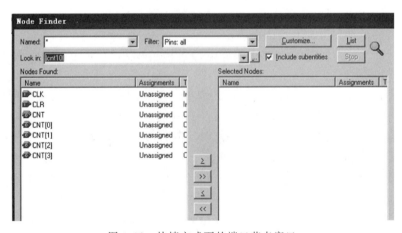

图 4.12　快捷方式下的端口节点窗口

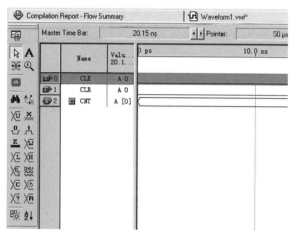

图 4.13 端口节点赋值窗口

4. 输入端口的赋值设置

仿真测试在输入端口将数据引入电路,观察输出端口逻辑电平的波形表现,进而测试所设计的电路是否达到设计要求,因而输入数据的所有赋值均应考虑在内,才能全面测试电路性能。常见的输入端口的赋值有时钟信号赋值、数据总线赋值。在对输入端口赋值之初,首先检查对齐栅格按钮 ▦ 是否弹起,如果该按钮一直按下,则选定输入端口的区域一定是栅格的整数倍,不能随意设定赋值长度,这一点很不方便,所以赋值之前需要将该按钮弹起。

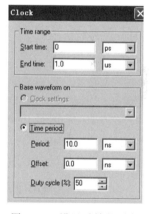

图 4.14 设置时钟的周期与占空比

(1) 给时钟信号 CLK 赋值。单击图 4.13 所示窗口的时钟信号名 CLK,使之变成蓝色条,再单击左列的时钟设置按钮 ☒,在时钟设置窗口中设定 CLK 的时钟周期为 10ns,设置占空比 Duty cycle 为 50%(默认值即为 50%),如图 4.14 所示。然后再设置 CLR 的电平,输入信号赋值波形如图 4.15 所示。

(2) 虽然在本设计中没有涉及给数据总线赋值,但是在其他设计中常常会遇到。赋值方法是:单击图 4.13 左侧赋值按钮区域的总线赋值按钮 ☒,弹出总线数据格式设置对话框,如图 4.16 所示。对话框的 Radix 栏对总线数据格式有多种选择,如二进制、十六进制、无符号十进制、八进制、ASCII 等格式,这里可选择二进制格式。Increment by 栏如果设置为 1,则在选定的信号赋值时间区间里,每个栅格所赋之值自动增 1,如图 4.17 所示。如果不需要自动增 1,则将 Increment by 栏的值改为 0。

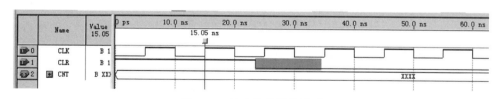

视频 4.3

图 4.15 输入信号赋值波形

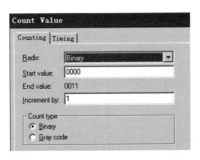

图 4.16　总线数据格式设置对话框

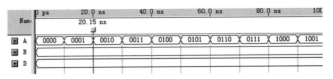

图 4.17　每个栅格的赋值自动增 1

5. 保存输入赋值设置

保存波形文件.vwf,起名为 cnt10.vwf,这里要求波形文件名与设计实体名称一致,保存的位置为默认。

6. 仿真器参数设置

选择菜单 Assignment 中的 Settings 命令,在弹出的仿真器参数设置对话框中选择 Category→Fitter Settings→Simulator,在右侧的 Simulation mode 项下选择 Timing,即选择时序仿真,并选择仿真文件名 cnt10.vwf。设置毛刺检测 Glitch filtering options 为 Always 模式,即始终检测;选中 Run simulation until all vector stimuli are used,即全程仿真。仿真器参数设置如图 4.18 所示。

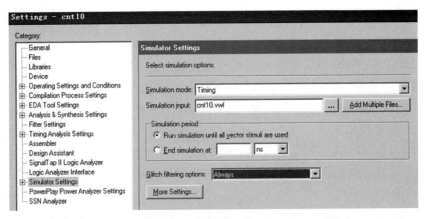

图 4.18　仿真器参数设置

7. 启动仿真器并观察仿真结果

所有设置工作进行完毕,选择菜单 Processing→Start Simulation 命令或者单击快捷按钮 ⬛ 启动仿真,直到出现 Simulation was successful 提示,说明仿真成功,cnt10 的仿真波形如图 4.19 所示。

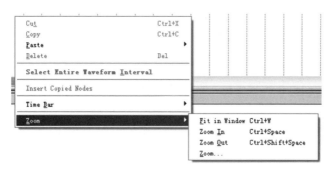

图 4.19　cnt10 的仿真波形

如果在启动仿真后并没有出现仿真完成后的波形图，而是出现文字 Can't open Simulation Report Window，但报告仿真成功，则可自己打开仿真波形报告，选择 Processing→Run Simulation 命令。

如果无法展开波形显示时间轴上的所有波形图，可以在波形编辑窗中的任何位置右击，在弹出的快捷菜单中选择 Zoom 选项，在出现的次级菜单中选择 Fit in Window 或者 Zoom In、Zoom Out 选项对图形进行缩放，如图 4.20 所示。也可以直接单击缩放的快捷按钮🔍来完成，左击为放大图形，右击为缩小图形。

图 4.20　波形图的缩放

4.1.5　应用网表观察器

视频 4.4

选择 Tools 菜单中的 Net list Viewers 命令，次级菜单中有 RTL Viewer（寄存器级电路图）、State Machine Viewer（状态机图）、Technology Map Viewer（电路工艺结构图）等选项。

1. 观察 RTL 电路图

Quartus II 可生成 RTL 电路图，它是与硬件描述语言或网表文件（VHDL、Verilog、BDF、TDF、EDIF、VQM）相对应的寄存器级的图形。选择 Tools 菜单中 RTL Viewer 命令，可以打开 cnt10 工程各层次的 RTL 电路图，如图 4.21 所示。双击图形中的有关模块，可逐层了解各层次的电路结构。从图 4.21 中可以看出，电路主要由 1 个比较器、1 个加法器、1 个多路选择器和 1 个 4 位锁存器组成。

对于较复杂的 RTL 电路，可利用功能过滤器简化电路。右击该模块，在弹出的快捷菜单中选择 Filter 项的 Sources 或 Destinations 命令，由此生产相应的简化电路。

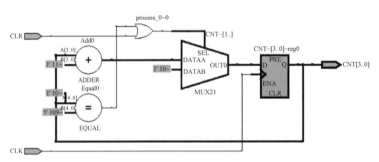

图 4.21　cnt10 工程的 RTL 电路图

2. 观察电路工艺结构图

如果选择 Tools 菜单中的 Technology Map Viewer 命令,可以看到 cnt10 工程的电路工艺结构图,如图 4.22 所示。

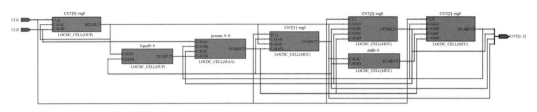

图 4.22　cnt10 工程的电路工艺结构图

3. 观察状态图

电路的寄存器级 RTL 图或电路工艺结构图并不是所有电路最适宜的观察点,例如,对于采用状态机法完成的设计,最直观的观察途径是看它的状态图。选择 State Machine Viewer 命令,能看到设计工程所生成的状态图,如图 4.23 所示,从中可以清晰地看到该状态机的状态数目以及各状态的因果关系和循环的轨迹。

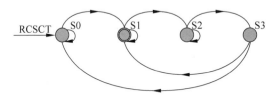

图 4.23　某状态机生成的状态图

视频 4.5

4.1.6　引脚锁定

为了能对此计数器进行硬件测试,应将其输入输出信号锁定在芯片确定的引脚上,编译后下载。

在 cnt10 工程编译仿真成功的基础上,进行引脚锁定。选择 Tools 菜单中的 Assignments 命令,进入如图 4.24 所示的 Assignment Editor 对话框。在 Category 栏中选择 Pin,或直接单击工具栏上的 Pin 按钮,然后取消选中左上侧的 Show assignments for specific nodes 复选框。

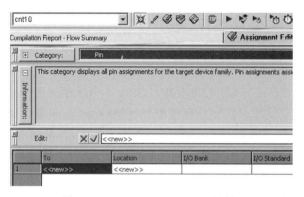

图 4.24　Assignment Editor 对话框

双击 To 栏的<< new >>,在出现的如图 4.25 所示的下拉栏中选择本工程要锁定的端口信号名。然后双击对应的 Location 栏的<< new >>,在出现的下拉栏中选择器件的引脚号,例如将 CLR 锁定为器件的引脚 1,即 Pin_1。

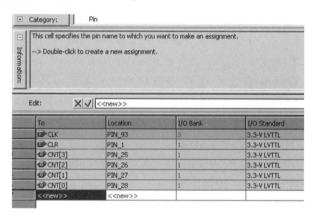

图 4.25　cnt10 工程的引脚锁定

当设计中的引脚数目较少时,还可以用更直观的方法锁定引脚。选择菜单 Assignments→Pins 命令,弹出图形化的引脚锁定窗口,单击要锁定的端口名并用鼠标拖住,移到芯片引脚图中合适的引脚处(一定移至器件边框处,使箭头出现且边框处引脚位置变色,才算端口放置成功)。

在 Assignment Editor 对话框中还能对引脚做进一步的设定。例如,在 I/O Standard 栏,配合芯片的不同的 I/O Bank 上加载的 VCCIO 电压,选择每一信号的 I/O 电压;在 Reserved 栏,可对某些空闲的 I/O 引脚的电气特性作设置;而在 Signal Probe 等选择栏,可对指定的信号作探测信号的设定。

最后,在保存这些引脚锁定的信息后,必须再次编译,才能将引脚锁定信息编译综合进编程下载文件中。此后就可以准备将编译生成的 sof 文件下载到实验系统的 FPGA 中。

以上在引脚锁定中使用了 Assignment Editor。事实上 Assignment Editor 还有许多其他功能,这需要大家在设计应用中不断地开发和实践。

4.1.7　基于 USB Blaster 编程下载器的配置文件下载

将编译产生的 sof 或 pof 格式配置文件下载到 FPGA 中,才能进行硬件测试。配置文件的下载方式最常用的有:用并口通信线连接 PC 与实验开发系统实现下载;用 USB Blaster 下载器通过 PC 的 USB 口实现下载。USB 口下载更加便捷灵活,凭借一块开发板和一台笔记本电脑就可以随时随地展开实验开发活动,所以本节以 Altera USB-Blaster 编程下载器的使用为例,介绍配置文件下载的流程,包括安装 USB 驱动程序、选择编程方式和目标配置文件、设置编程器、配置文件下载与硬件测试。

1. 安装 USB 驱动程序

视频 4.6

将 Altera USB-Blaster 下载器与计算机的 USB 口连接好,会弹出添加硬件对话框,选择从列表或指定位置安装,单击"下一步"按钮,不要搜索,再次单击"下一步"按钮,单击"从磁盘安装",打开路径 D:\altera\ quartus60\drivers\usb-blaster 下的 usbblst. inf 文件,单击"下一步"按钮,成功装载驱动程序。要查看驱动程序是否成功安装,可以单击"我的电脑",在快捷菜单中选择"属性"→"硬件"→"设备管理器",在"设备管理器"窗口中选择"通用串行总线控制器",如图 4.26 所示,如果见到 Altera USB-Blaster 项,说明驱动程序安装成功,否则重新检查安装步骤或下载器、数据线等硬件设备。

图 4.26　下载器驱动程序安装情况

2. 选择编程方式和目标配置文件

用数据通信线将 USB-Blaster 下载器和实验开发系统连接好,打开电源。在菜单 Tools 中选择 Programmer 命令,弹出如图 4.27 所示的窗口,出现所要下载的 sof 文件,仔细核对下载文件路径与文件名,如果没有出现此文件或有错,先单击 Delete,删除错误文件,再单击左侧的 Add file 按钮,手动选择配置文件 cnt10. sof。

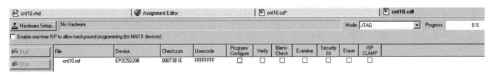

图 4.27　配置文件下载窗口

在下载窗口的 Mode 栏中提供了 4 种编程模式,分别为 JTAG、Passive Serial、Active Serial、In-Socket。其中 JTAG 和 Active Serial(AS)模式应用最多。

JTAG 编程模式下载包括直接下载和间接下载。前者当系统断电时,所有数据会丢失,该编程下载模式的文件为 sof 格式。后者当系统断电时,设计数据并不丢失,但是需要先将 sof 文件转换成 jic 文件,然后再用 FPGA 的 JTAG 口下载。

Active Serial(AS)模式是通过 FPGA 的 AS 口对器件进行直接编程,系统数据掉电不丢。为了实现这一点,在下载配置文件的同时,该配置文件也烧写到一个配置芯片中,Cyclone/Cyclone Ⅱ 系列芯片的专用配置器件为 EPCSx,该模式下的配置文件格式为 pof。本例选择编程模式为直接 JTAG 下载。

3. 设置编程器

在下载之前,要保证能够检测到下载器的存在,否则无法下载,并且在下载窗口 Hardware Setup 栏显示 No Hardware。设置下载器需要单击 Hardware Setup 按钮,在弹出的如图 4.28 所示的对话框中设置下载接口方式。

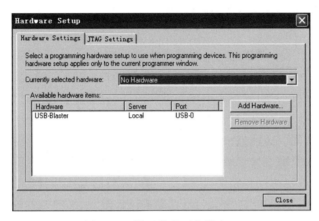

图 4.28 设置编程下载器窗口

在 Available hardware items 栏中,双击自动出现的 USB Blaster,则 Currently selected hardware 栏将出现 USB Blaster,单击 Close 按钮,设置好的窗口如图 4.29 所示。

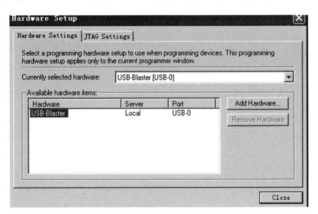

图 4.29 编程下载器设置为 USB-Blaster

4. 配置文件下载

选择目标配置文件 cnt10.sof,单击 Start 按钮,即进入对目标器件 FPGA 的配置下载操作。当 Progress 显示 100%以及在底部的处理栏中出现 Configuration Succeeded 时,表示编程成功,如图 4.30 所示。

图 4.30 配置文件下载成功

5. 硬件测试

成功下载 cnt10.sof 后,将计数输出通过显示译码在实验系统的数码管中进行计数显示,观察计数器工作情况,如果能够完成 0~9 计数,说明设计成功。

视频 4.7

4.2 原理图输入设计方法

在进行设计时,如果系统功能用编程描述比较烦琐,但是结构清晰、方便用常规元件实现时,常常选择原理图输入设计方法;在设计者编程技术和硬件描述语言知识还不够完备时,也优先考虑这种设计方法。与文本输入设计一样,原理图输入设计也能进行任意层次的数字系统设计,能对系统功能进行精确的时序仿真,通过仿真,能迅速纠错并且在线修改系统设计和升级系统功能。这种方法比文本输入更加优越的是,设计者借助原理图输入文件能够对系统的结构和原理一目了然,便于对系统设计进行检查和排错。但是,由于原理图输入窗口容量有限,很难容纳过多元件,所以复杂的、大型的系统设计不宜单一选用此种输入方式,如果原理图输入与文本输入相结合,就能够扬长避短,集中二者的优势,使得设计变得更加易于实现。

Quartus Ⅱ为原理图输入设计提供了操作更为灵活的原理输入设计功能,同时还配备了更丰富的适用于各种需要的元件库,如基本门电路、基本触发器、几乎所有 74 系列的器件以及类似于 IP 核的参数可设置的宏功能模块 LPM 库(包括 LPMROM、LPMRAM、LPMPLL 等)。

本节以 1 位全加器为例介绍原理图输入的设计方法,同时介绍原理图输入与文本输入相结合的方法。1 位全加器可以用两个半加器以及一个或门连接而成,因此将半加器的设计作为底层设计。事实上,除了最初的输入方法稍有不同外,主要流程与前面介绍的VHDL 文本输入法完全一致。

4.2.1 输入设计项目和存盘

假设本项设计的文件夹命名为 adder,路径为 D:\adder。原理图文件名可以不遵守文本文件命名规则,横线、下画线、数字均允许出现并且可以作为开头字符,如允许命名"_ _en-""123"等,但是"&""♯"等非法字符仍然不可以用来命名文件。

1. 进入原理图编辑窗口

打开 Quartus Ⅱ,选择菜单 File→New 命令,在弹出的 New 对话框中选择 Device Design Files 页的原理图文件编辑输入项 Block Diagram/Schematic File,单击 OK 按钮后,将进入如图 4.31 所示的原理图编辑窗口。

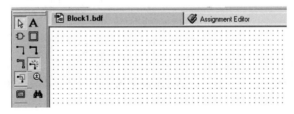

图 4.31 原理图编辑窗口

2. 半加器设计——底层设计

在如图 4.31 所示的编辑窗口中的任何一个位置上双击,将出现 Quartus Ⅱ 软件自带的元件库,如图 4.32 所示,或者单击左栏工具按钮 ⬡ 也可以。

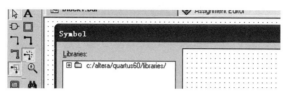

图 4.32　Quartus Ⅱ 提供的元件库

单击元件库文件夹前的＋,打开 others 文件夹,选中需要的元件,双击该元件即可将元件调入原理图编辑窗口中。或者在窗口左下角的 Name 中输入元件名称,然后单击 OK 按钮也可以。元件调用窗口如图 4.33 所示。

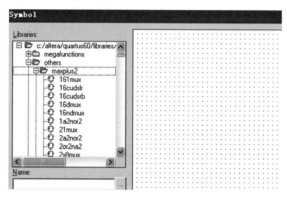

图 4.33　元件调用窗口

半加器的设计需要调入元件 AND2、NOT、XNOR 和输入输出引脚 INPUT 和 OUTPUT,输入输出引脚 INPUT 和 OUTPUT 分别接于元件的端口处。各部分连线后,分别在 INPUT 和 OUTPUT 的 Pin name 上双击,出现如图 4.34 所示的对话框,分别输入各引脚名：a、b、co 和 so。半加器的内部逻辑图如图 4.35 所示。

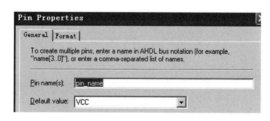

图 4.34　修改引脚名称

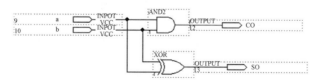

图 4.35　半加器的内部逻辑图

3. 原理图文件保存

选择菜单 File→Save As 命令,将已设计好的原理图文件取名为 h_adder.bdf(注意默认的后缀名是 bdf),并保存在刚才为自己的工程建立的 D:\adder 文件夹内。原理图文件的名称没有限制,以能够表达设计的功能和含义为宜。

视频 4.8

4.2.2 将底层设计设置成可调用的元件

为了构成全加器的顶层设计,必须将底层设计设置成可调用的元件。这种方法也是原理图输入时节约画图空间的有效办法。

1. 将原理图设计设置成元件

在打开半加器原理图文件 h_adder.bdf 的情况下,选择菜单 File→Create/Update→Create Symbol Files for Current File 命令,即可将当前文件 h_adder.bdf 变成一个元件符号存盘,以待在高层次设计中调用。h_adder.bdf 生成的元件符号图、半加器时序仿真波形分别如图 4.36 和图 4.37 所示。

图 4.36　h_adder.bdf 的元件符号图

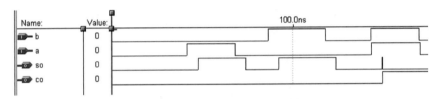

图 4.37　半加器时序仿真波形

视频 4.9

2. 将 VHDL 文本设计设置成元件

使用完全相同的方法也可以将 VHDL 文本文件变成原理图中的一个元件符号,实现 VHDL 文本设计与原理图设计的混合输入。转换中需要注意的是,必须以文本设计编译通过为前提,同时,该 VHDL 文件处于打开状态,这时才能有效转换。转换结束后,在当前界面并不能看到生成的元件,需要再次进入图 4.31 所示的原理图编辑窗口,双击窗口空白处,进入图 4.32 所示的窗口,但是多了一个元件库文件夹——Project,这个文件夹是用户创建元件后软件系统自动生成的,用于放置用户创建的元件文件,如图 4.38 所示。

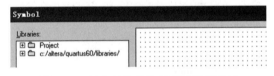

图 4.38　创建元件后的原理图编辑窗口

3. 原理图输入法与 VHDL 文本输入的结合

一个大系统的设计往往包含多个子模块的设计,其中有的设计适合调用现成元件画图完成,有的设计适合采用代码编程方式。不妨将代码编写形成的文本文件按照上述方法生成元件符号,在原理图编辑窗口加以调用,与其他元件共同组成复杂的大系统,这样,用户可以发挥自己所长,自由选择设计方法。

4.2.3 全加器设计——顶层设计

再次选择菜单 File→New→Block Diagram/Schematic File 命令,在新打开的原理图编辑窗口中双击,在弹出的窗口中调出元件 h_adder. bdf 和或门,并按图 4.39 所示连接好全加器电路。

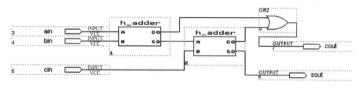

图 4.39 全加器内部逻辑图

对全加器的编译和仿真与前面给出的流程完全一样,全加器时序仿真波形如图 4.40 所示。

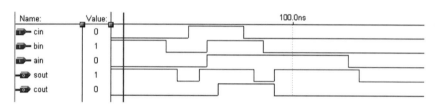

图 4.40 全加器的时序仿真波形

4.2.4 原理图设计中总线的应用

使用原理图输入法进行较复杂的逻辑电路设计时,由于视图尺寸限制,一些信号线及输入输出数据线应使用总线形式,这里要特别注意信号标号和总线的表达方式。总线用粗线条表示。

例如,将 4 条信号线 q[0]、q[1]、q[2]、q[3] 合并成一条总线 q[3..0],则在原理图制作中,必须给每条信号线标号,步骤为:在将要命名、标号的信号线处右击,在快捷菜单中选择 Properties 命令,打开属性对话框,在 Name 处输入信号名称,最后确认即可。总线的名字也用同样方法标注为 q[3..0],总线输出端口起名必须包含位宽的信息,如果起名为 q,则编译出错。再如,一条 8 位总线 bus1[7..0] 与另外 3 根位宽分别为 1、3、4 的连线相连,则该 3 根线的标号为 bus[0]、bus[3..1]、bus[7..4]。设计中涉及总线的情况有以下几种。

1. 输出合并为总线

当电路的输出为几个 1 位的数据线,为减少输出端口符号,节省篇幅,将其制作成总线形式,如图 4.41 所示。图 4.42 为其顶层元件符号图,从图中可以看出,输出只有 CO 和一条合并了的总线 q[3..0],而 q[0]、q[1]、q[2]、q[3] 不见了。

2. 信号与总线的连接

信号与总线的连接有很多方式。例如,多条信号线合并为一条总线,如图 4.43 所示;一条总线形式的信号拆分成 1 位或几位位宽的信号,分别作为下一级电路的输入,如图 4.44 所示;将输入端口与中间信号合并成一条总线,如图 4.45 所示。

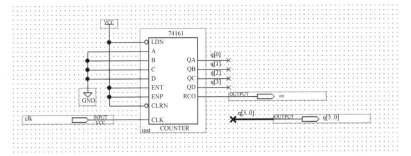

图 4.41 总线输出形式

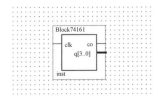

图 4.42 图 4.41 的顶层原理图

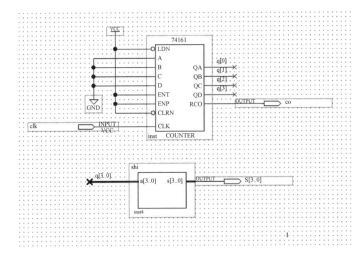

图 4.43 多条信号线合并为一条总线

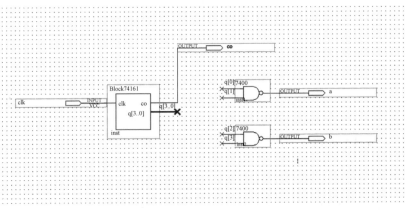

图 4.44 总线拆分成一位位宽的信号线

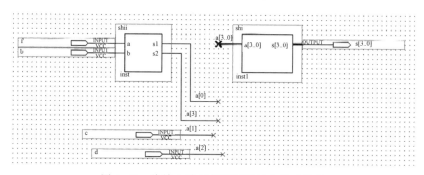

图 4.45　将输入端口与中间信号合并成总线

视频 4.13

注意:

图 4.45 中 shii 和 shi 为 VHDL 语言描述程序生成的元件符号,并非软件工具自带元件库中的元件。

模块 shi 中有端口名为 a[3..0],则模块 shii 的输入端口名称中就不能有引脚名为 a,否则有 20 个警告。将模块 shii 的端口 a 改名为 f,改此一条可消除 16 个警告。

模块 shi 中的 a[3..0]的引线必须引出来,然后再起名为 a[3..0],否则会有很多警告。

习题

4-1　将下面的程序补充完整,在 Quartus Ⅱ 中编译,找出错误并纠正,直至编译通过。

程序 1:

```
USE IEEE.STD_LOGIC_1164.ALL ;
ENTITY decoder IS
    PORT (A : IN   STD_LOGIC_VECTOR(1 DOWNTO 0) ;
          EN : IN   STD_LOGIC ;
          Y : OUT   STD_LOGIC_VECTOR( 7 DOWNTO 0));
END ;
ARCHITECTURE   a   OF decoder IS
    SIGNAL   SEL : STD_LOGIC_VECTOR(3 DOWNTO 0) ;
      BEGIN
          SEL(0) < = EN ;
          SEL(1) < = A(0) ;
          SEL(2) < = A(1) ;
          SEL(3) < = A(2) ;
          WITH SEL SELECT
          Y< = "00000001" WHEN "0001";
               "00000010" WHEN "0011";
               "00000100" WHEN "0101";
               "00001000" WHEN "0111";
               "00010000" WHEN "1001";
               "00100000" WHEN "1011";
               "01000000" WHEN "1101";
               "10000000" WHEN "1111";
               "11111111" WHEN OTHERS ;
```

程序 2：

```
LIBRARY   IEEE ;
USE   IEEE.STD_LOGIC_1164.ALL ;
USE   IEEE.STD_LOGIC_ARITH.ALL ;
USE   IEEE.STD_LOGIC_UNSIGNED.ALL ;
ENTITY mux4 IS
    PORT (A, B, C, D : IN STD_LOGIC_VECTOR( 3 DOWNTO 0) ;
        S : IN STD_LOGIC_VECTOR( 1 DOWNTO 0) ;
        Z : OUT STD_LOGIC_VECTOR( 3 DOWNTO 0 ))  ;
END mux5 ;
ARCHITECTURE  mux4  OF  b  IS
    BEGIN
        Z < = A WHEN S = "00"  ELSE
            B WHEN S = "01" ELSE
            C WHEN S = "10" ELSE
            D WHEN S = "11" ELSE
            "0000" ;
END b ;
```

4-2　用 Quartus Ⅱ 原理图输入法生成的图形文件的扩展名是什么？文本文件和波形文件的扩展名分别是什么？

4-3　Quartus Ⅱ 集成环境下存放加法器、译码器、计数器、寄存器等 74 系列的器件的位置在哪里？写出存放的路径。

4-4　Quartus Ⅱ 集成环境下存放触发器、基本门电路、电源和地、输入/输出端口的位置在哪里？写出存放的路径。

4-5　在 ModelSim 的工作区中,用什么形式来观察项目各级文件的结构和内容？

4-6　在 Quartus Ⅱ 中如何设置仿真的总时长？

4-7　在 Quartus Ⅱ 中如何观察所设计的电路的 RTL 图和状态图？

4-8　由异或门实现 8 位异或逻辑运算,要求用原理图输入法设计完成。

4-9　设计 1 位全减器,输入为被减数、减数和来自低位的借位,输出为两数的差和向高位的借位。要求得出"差"与"借位"的逻辑函数式,用原理图输入法完成设计,并且仿真验证设计的正确性。

4-10　用 3 片 74160 设计模 365 计数器。

4-11　使用 JK 触发器设计 4 位异步模 16 加法计数器,仿真验证设计是否正确。

4-12　用 DFF 设计 3 位异步减法计数器,仿真验证设计是否正确。

4-13　用 DFF 设计 4 人抢答电路,设输入为 A、B、C、D,用它们的高电平分别代表 4 人按下按键。如果某 DFF 的输出为高电平,则代表相应的抢答人抢答成功,同时,其他人再按键抢答无效。用原理图输入法设计并仿真验证。

4-14　用 DFF 设计 5 位右移寄存器,给出仿真波形图。

4-15　用原理图输入法设计电路：某工厂有 A、B、C 3 个车间和一个自备电站,站内有两台发电机 S1、S2。如果所有车间均不开工,则发电机全停;如果只有一个车间开工,则只运行发电机 S1;如果只有两个车间开工,则只运行发电机 S2;如果 3 个车间全开工,则两台发电机全部运行。设计控制 S1、S2 运行的逻辑电路。

4-16　用原理图输入法设计一个信号灯工作状态监测电路:设信号灯红、黄、绿灯分别为 A、B、C,正常工作时只能是红灯亮、绿灯亮、红灯和黄灯亮、绿灯和黄灯亮,除此 4 种情况外,均视为故障,报警输出为 1。

4-17　设计一个能够产生序列信号 11010010110 的序列发生器,用移位寄存器实现或者用计数器结合数据选择器实现,仿真验证其功能。

4-18　设计 29 分频器,给出仿真波形图。

第 5 章

VHDL 基本语句

　　顺序语句(sequential statements)和并行语句(concurrent statements)是 VHDL 程序设计中两大基本描述语句系列,这些语句能够完整地描述数字系统的硬件结构和基本逻辑功能,如数据通信的方式、信号的赋值以及系统逻辑行为等。顺序语句是相对于并行语句而言的,原则上是每一条顺序语句的执行顺序与它们的书写顺序基本一致,但是,由于顺序语句所处的进程(process)具有鲜明的并行性以及信号赋值的执行方式的特殊性,使得顺序语句又具有一定的并行特征,这就是 VHDL 的软件行为与所描述的电路的硬件行为之间的差异。

　　在学习本章之前,要明确 VHDL 只是实现数字逻辑设计的工具,编写 VHDL 代码只是达成最终目的的过程和手段,因此,关于 VHDL 的学习应该本着快速实用、由浅入深的原则进行。

5.1　顺序语句

　　顺序语句可以用来描述逻辑系统中的组合逻辑、时序逻辑,顺序语句只能出现在进程和子程序中。在同一设计实体中,所有的进程都是并行执行的,进程本身属并行语句,但是一个进程是由一系列顺序语句构成的,在同一时刻,每一个进程内只能执行一条顺序语句。

　　VHDL 的顺序语句最常用的有顺序赋值语句、IF 语句、CASE 语句、LOOP 语句、NEXT 语句和 EXIT 语句等。

5.1.1　顺序赋值语句

　　赋值语句的功能就是将一个值或一个表达式的运算结果传递给输出端口或某一数据对象,如信号、变量。VHDL 设计实体内的数据传递以及数据的读/写都必须通过赋值语句来实现。顺序赋值语句专门指存在于进程中的赋值语句。

1. 变量赋值

变量赋值语句的语法格式如下:

目标变量名: = 表达式;

例如:

...

PROCESS(a)

```
        VARIABLE b : STD_LOGIC_VECTOR(4 DOWNTO 0);
          BEGIN
            b: = a;
...
```

2. 信号赋值

信号赋值语句的语法格式如下：

目标信号名<= 表达式;

例如:

```
...
ARCHITECTURE aa OF AND_1 IS
    SIGNAL c: STD_LOGIC_VECTOR(15 DOWNTO 0);
      BEGIN
        PROCESS(a)
          BEGIN
            c <= a;
...
```

3. 变量和信号的省略赋值操作(OTHERS=>)

如果分别向上例中的变量 b、信号 c 赋值 00000、0000000000000000,即:

```
b: = "00000";
c <= "0000000000000000";
```

在这样赋值位数较多的情况下,建议采用省略赋值操作符,则上述赋值语句可以改写为:

```
b: = (OTHERS = >'0');
c <= (OTHERS = >'0');
```

可见,对于多位位矢量的赋值,这种省略赋值与矢量长度无关,大大简化了表述。在给矢量的部分数位赋值后,还可以利用"OTHERS=>"给其余数位赋值,例如:

```
c <= (0 = >'0', OTHERS = >'1');
```

此语句的含义是对 c 的第 0 位即 c(0)赋值为 0,c 的其余位即 c(1)～c(15)赋值为 1。又如:

```
b: = (0 = >a(1),4 = >a(0),OTHERS = >a(3));
```

此语句执行结果等同于:

```
b: = a(0) & a(3) & a(3) & a(3) & a(1);
```

5.1.2　IF 语句

IF 语句中至少应有一个条件句,它根据条件句产生的判断结果 TRUE 或 FALSE,有条件地选择执行其后的顺序语句。如果某个条件句的布尔值为真(TRUE),则执行该条件句后的关键词 THEN 后面的顺序语句;否则结束该条件的执行,或执行 ELSIF 或 ELSE 后面的顺序语句后再结束该条件句的执行……直到执行到最外层的 END IF 语句。例如：

```
IF (a > b) THEN
    output < = '0';
END IF;
```

如果条件句(a>b)检测结果为 TRUE,则向信号 output 赋值 0,否则此信号维持原值。条件(a>b)的括号可以去掉而不影响任何结果。

IF 语句是一种条件语句,它有条件、有选择地执行指定的顺序语句,其语句结构有如下 4 种。

（1）第一种：

```
IF 条件句 THEN
    顺序语句;
ELSE
    顺序语句;
END IF;
```

（2）第二种：

```
IF 条件句 THEN
    顺序语句;
ELSIF 条件句 THEN
    顺序语句;
ELSE
    顺序语句;
END IF;
```

（3）第三种：

```
IF 条件句 THEN
    顺序语句;
END IF;
```

（4）第四种：

```
IF 条件句 THEN
    IF 条件句 THEN
...
    END IF;
END IF;
```

第一种 IF 语句,当所测条件为 FALSE 时,转向执行 ELSE 以下的另一段顺序语句。IF 语句给出了条件句所有可能的条件,对于所有可能性均指出了电路执行的对策,称为完整条件语句,**完整条件语句通常用于产生组合电路。**

第二种 IF 语句通过关键词 ELSIF 设定多个判定条件,任意分支顺序语句的执行条件都是以上各分支条件的相与(相关条件同时成立),即语句的执行条件具有向上相与的功能。该语句使得顺序语句的执行分支可以超过两个,能够实现不同类型电路的描述。注意,**一条 IF 语句里无论有多少个 ELSIF,最后也只有一条 END IF 来结束这个 IF 语句。**

第三种条件语句的执行情况是,首先检测关键词 IF 后的条件表达式的布尔值是否为真。如果条件为真,则将顺序执行条件句中列出的各条语句,直到 END IF；如果条件检测为假,则跳过以下的顺序语句不予执行,直接跳到 END IF 语句,结束条件语句的执行。这种语句形式是一种不完整的条件语句,在跳过下面的顺序语句不予执行时,电路其实是保持原来的值不变,这是对时序电路保持功能的最好描述,因此**不完整条件语句通常用于产生时序电路**。

第四种 IF 语句是一种嵌套式条件句,既可以产生时序电路,也可以产生组合电路。该语句在使用中应注意,**END IF 语句应该与 IF 语句的数量一致**。

【例 5.1】 比较两个信号 a 和 b。

```
…
IF a > b THEN q < = '1';
ELSE q < = '0';
END IF;
…
```

【例 5.2】 基于"或"运算真值表的 2 输入或门设计。

```
…
PORT(x,y: IN STD_LOGIC;
     f: OUT STD_LOGIC);
…
BEGIN
   IF x = '0' AND y = '0' THEN f < = '0';
   ELSE f < = '1';
   END IF;
…
```

例 5.1 和例 5.2 是完整条件语句的应用,所有条件的执行路径都很明确,生成的电路是纯组合逻辑电路。

【例 5.3】 设计一个多路选择器。

假设一个系统中的某个子模块是多路选择器,其电路结构框图如图 5.1 所示,P1 和 P2 分别是两个 2-1MUX 的通道选择开关。要求：当 P1 为高电平时,多路选择器输出 A；否则,当 P2 为低电平时输出 B,高电平时输出 C。

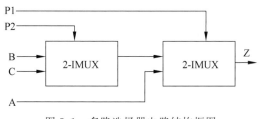

图 5.1　多路选择器电路结构框图

该电路的 VHDL 描述如下：

```
SIGNAL   A,B,C,P1,P2,Z: STD_LOGIC;
…
   IF (P1 = '1') THEN
     Z < = A ;                        -- 满足此语句的执行条件是(P1 = '1')
```

```
    ELSIF (P2 = '0') THEN
        Z <= B;                          -- 满足此语句的执行条件是(P1 = '0') AND (P2 = '0')
    ELSE
        Z <= C;                          -- 满足此语句的执行条件是(P1 = '0') AND (P2 = '1')
    END IF;
```

例 5.3 中出现 IF-ELSIF-ELSE 结构。其中,语句"Z<=B;"执行的条件是两个条件相与的结果,即"(P1='0')AND(P2='0');"语句"Z<=C;"执行的条件也是条件向上相与的结果,即"(P1='0')AND(P2='1')"。

【例 5.4】 设计 8-3 线优先编码器。

编码器是对输入信号进行编码的电路,信号编码以后再进入数字系统进行处理。一般在同一时刻只有一个信号被允许进入编码器。然而实际应用中,经常会有多个需要编码的信号同时输入的情况,这时,编码器需要按优先级别依次编码,即优先编码。例 5.4 采用完全条件语句描述了一个 8-3 线优先编码器。这个编码器的优先次序是:数位越高,级别越高,越能够优先编码。8-3 线优先编码器的真值表如表 5.1 所示,设检测到信号低电平作为判断信号输入的标准。

表 5.1   8-3 线优先编码器真值表

din0	din1	din2	din3	din4	din5	din6	din7	output0	output1	output2
x	x	x	x	x	x	x	0	0	0	0
x	x	x	x	x	x	0	1	1	0	0
x	x	x	x	x	0	1	1	0	1	0
x	x	x	x	0	1	1	1	1	1	0
x	x	x	0	1	1	1	1	0	0	1
x	x	0	1	1	1	1	1	1	0	1
x	0	1	1	1	1	1	1	0	1	1
0	1	1	1	1	1	1	1	1	1	1

该编码器程序代码如下:

```
LIBRARY IEEE;
USE IEEE.STD_LOGIC_1164.ALL;
ENTITY   CODER   IS
    PORT (din: IN STD_LOGIC_VECTOR(7 DOWNTO 0);
         output: OUT STD_LOGIC_VECTOR(2 DOWNTO 0));
END ENTITY CODER;
ARCHITECTURE art  OF   CODER  IS
    BEGIN
        PROCESS(din) IS
            BEGIN
                IF din(7) =  '0' THEN
                    output < = "000";    -- (din(7) = '0')
                ELSIF din(6) =  '0' THEN
                    output < = "100";    -- (din(7) = '1') AND (din(6) = '0')
                ELSIF din(5) =  '0' THEN
                    output < = "010";    -- (din(7) = '1')AND(din(6) = '1')AND(din (5) = '0')
                ELSIF din(4) =  '0' THEN
```

```
                output < = "110";
        ELSIF din(3) =  '0' THEN
                output < = "001";
        ELSIF din(2) =  '0' THEN
                output < = "101";
        ELSIF din(1) =  '0' THEN
                output < = "011";
        ELSIF din(0) = '0' THEN
                output < = "111";
        ELSE
                output < = "ZZZ";
        END IF;
    END PROCESS;
END art;
```

例 5.4 是第二种 IF 语句形式最典型的应用,语句"output $\leq$ "111";"执行的条件是以上所有条件均满足,即 din(7)=din(6)=din(5)=din(4)=din(3)=din(2)=din(1)=1 且 din(0)=0,与真值表完全一致。

例 5.5 对两个信号 a 和 b 进行了比较,与功能相似的例 5.1 相比,综合出的电路含有时序的成分,这是不完整条件语句造成的。

【例 5.5】 用不完整条件语句比较两个信号 a 和 b。

```
ENTITY comp_bad IS
    PORT(a, b : IN BIT;
        q : OUT BIT    );
END comp_bad;
ARCHITECTURE one OF comp_bad IS
    BEGIN
        PROCESS (a,b)
            BEGIN
                IF a > b THEN q < =  '1';
                ELSIF a < b THEN q < =  '0 ';
                END IF;
        END PROCESS ;
END one ;
```

例 5.5 是不完整条件语句的应用示例,设计中并未指明 a=b 时应该执行的操作,于是被默认为保持,而保持功能是时序电路的一个重要特征。例 5.1 则清楚地指出了不满足 a>b 条件时执行的操作:q$\leq$'0'。

【例 5.6】 嵌套式 IF 语句的应用。

```
LIBRARY IEEE;
USE IEEE.STD_LOGIC_1164.ALL;
ENTITY  compare  IS
    PORT (a,b,c: IN STD_LOGIC;
        f: OUT STD_LOGIC);
END compare;
ARCHITECTURE aa OF compare  IS
    BEGIN
```

```
        PROCESS(a,b,c) IS
           BEGIN
             IF a > = b THEN
               IF a > = c THEN
                 f < = a;
               ELSE
                 f < = c;
               END IF;
             END IF;
        END PROCESS;
    END aa;
```

例 5.6 设计的电路功能是,如果能够判断 a 值最大,就从端口 f 中输出 a;如果能够断定 c 值最大,就输出 c 值;只要不是这两种情况,f 就保持原值不变。例中,语句 f<= a;执行的条件是嵌套 IF 语句条件的相与,即同时满足 a≥b 和 a≥c,此时可以判定 a 的值最大,得以从 f 中输出;当仅满足 a≥b 而不满足 a≥c 即 a<c 时,则可以判定 c 最大,此时传递给输出端口 f 的将是 c。在嵌套的 IF 语句中的 ELSE 指的是不满足当前条件 a≥c。本例中对于第一个 IF 语句的条件不满足该如何执行则未给出明确的执行方案,于是电路执行保持功能。

5.1.3 CASE 语句

CASE 语句是没有优先级别的条件语句,它在多项顺序语句中根据满足的条件直接选择其中一项执行。进程中敏感信号的改变将启动进程,每启动一次,CASE 语句就执行一次。由于没有顺序和递进关系,所以要求 CASE 必须包容所有的条件,而且各个子句的条件不能重叠,否则执行出错。

1. CASE 语句的语句格式

CASE 语句的结构如下:

```
CASE  表达式  IS
WHEN 选择值 =>顺序语句;
WHEN 选择值 =>顺序语句;
...
[WHEN OTHERS =>顺序语句;]
END CASE;
```

使用 CASE 语句需要强调以下几点。

(1)"=>"是一种映射赋值符号,能够将符号左右两边建立起对应或连接的关系,方向性没有信号赋值"<="和变量赋值":="那么强,在 CASE 语句中,表示"执行",即若满足某条件则执行某顺序语句,与 THEN 相当。

(2)CASE 语句中至少要包含一个条件语句,条件句中的选择值必须在表达式的取值范围内。

(3)如果所列条件句中的选择值不能完整覆盖 CASE 语句中表达式的取值,则最末一个条件句中的选择必须用 OTHERS 表示。

由于常常把端口、数据对象的数据类型定义为 STD_LOGIC、STD_LOGIC_VECTOR,

在这个数据类型中,数值除了 0 和 1 之外,还有 Z、X 等多种取值,所以无论表达式的取值列写得多么详尽,也很难包含所有状态,此时必须用"WHEN OTHERS=>顺序语句;"将所有没有列写出来的情况全部包含进去,然后给出一个执行方案。编程时如果不注意细节,出现错误后需要在编译错误提示下重新检查代码,费时费力,所以应在平时编程时就养成良好习惯。

(4) CASE 语句中选择值只能出现一次,不能针对相同选择值执行不一样的顺序语句。

CASE 语句与 IF 语句在有些场合可以互换使用,但二者之间还是有区别的。IF 语句是有序的,基本按书写顺序进行处理;而 CASE 语句是无序的,所有 WHEN 语句列出的条件是平行的,满足哪一条件,则该条语句将被最先执行,而与书写的先后次序无关。

【例 5.7】　用 CASE 语句描述 4 选 1 多路选择器。

4 选 1 多路选择器的电路端口如图 5.2 所示。程序代码如下:

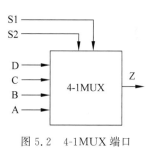

图 5.2　4-1MUX 端口

```
LIBRARY IEEE;
USE IEEE.STD_LOGIC_1164.ALL;
ENTITY  MUX41  IS
    PORT(S1,S2: IN STD_LOGIC;
         A,B,C,D: IN STD_LOGIC;
         Z: OUT STD_LOGIC);
END ENTITY MUX41;
ARCHITECTURE art OF MUX41  IS
    SIGNAL S :STD_LOGIC_VECTOR(1 DOWNTO 0);
      BEGIN
       S < = S1 & S2;
       PROCESS(S,A,B,C,D) IS
          BEGIN
             CASE  S  IS
             WHEN  "00" = > Z < = A;
             WHEN  "01" = > Z < = B;
             WHEN  "10" = > Z < = C;
             WHEN  "11" = > Z < = D;
             WHEN  OTHERS  = > Z < = 'X';
             END  CASE;
       END PROCESS;
END art;
```

本例的第 5 个条件是必需的,因为对于定义为 STD_LOGIC_VECTOR 数据类型的 S,在 VHDL 综合过程中,它可能的选择值除了 00、01、10 和 11 外,还可以有其他定义于 STD_LOGIC 的选择值。

2. CASE 语句其他书写形式

关于 CASE 的条件语句的列写,还有许多形式可以使条件的叙述变得简便。

(1) 用"|"代表"或者",例如:

```
CASE q IS
WHEN "00"|"01" = > f < = a;
WHEN "10" = > f < = b;
```

```
WHEN OTHERS = > f < = c;
```

（2）对于整数类型的表达式，还可以用 TO 来表达取值范围，当范围内所有取值均执行同样的顺序语句时，使用 TO 就不必将范围内的所有值都列写一遍了。例如：

```
CASE q IS
WHEN 2 TO 15  = > f < = a;
WHEN 18  = > f < = b;
WHEN OTHERS = > f < = c;
```

（3）对于非整数类型的表达式，可以先通过转换函数转换成整数类型，然后再用 TO 来简化描述。

5.1.4　LOOP 语句

LOOP 语句就是循环语句，使所包含的一组顺序语句被循环执行，其执行次数可由设定的循环参数决定，常用的循环模式为 FOR 循环，其重复次数已知，语句格式如下：

```
[LOOP 标号:] FOR 循环变量 IN 循环次数范围 LOOP
END LOOP [LOOP 标号];
```

注意：

循环变量无须提前声明，一旦确定循环变量的标识符后，程序中其他标识符就不要与之相同。

循环变量每取一个值，则其后的所有语句一直执行到 END LOOP 之前为止，才完成一次循环；直到循环变量将设定的循环次数全部执行完毕，才真正执行 END LOOP。

如果 FOR-LOOP 语句是在时钟触发下进行的，则每个时钟周期内，LOOP 要完成所有的循环，再进入下一个时钟周期，因为 LOOP 语句的执行时间远远短于时钟周期。

一般综合器不支持 WHILE-LOOP 语句。

【例 5.8】 简单 LOOP 语句的使用。

```
...
L2: LOOP
    a: = a + 1;
    EXIT  L2  WHEN  a > 10;          -- 当 a 大于 10 时跳出循环
    END  LOOP  L2;
```

循环语句可以简化代码的书写，循环变量能够简化同类顺序语句的表达式的使用。

【例 5.9】 LOOP 语句的简化作用。

```
SIGNAL a,b,c: STD_LOGIC_VECTOR(1 TO 3);
...
  FOR N IN 1 TO 3 LOOP
      a(N)< =  b(N) AND c(N);
  END LOOP;
```

此段程序等效于顺序执行以下 3 个信号赋值操作：

```
a(1)< = b(1) AND c(1);
a(2)< = b(2) AND c(2);
```

```
a(3)<= b(3) AND c(3);
```

【**例 5.10**】　使用 FOR-LOOP 语句设计 8 位奇偶校验逻辑电路。

```
LIBRARY IEEE;
USE IEEE.STD_LOGIC_1164.ALL;
ENTITY  p_check  IS
   PORT (a: IN STD_LOGIC_VECTOR(7 DOWNTO 0);
        y: OUT STD_LOGIC);
END p_check;
ARCHITECTURE art OF p_check  IS
   BEGIN
       PROCESS(a) IS
          VARIABLE tmp: STD_LOGIC;
             BEGIN
                tmp : = '0';
                FOR N IN 0 TO 7 LOOP
                   tmp : = tmp XOR a(N);
                END LOOP;
                y <= tmp;
        END  PROCESS;
END  ARCHITECTURE  art;
```

本设计的目标是实现 8 个 1 位数据的异或运算,即

$$Y=a(0) \oplus a(1) \oplus a(2) \oplus a(3) \oplus a(4) \oplus a(5) \oplus a(6) \oplus a(7)$$

设计中先将 tmp 赋值为 0。在执行首次循环时,执行的结果是 0 XOR a(0),由于 0 与任何值异或的结果都不变,所以首次循环结束的 tmp 值更新为 a(0)。第二次循环时,N=1,将 a(0) 与 a(1) 异或的结果赋给 tmp。依次循环下去,直至 N=7 执行完毕。

需要注意的是,tmp 在每次循环结束都能成功得到更新,得益于把它定义为变量。如果将 tmp 设置成信号,则编译虽然通过,但仿真没有结果,表明设计错误,因为对同一信号的赋值,只有最接近进程结束的赋值语句能被执行,所以 tmp 每次循环的赋值都由于没有确定初值而不能成功。例 5.10 再次说明,信号与变量的赋值执行时间的微小差异能够带来设计结果的巨大迥异,因此设计时要将这个因素考虑进去。

【**例 5.11**】　用 FOR-LOOP 语句设计双向移位寄存器。

设 DIN 为串行数据输入端,DIR 为移位模式控制端,包括左移、右移,QQ 为 8 位数据并行输出端,OP 为数据串行输出端。程序代码如下:

```
LIBRARY IEEE;
USE IEEE.STD_LOGIC_1164.ALL;
USE IEEE.STD_LOGIC_ARITH.ALL;
USE IEEE.STD_LOGIC_UNSIGNED.ALL;
ENTITY zj IS
   PORT(CP: IN STD_LOGIC;
        DIN: IN STD_LOGIC;
        DIR: IN STD_LOGIC;
        QQ: OUT STD_LOGIC_VECTOR(7 DOWNTO 0);
        OP: OUT STD_LOGIC);
END zj;
```

```
ARCHITECTURE a OF zj IS
    SIGNAL Q:STD_LOGIC_VECTOR( 7 DOWNTO 0 );            -- 寄存器暂存数据
        BEGIN
            PROCESS(CP)
                BEGIN
                    IF CP' EVENT AND CP = '1'THEN            -- 检测时钟上升沿
                        IF DIR = '0'THEN                     -- 移位模式为左移
                            Q(0)< = DIN;
                            FOR I IN 1 TO 7 LOOP
                                Q(I)< = Q(I - 1);
                            END LOOP;
                        ELSE                                 -- 移位模式为右移
                            Q(7)< = DIN;
                            FOR I IN 7 DOWNTO 1 LOOP
                                Q(I - 1)< = Q(I);
                            END LOOP;
                        END IF;
                    END IF;
                END PROCESS;
                OP < = Q(7)WHEN DIR = '0'ELSE                -- 两种移位方式下的串行输出
                    Q(0);
                QQ < = Q;
    END a;                                                   -- 并行输出
```

例 5.11 的时序仿真图如图 5.3 所示。在 DIR 取 1 时,输入数据 DIN 的高电平经历了 8 个时钟最终传递到 OP,而最先接收 DIN 的是 Q(7),这与右移的功能要求完全一致。左移的情况大家可以自行分析。

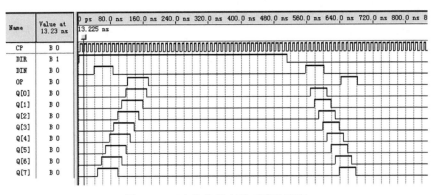

图 5.3 双向移位寄存器时序仿真图

5.1.5 NEXT 语句

NEXT 语句主要用在 LOOP 语句执行中有条件的或无条件的转向控制。它的语句格式为:

NEXT [LOOP 标号] [WHEN 条件表达式];

当省略 LOOP 标号时,则执行 NEXT 语句时,立刻无条件终止当前的循环,跳回到本次循环 LOOP 语句开始处,开始下一次循环；否则跳转到指定标号的 LOOP 语句开始处,重新开始执行循环操作。若 WHEN 了句出现并且条件表达式的值为 TRUE,则执行 NEXT 语句,进入跳转操作,否则继续向下执行。

【例 5.12】　NEXT 语句应用示例。

```
LIBRARY IEEE;
USE IEEE.STD_LOGIC_1164.ALL;
USE IEEE.STD_LOGIC_UNSIGNED.ALL;
USE IEEE.STD_LOGIC_ARITH.ALL;
ENTITY next_1 IS
    PORT(b: IN STD_LOGIC;
         c: IN STD_LOGIC;
         a0: OUT STD_LOGIC_VECTOR(14  DOWNTO  1));
END next_1;
ARCHITECTURE aa OF next_1 IS
    BEGIN
        PROCESS(b,c)
            VARIABLE a: STD_LOGIC_VECTOR(14 DOWNTO 1);
                BEGIN
                    L1: FOR n IN 1 TO 7 LOOP
                            a(n): = '1';
                            NEXT WHEN (b = c);
                            a(n + 7): = '1';
                        END LOOP L1 ;
                    a0 < = a;
        END PROCESS;
END aa;
```

循环变量 n 首先从 1 开始执行循环。当条件 b＝c 得到满足,则转向循环 L1,开始 n＝2 的第二次循环。如果 b 不等于 c,则需要继续下一条语句,对变量 a(1＋7)即 a(8)进行赋值,然后再开始 n＝2 的第二次循环。

5.1.6　EXIT 语句

EXIT 语句也是 LOOP 语句的内部循环控制语句,其语句格式如下:

EXIT [LOOP 标号] [WHEN 条件表达式];

这种语句格式与前述的 NEXT 语句的格式和操作功能非常相似,唯一的区别是 **NEXT 语句是跳向 LOOP 语句的起始点**,而 **EXIT 语句则是跳向 LOOP 语句的终点**。

【例 5.13】　EXIT 语句应用示例。

```
LIBRARY IEEE;
USE IEEE.STD_LOGIC_1164.ALL;
USE IEEE.STD_LOGIC_UNSIGNED.ALL;
USE IEEE.STD_LOGIC_ARITH.ALL;
ENTITY  EXIT_1  IS
    PORT(a,b: IN STD_LOGIC_VECTOR(5 DOWNTO 0);
         y: OUT STD_LOGIC);
END EXIT_1;
```

```
ARCHITECTURE aa OF EXIT_1  IS
   BEGIN
      PROCESS(a,b)
         BEGIN
            FOR n IN  5  DOWNTO  0  LOOP
               IF(a(n) = '1' AND b(n) = '1')THEN
                  y < = '1';
                  EXIT;
               ELSIF (a(n) = '0' AND b(n) = '0')THEN
                  y < = '0';
                  EXIT;
               ELSE  NULL;                            -- 空操作
               END IF;
            END LOOP;
      END PROCESS;
END aa;
```

例 5.13 中,有两处 EXIT 语句,归纳为只要 a(n)=b(n),就无条件跳出循环。两者的区别是:a(n)=b(n)=1 时,将 y 赋值为 1; a(n)=b(n)=0 时,将 y 赋值为 0。

5.1.7 WAIT 语句

在进程中,当执行到等待语句 WAIT 时,运行程序将被挂起,直到结束挂起条件被满足,进程才重新启动。但 VHDL 规定,已列出敏感量的进程中不能使用任何形式的 WAIT 语句。WAIT 语句的语法格式如下:

WAIT [ON 信号表] [UNTIL 条件表达式] [FOR 时间表达式];

1. 单独的 WAIT 语句

单独的 WAIT 语句,即未设置停止挂起条件的表达式,表示永远挂起。

2. "WAIT ON 信号表"语句

"WAIT ON 信号表"称为敏感信号等待语句,在信号表中列出的信号是等待语句的敏感信号。当处于等待状态时,敏感信号的任何变化(如从 0 到 1 或从 1 到 0 的变化)将结束挂起,再次启动进程。例如:

WAIT ON S1,S2;

表示当 S1 或 S2 中任一信号发生改变时,就恢复执行 WAIT 语句之后的语句。

3. "WAIT UNTIL 条件表达式"语句

"WAIT UNTIL 条件表达式"称为条件等待语句,该语句将把进程挂起,直到条件表达式中所含信号发生了改变,并且条件表达式为真时,进程才能脱离挂起状态,恢复执行 WAIT 语句之后的语句。

WAIT UNTIL 语句最为常用,通常有以下 3 种表达方式:

```
WAIT  UNTIL 信号 = VALUE;
WAIT  UNTIL 信号'EVENT AND 信号 = VALUE;
WAIT  UNTIL NOT 信号' STABLE AND 信号 = VALUE;
```

【例 5.14】 检测时钟上升沿的 4 种语句。

如果设 CLOCK 为时钟信号输入端,以下 4 条 WAIT 语句所设的进程启动条件都是时钟上跳沿,所以它们对应的硬件结构是一样的。

```
WAIT UNTIL CLOCK = '1';
WAIT UNTIL RISING_EDGE(CLOCK);
WAIT UNTIL NOT CLOCK' STABLE AND CLOCK = '1';
WAIT UNTIL CLOCK = '1' AND CLOCK'EVENT;
```

【例 5.15】 具有并行置数与双向移位功能的寄存器设计。

```
...
ENTITY shifter IS
    PORT (data : IN STD_LOGIC_VECTOR(7 DOWNTO 0);          --8 位并行输入数据
          sl: IN STD_LOGIC;                                -- 左移输入数据
          sr: IN STD_LOGIC;                                -- 右移输入数据
          clk: IN STD_LOGIC;                               -- 时钟信号
          reset : IN STD_LOGIC;                            -- 复位信号
          mode : IN STD_LOGIC_VECTOR (1 DOWNTO 0);         -- 移位模式选择
          qout : BUFFER STD_LOGIC_VECTOR (7 DOWNTO 0));    --8 位并行输出数据
END shifter;
ARCHITECTURE behave OF shifter IS
    BEGIN
        PROCESS
          BEGIN
            WAIT UNTIL (RISING_EDGE(clk) );                -- 等待时钟上升沿
                IF (reset = '1') THEN   qout <= "00000000";
                ELSE
                    CASE mode IS
                    WHEN "01" => qout <= sr & qout(7 DOWNTO 1);   -- 右移
                    WHEN "10" => qout <= qout(6 DOWNTO 0) & sl;   -- 左移
                    WHEN "11" => qout <=  data;                   -- 并置
                    WHEN OTHERS => NULL;                          -- 保持
                    END CASE;
                END IF;
        END PROCESS;
...
```

例 5.15 中用到了 WAIT UNTIL 语句,所以进程 PROCESS 后面没有敏感列表。该设计运用 CASE 语句描述了移位寄存器的 4 种工作方式:右移、左移、并置、保持,其中多位数据移位的实现利用了信号这一数据对象的赋值特点以及并置连接操作符 & 。

注意:

一个进程中只允许存在一个 WAIT 语句。

5.2　并行语句

VHDL 作为硬件描述语言,能够直接构造和改变硬件的结构。而软件编程只能对硬件资源加以利用,不能改变硬件的固有行为和结构。VHDL 编程与以往的软件编程在思路上也有着很大的差异,最明显的体现是 VHDL 编程的并行思路与软件编程的顺序思路的差异,VHDL 并行语句体现了编程的并行性。

以往的软件编程具有顺序性,具体表现在:软件语言中每一条语句的执行都按 CPU 机器周期的节拍顺序执行,每一条语句执行的时间是确定的,执行速度取决于 CPU 的主频频率、工作方式、状态周期等,语句越多,执行语句所需时间越长。

在 VHDL 语句的执行中,可能会出现这样的情形,即语句执行所用时间或者执行的顺序与语句多少、语句在程序中的先后次序都没有关系,这就是 VHDL 的一个重要特性——并行性。在 VHDL 中,各种并行语句在结构体中的执行是同步进行的,其执行方式与书写的顺序无关。所以,VHDL 编程不能沿用以往的软件编程的思想和方法。C 语言、Java 或者单片机、DSP、ARM 编程都采用传统的软件编程思路,即顺序、串行,而 VHDL 编程虽然也用到很多顺序语句,但是它的并行编程思路是最具特色的。如果不能区分这些差别,则编写的 VHDL 程序往往在编译环节很难通过,或者与所要描述的硬件结构相去甚远。

本节介绍最为常用的几种并行语句:并行信号赋值语句、进程语句、元件例化语句、生成语句。并行语句在结构体中的使用格式如下:

```
ARCHITECTURE 结构体名 OF 实体名 IS
    [说明语句;]
        BEGIN
            并行语句;
END  [ARCHITECTURE] 结构体名;
```

5.2.1 并行信号赋值语句

并行信号赋值语句有简单信号赋值语句、条件信号赋值语句和选择信号赋值语句 3 种形式,赋值语句存在于结构体之中、进程之外,所有赋值语句与其他并行语句一样,在结构体内的执行是同时发生的,与它们的书写顺序没有关系。

赋值目标必须是信号,一个信号赋值语句相当于一个缩写的进程语句,这条语句的所有输入信号都被隐性地列入缩写的进程的敏感表中,所有输入、读出、双向信号都在所在的结构体的严密监测下,任何变化都将启动赋值操作。

与并行信号赋值语句相比,顺序信号赋值语句的赋值目标除信号以外还可以是变量,而且必须放在进程之中,执行顺序与书写顺序有关。

1. 简单信号赋值语句

简单信号赋值语句的语法格式如下:

信号赋值目标<＝表达式;

其中,信号赋值目标的数据类型必须与赋值符号右边表达式的数据类型一致。

【例 5.16】 简单信号赋值语句应用示例。

```
...
ENTITY example IS
    PORT(a,b,c,d: IN STD_LOGIC;
            f: OUT STD_LOGIC);
END example;
```

```
ARCHITECTURE   art   OF   example IS
    SIGNAL s1,s2: STD_LOGIC;
      BEGIN
          s1 <= a AND b;
          s2 <= c OR d;
          f <= s1 NAND s2;
END art;
…
```

例5.16中3条语句"s1<= a AND b;" "s2<= c OR d;" "f<=s1 NAND s2;"相当于并行执行的、简化了的3个进程,启动进程的敏感变量分别为a和b、c和d、s1和s2。

2. 条件信号赋值语句

条件信号赋值语句的语法格式如下:

```
赋值目标 <= 表达式   WHEN   赋值条件   ELSE
            表达式   WHEN   赋值条件   ELSE
            …
            表达式;
```

可以看出,在结构体中的条件信号赋值语句的功能与在进程中的IF语句相似。条件信号赋值语句按书写顺序逐一判断赋值条件,当发现赋值条件为TRUE时,则立即将表达式的值赋给赋值目标。注意,该语句无论有多少个表达式需要赋值,它们的赋值对象即赋值目标只能是一个,而且只书写一次,因此,条件信号赋值语句对于不同赋值条件下赋值目标不同的设计不适用,除非加以改造,如3-8线译码器的输出端有8个,为了使用条件信号赋值语句,将8个1位的输出端定义为一个8位的位矢量,就能解决这个问题。只要在不同赋值条件下将不同的值赋给这个位矢量,那么每一个1位的输出端口就将获得所需的数据。具体如例5.17所示。

【例5.17】 使用条件赋值语句设计3-8线译码器。

```
LIBRARY IEEE;
USE IEEE.STD_LOGIC_1164.ALL;
USE IEEE.STD_LOGIC_ARITH.ALL;
USE IEEE.STD_LOGIC_UNSIGNED.ALL;
ENTITY decoder3_8 IS
    PORT(inp: IN STD_LOGIC_VECTOR(2 DOWNTO 0);
          outp:OUT BIT_VECTOR(7 DOWNTO 0));
END ENTITY decoder3_8;
ARCHITECTURE art OF decoder3_8 IS
    BEGIN
        outp <= "00000001"WHEN inp = "000"ELSE
                "00000010"WHEN inp = "001"ELSE
                "00000100"WHEN inp = "010"ELSE
                "00001000"WHEN inp = "011"ELSE
                "00010000"WHEN inp = "100"ELSE
                "00100000"WHEN inp = "101"ELSE
                "01000000"WHEN inp = "110"ELSE
                "10000000";
END art;
```

该译码器是输出高电平有效译码器,当输入数据为 $000\sim111$ 时,输出端 outp 的 outp(0)$\sim$outp(7)分别获得唯一的高电平 1,从而对输入进行了有效译码。

3．选择信号赋值语句

选择信号赋值语句的语法格式如下:

```
WITH 选择表达式 SELECT
赋值目标信号<= 表达式 WHEN 选择值,
             表达式 WHEN 选择值,
             ...
             表达式 WHEN 选择值,
             表达式 WHEN OTHERS;
```

选择信号赋值语句的功能与进程中的 CASE 语句相似,选择信号赋值语句对于子句条件选择值的测试具有同期性,不像条件赋值语句那样是按照子句的书写顺序从上至下逐条测试的,因此,选择赋值语句不允许有条件重叠现象,也不允许条件覆盖不全,因而最后一个子句要求一定为 WHEN OTHERS,从而将所有条件包罗进去。

能够启动选择信号赋值语句开始执行的信号是"选择表达式",每当选择表达式的值发生变化时,就启动测试比对,当发现有满足条件的子句时,就将此子句表达式中的值赋给目标信号。

例 5.18 是使用选择信号赋值语句的函数发生器设计,电路端口如图 5.4 所示。m1 和 m0 是函数模式选择端,它们的取值分别对应 4 种函数功能,即对输入数据 a 和 b 进行不同的逻辑操作,并将结果从 dataout 输出。

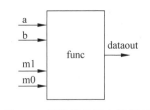

图 5.4　函数发生器电路端口

【例 5.18】　使用选择信号赋值语句设计函数发生器。

```
LIBRARY IEEE;
USE IEEE.STD_LOGIC_1164.ALL;
USE IEEE.STD_LOGIC_ARITH.ALL;
USE IEEE.STD_LOGIC_UNSIGNED.ALL;
ENTITY func IS
   PORT(m1,m0: IN STD_LOGIC;
        a,b: IN STD_LOGIC_VECTOR(1 DOWNTO 0);
        dataout: OUT STD_LOGIC_VECTOR(1 DOWNTO 0));
END func;
ARCHITECTURE art OF func IS
   SIGNAL s: STD_LOGIC_VECTOR(1 DOWNTO 0);
     BEGIN
       s<= m1 & m0;
       WITH s SELECT
       dataout<= a AND b WHEN "00",
                 a XOR b WHEN "01",
                 NOT a WHEN "10",
                 a XNOR b WHEN OTHERS;          -- 同或运算符是 XNOR 而非 NXOR
END art;
```

例 5.18 中,将两个 1 位数据 m1 和 m0 并置为 2 位的位矢量 s,在书写 m1 和 m0 的选择值时就不必使用表达式了,因为该格式在此处只支持数值而非表达式。

5.2.2 进程语句

关于进程（PROCESS）语句的分类方法目前大抵有两种：一种将它归于顺序语句，因为进程实际上是用顺序语句描述的进行过程，进程内所有语句必须是顺序语句；另一种是将它归于并行语句，结构体中的所有进程只要被激活，就开始并行运行。所以进程语句是一种兼具顺序性与并行性的、具有 VHDL 特色的语句。

1. PROCESS 语句格式

PROCESS 语句的语法格式如下：

```
[进程标号:] PROCESS [(敏感信号参数表)] [IS]
          [进程说明部分];
             BEGIN
                顺序描述语句;
          END PROCESS[进程标号];
```

PROCESS 中规定了每个进程语句在它的某个敏感信号（由敏感信号参数表列出）的值改变时，都必须立即完成某一功能行为。进程语句的语法结构中，"进程标号"、IS、"进程说明部分"和"敏感信号参数表"不是必需的。

当前很多综合器对"进程标号"和 IS 都没有硬性要求，所以不是必需的。当代码中进程数量较多时，对进程进行标号可以使代码的可读性更强。

"进程说明部分"一般放置的是定义在进程中的局部量而不是全局量，如果没有则可省略。"敏感信号参数表"一般不可省略，但是进程中如果设置了进程启动语句 WAIT，则此表可省略，因为 WAIT 语句能够监视信号的变化情况，以便决定是否启动进程，所以 WAIT 语句可以看成一种隐式的敏感信号表。

2. PROCESS 语句的组成

PROCESS 语句结构主体是由 3 部分组成的，即进程说明部分、顺序描述语句部分和敏感信号参数表。

（1）进程说明部分主要定义数据类型、常数、属性、子程序等。但需注意，在进程说明部分不允许定义信号和共享变量。

（2）顺序描述语句部分包括顺序赋值语句（包括信号赋值和变量赋值）、进程启动语句、子程序调用语句、顺序语句（如 IF 语句、CASE 语句、LOOP 语句、NEXT 语句和 EXIT 语句等）。

（3）敏感信号参数表需列出启动本进程的输入信号名（当有 WAIT 语句时例外）。

【例 5.19】 不含敏感信号参数表的进程语句。

```
LIBRARY IEEE;
USE IEEE.STD_LOGIC_1164.ALL;
USE IEEE.STD_LOGIC_ARITH.ALL;
USE IEEE.STD_LOGIC_UNSIGNED.ALL;
ENTITY stat IS
   PORT(s1,s2,s3,s4: IN STD_LOGIC_VECTOR(3 DOWNTO 0);
        m: IN STD_LOGIC_VECTOR(1 DOWNTO 0);
        clock,rst: IN STD_LOGIC;
        op: OUT STD_LOGIC_VECTOR(3 DOWNTO 0));
```

```
        END stat;
    ARCHITECTURE art OF stat IS
        BEGIN
            P1: PROCESS IS                        -- 该进程未列出敏感信号,进程需要 WAIT 语句启动
                BEGIN
                    WAIT UNTIL clock = '1';      -- 进程启动语句
                        IF(rst = '1') THEN op < = "0000";   -- rst = '1'复位
                        ELSE
                        CASE m IS
                        WHEN "00" = > op < = s1;
                        WHEN "01" = > op < = s2;
                        WHEN "10" = > op < = s3;
                        WHEN OTHERS = > op < = s4;
                        END CASE;
                        END IF;
                END PROCESS P1;
    END art;
```

【例 5.20】 含有敏感信号参数列表的进程语句。

```
...
PROCESS(clk,rst, a,b) IS
                        -- 进程定义了 4 个敏感信号 clk、rst、a、b,其中任何一个改变,都将启动进程
    BEGIN
        IF rst = '0' THEN   c < = 0;
        ELSIF clk' EVENT AND clk = '1' THEN          -- 检测时钟上升沿是否到来
            c < = a + b ;
        END IF;
END PROCESS;
...
```

3. 关于进程

关于进程,有以下几点需要特别说明。

(1) PROCESS 是无限循环语句。敏感变量的变化将启动进程,开始执行进程中的顺序语句,一直执行到 END PROCESS,自动返回起始语句 PROCESS,等待下一次敏感变量的变化,周而复始,是一个不必放置返回、跳转语句的无限循环程序结构。

(2) PROCESS 中的语句具有顺序/并行运行双重性。例如,顺序语句 CASE 具有并行性,CASE 语句执行时,在所列诸多条件中,哪个条件被满足,哪个子句就率先被执行,尽管这个子句可能书写在 CASE 的最后面。这一点与软件语言必须从前到后逐条语句比较,直到满足条件的情形大不一样。从仿真执行的角度看,执行一条 WHEN 语句和执行 10 条 WHEN 语句的时间是一样的,这就是为什么顺序语句同样能生成并行执行结构的组合电路的道理。

再如,并行条件赋值语句中每条子句的执行都要按照书写顺序逐个子句进行判断,当上一条件不满足时才能进到该子句,如果该子句的条件满足才能执行赋值,否则进入下一子句再行判断。在这个语句中,"顺序"是第一位的,是必须遵守的规则。并行条件赋值语句的设计效果等同于 IF 语句,例如:

```
outp <= "00000001" WHEN inp = "000" ELSE
        "00000010" WHEN inp = "001" ELSE
        …
```

与该语句等效的 IF 语句的描述为：

```
IF inp = "000" THEN outp <= "00000001";
ELSIF inp = "001" THEN outp <= "00000010";
…
```

（3）进程是根据相应的敏感信号独立运行的，所以具有并行性。

例 5.21 中有两个进程：P1 和 P2，两个进程的敏感变量中有一个共同变量 rst，两个进程各自独立运行，除非共同敏感变量 rst 发生变化，两个进程才会被同时启动。

【例 5.21】　一个结构体中两个进程并行运行示例。

```
…
ENTITY example IS
    PORT(a, b, c, d, rst : IN BIT;
         e , f:OUT BIT);
END example;
ARCHITECTURE aa OF example IS
    BEGIN
        P1:PROCESS (a, b, rst)
            BEGIN
                IF rst = '0' THEN
                  e <= a OR b;
                ELSE
                  e <= '0';
                END IF;
          END PROCESS P1;
        P2:PROCESS(c, d, rst)
            BEGIN
              IF rst = '1' THEN
                f <= c AND d;
              ELSE
                f <= '1';
              END IF;
          END PROCESS P2;
    END aa;
```

（4）进程间通信由信号实现。结构体中多个进程之所以能并行同步运行，一个很重要的原因是进程之间有信号在承担通信的工作，信号是进程间进行并行联系的重要途径。因此，不允许将信号定义在进程的内部。

（5）一个进程中只能检测同一个边沿信号。推荐一个进程只放置一个边沿检测语句，如果检测多个边沿，则必须为同一个边沿信号，如：

```
PROCESS( S,CLK )
    BEGIN
        IF CLK' EVENT AND CLK = '1' AND S = '0'   THEN
            Y <= '0';
```

```
            END IF;
            IF CLK' EVENT AND CLK = '1' AND S = '1'   THEN
                Y < = '1';
            END IF;
        END PROCESS;
```

如果设计中需要检测两个及以上不同边沿,则应将边沿检测分别放到不同的进程中。

【例 5.22】 含有两个不同边沿检测的设计示例。

```
        ...
        ENTITY test22 IS
            PORT(key: IN STD_LOGIC;
                co: OUT STD_LOGIC_VECTOR(3 DOWNTO 0));
        END test22;
        ARCHITECTURE tt OF test22 IS
            SIGNAL en: STD_LOGIC_VECTOR(1 DOWNTO 0);
            SIGNAL enn: STD_LOGIC;
            SIGNAL qq: STD_LOGIC_VECTOR(3 DOWNTO 0);
            BEGIN
                P1 :PROCESS(key)
                    BEGIN
                        IF key' EVENT AND key = '1' THEN
                            en < = en + 1;   enn < = en(0);            -- 检测第一个边沿 key
                        END IF;
                    END PROCESS;
                P2 :PROCESS(enn)
                    BEGIN
                        IF enn' EVENT AND enn = '1' THEN              -- 检测第二个边沿 enn
                            IF qq = "1001" THEN
                                qq < = "0000";
                            ELSE   qq < = qq + 1;co < = qq;
                            END IF;
                        END IF;
                END PROCESS;
        END tt;
```

例 5.22 中,将两个信号的边沿检测分置于进程 P1 和 P2 中。两个进程通过信号 enn 建立了连接,进程 P1 对信号 enn 的赋值会启动进程 P2,该设计将计数输出频率降为 key 的二分之一。

5.2.3　元件例化语句

元件例化就是将设计好的实体定义为一个元件,然后利用特定的语句将此元件与当前的设计实体中的指定端口相连接,从而为当前设计实体引入一个新的低一级的设计层次。元件例化语句能够使 VHDL 程序更加模块化,更加易读易懂。

元件例化可以看作是原理图输入的文本形式,设计原理与原理图设计相似。原理图需要在 EDA 软件工具的原理图设计窗口中用鼠标单击、拖曳的方式调用元件库里的元件,再将元件按逻辑关系进行连接,完成电路的设计。元件例化语句也需要将所用元件连接起来,最终完成电路的逻辑功能,只不过这个元件指的是用 VHDL 描述的程序代码,或者是来自不同硬件描述语言的设计,还可以是 IP 核、LPM 块、来自 CPLD/FPGA 的元件库中的元件,而元件之间的连接不是直线而是映射语句。

元件例化叩以是多层次的,例如,当在一个设计实体中被调用的元件本身也调用了最底层元件的设计实体,这样的设计将至少有 3 个层次:最底层元件、次顶层设计、顶层设计。

元件例化语句由两部分组成:前一部分是将一个现成的设计实体定义为一个元件的语句,称为元件定义语句;后一部分则是此元件与当前设计实体中的连接说明,称为元件映射语句。

元件定义语句的语法格式如下:

```
COMPONENT 例化元件名 IS
[GENERIC(类属表);]
    PORT(例化元件端口名表);
END  COMPONENT 例化元件名;
```

元件映射语句的语法格式如下:

例化名:元件名 PORT MAP(连接实体端口名,连接实体端口名,[例化元件端口名 =>…]…);

其中,例化名是底层元件在顶层结构中的新名称,无须定义。元件映射语句有 3 种方式,分别是位置关联方式、名称关联方式、混合关联方式。

1. 位置关联方式

位置关联方式要求映射端口图 PORT MAP 中只出现当前顶层设计中的接口名称,名称的书写位置直接对应底层元件实体的 PORT 中的端口名,先后次序严格一致,这样,工具自动默认将相应位置的信号接于一处。这种映射方式不必在顶层设计的映射表中再出现底层元件的端口名称,书写简便,但是对书写位置有严格要求。写映射端口图时,必须检查好底层元件的 PORT 中各端口定义的顺序,一旦搞错,就会把不应连在一起的端口连接在一起了。

2. 名称关联方式

用 => 符号将底层元件的端口与顶层设计实体的端口、信号连接起来。注意,=> 符号左端是底层元件的端口,右端是顶层当前实体的端口信号。这种关联方式需要将底层元件和顶层设计的端口都交代清楚,虽然稍微烦琐,但是这种表述方式本身语义非常清晰,所以在映射端口表中没有位置顺序之分。

3. 混合关联方式

在 VHDL 中,位置关联与名称关联混用也是被允许的。

应用元件例化语句,最好将底层元件单独编译综合、仿真验证、测试,使之成为 WORK 库中的一个设计成功的、可在任何设计中调用的模块;然后单独对顶层电路进行设计。这些设计作为工程文件在保存、编译综合、仿真时,分别以自己的实体名称作为当前工程的名称。

还有一种做法,就是把底层设计和顶层设计写在同一个 VHDL 文本文件中,每个设计有自己的一套库、程序包文件,有自己的实体和结构体。在文本输入结束进行编译仿真时,当前工程文件的命名应与顶层设计的实体名称保持一致。

两种方法的设计结果完全一致,但是各有利弊。第一种方法的好处是,设计中如果出现问题,责任区分得很清晰,可以专注地对错误的元件设计进行纠错,而且能够储备很多可调用的元件资源,这对长期从事 VHDL 设计的人员来说是一种宝贵的积累。第二种方法将所有设计集中在一个文本文件中,能够非常方便地检查顶层设计对底层元件的调用情况,一目了然。

【例 5.23】 元件例化语句的应用。

应用元件例化语句设计电路,要求所设计的电路具有如图 5.5 所示的内部结构,其中 U1、U2、U3 均为 2 输入与非门。在本例中,分别使用了元件映射语句的 3 种方式进行 PORT MAP 描述的示范,在实际设计中,只选用一种自己擅长的方式就可以了。

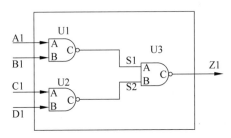

图 5.5　内部原理框图

分析图 5.5 的电路结构,该电路由 3 个 2 输入与非门组成,所以首先设计一个 2 输入与非门作为底层元件,然后用元件例化语句将与非门定义成元件,将顶层设计内部的两根连线定义为信号,最后 3 次调用并且按图连接与非门元件,完成设计。

底层设计 nand_2 如下:

```
LIBRARY IEEE;
USE IEEE.STD_LOGIC_1164.ALL;
ENTITY   nand_2   IS
   PORT(A,B: IN STD_LOGIC;
         C: OUT STD_LOGIC);
END ENTITY nand_2;
ARCHITECTURE artnd2 OF nand_2   IS
   BEGIN
       C <= A NAND B;
END artnd2;
```

顶层设计 top 如下:

```
LIBRARY IEEE;
USE IEEE.STD_LOGIC_1164.ALL;
ENTITY top IS
   PORT(A1,B1,C1,D1: IN STD_LOGIC;
         Z1: OUT STD_LOGIC);
END  top;
ARCHITECTURE art OF top IS
   COMPONENT nand_2 IS
      PORT(A,B: IN STD_LOGIC;
            C: OUT STD_LOGIC);
   END COMPONENT   nand_2;
```

```
    SIGNAL S1,S2: STD_LOGIC;
      BEGIN
          U1: nand_2  PORT MAP (A1,B1,S1);                   —— 位置关联方式
          U2: nand_2  PORT MAP (A = > C1,C = > S2,B = >D1);  —— 名称关联方式
          U3: nand_2  PORT MAP (S1,S2,C = > Z1);             —— 混合关联方式
    END art;
```

5.2.4 生成语句

生成语句适用于高重复性电路设计。例如,在 8 位移位寄存器的设计中,将 8 个相同结构的 1 位 D 触发器依次连接,可以看作 8 个 D 触发器复制而来,这时就考虑使用生成语句。在设计中,只要根据某些条件设定某一元件或设计单位,就可以利用生成语句复制一组完全相同的单元电路结构。生成语句最常用的形式如下:

```
标号:FOR 循环变量 IN 取值范围 GENERATE
      说明;
            BEGIN
                并行语句;
      END GENERATE 标号;
```

此处标号是必需的,没有标号则编译不通过。标号在嵌套生成语句结构中尤为重要;FOR-GENERATE 语句用来指定并行语句的复制方式;取值范围的语句格式与 LOOP 语句是相同的,有如下两种形式,其中**表达式必须是整数**。

```
表达式 TO 表达式;
表达式 DOWNTO 表达式;
```

说明部分包括对元件数据类型、子程序和数据对象的说明;并行语句是对将要复制的基本单元的描述,主要包括元件映射语句、进程语句、块语句、并行过程调用语句、并行信号赋值语句甚至生成语句。

【例 5.24】 使用生成语句设计 4 位移位寄存器。

4 位移位寄存器由 4 个 D 触发器依次连接构成。首先设计 1 位 D 触发器作为底层元件,该 D 触发器具有异步清 0 端 clr 和异步置 1 端 pre,输入数据与时钟分别为 d 和 clk,输出数据为 q。

底层 D 触发器设计如下:

```
LIBRARY IEEE;
USE IEEE.STD_LOGIC_1164.ALL;
USE IEEE.STD_LOGIC_ARITH.ALL;
USE IEEE.STD_LOGIC_UNSIGNED.ALL;
ENTITY d_ff_clr_pre IS
    PORT(d,clk,clr,pre: IN STD_LOGIC;
        q: OUT STD_LOGIC);
END d_ff_clr_pre;
ARCHITECTURE a OF d_ff_clr_pre IS
    BEGIN
        PROCESS(clk)
            BEGIN
                IF clr = '0' THEN q< = '0';
```

```
                ELSIF pre = '0' THEN q < = '1';
                ELSIF clk = '1' AND clk' EVENT THEN
                    q < = d;
                END IF;
            END PROCESS;
        END a;
```

在顶层设计中,先定义 D 触发器为将要复制的底层元件,然后运用生成语句复制 4 个该结构,最后一一映射连接。

顶层设计,即 4 位移位寄存器设计如下:

```
LIBRARY IEEE;
USE IEEE. STD_LOGIC_1164. ALL;
USE IEEE. STD_LOGIC_ARITH. ALL;
USE IEEE. STD_LOGIC_UNSIGNED. ALL;
ENTITY shift_4 is
    PORT(Din,clk,clr,pre: IN STD_LOGIC;
          Q1,Q2,Q3,Q4: OUT STD_LOGIC);
END shift_4;
ARCHITECTURE a OF shift_4 IS
    COMPONENT d_ff_clr_pre IS
        PORT(d,clk,clr,pre: IN STD_LOGIC;
            q: OUT STD_LOGIC);
    END COMPONENT d_ff_clr_pre;
    SIGNAL S :STD_LOGIC_VECTOR( 0 To 4);
        BEGIN
            S(0)< = Din;
            SHIFT_Gen:FOR I IN 0 To 3 GENERATE            -- 复制与映射语句
                SHIFT_D: d_ff_clr_pre PORT MAP (d = > S(I),clk = > clk,clr = > clr,pre = > pre,
q = > S(I + 1));
            END GENERATE;
            Q1 < = S(1);
            Q2 < = S(2);
            Q3 < = S(3);
            Q4 < = S(4);
END a;
```

在映射语句 PORT MAP 中,"d⇒S(I),q⇒S(I+1)"语句表明了一个 D 触发器的输出连接到下一个 D 触发器的输入,这样就会把 4 个 D 触发器按顺序连接起来了,同时"clk⇒clk,clr⇒clr,pre⇒pre"中没有循环变量 I 的信息,说明所有触发器的 clk、clr、pre 端都分别接于一处。

设计综合成的电路结构如图 5.6 所示,设计的仿真图如图 5.7 所示。

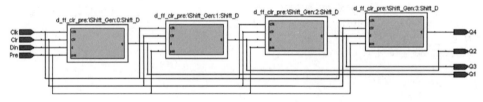

图 5.6　4 位移位寄存器的电路结构图

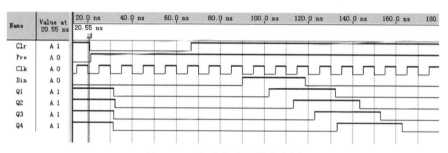

图 5.7　4 位移位寄存器仿真图

从图 5.7 中可见,当 pre 和 clr 取 0 时,寄存器的 4 个输出分别为 1 和 0,体现了这两个控制端的强制置 1 和清 0 的功能;当二者都取 1 时,输入 Din 随着时钟的推移依次从 Q1 经 Q2、Q3 传递到 Q4。因此,设计完全正确。

【例 5.25】　使用生成语句设计二进制加法计数器。

二进制加法计数器也能用 D 触发器构造而成。如果时钟与数据输出端按照图 5.8 所示的电路原理图进行连接,计数器计数的方式就是加法式计数;如果时钟取自 Q 端而非 Q' 端,则构造的计数器将是减法式计数。计数器的规模要看所用的 D 触发器的数量,本例设计一个计数器位数可赋值更改的加法式计数器,首先设计一个含有 Q 和 Q' 两个输出端的 D 触发器。

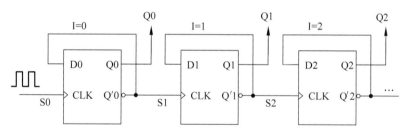

图 5.8　二进制加法式计数器电路原理图

底层设计,即含有 Q 和 Q' 输出端的 D 触发器设计如下:

```
LIBRARY IEEE;
USE IEEE.STD_LOGIC_1164.ALL;
USE IEEE.STD_LOGIC_ARITH.ALL;
USE IEEE.STD_LOGIC_UNSIGNED.ALL;
ENTITY d_ff  IS
    PORT(d,clk_s: IN STD_LOGIC;
        q,nq: OUT STD_LOGIC);
END d_ff;
ARCHITECTURE a_rs_ff  OF  d_ff IS
    BEGIN
        PROCESS(clk_s)
            BEGIN
                IF clk_s = '1' AND clk_s' EVENT THEN
                    q < = d; nq < = NOT d;
                END IF;
        END PROCESS;
```

```
END    a_rs_ff;
```

顶层设计,即二进制加法计数器设计如下:

```
LIBRARY IEEE;
USE IEEE.STD_LOGIC_1164.ALL;
ENTITY cnt_3bit is
GENERIC(n:INTEGER:=3);    -- 改变类属赋值大小可以改变计数器的规模
    PORT(q: OUT STD_LOGIC_VECTOR(0 TO n-1);
         in_1: IN STD_LOGIC);
END ENTITY cnt_3bit;
ARCHITECTURE behv OF cnt_3bit IS
    COMPONENT d_ff
       PORT(d,clk_s: IN STD_LOGIC;
            q,nq: OUT STD_LOGIC);
    END COMPONENT d_ff;
    SIGNAL s: STD_LOGIC_VECTOR(0 TO n);
      BEGIN
         s(0)<= in_1;
         q_1: FOR i IN 0 TO n-1 GENERATE
            dff: d_ff  PORT MAP (s(i+1),s(i),q(i),s(i+1));
         END GENERATE;
END behv;
```

顶层设计在最初的实体说明部分,通过类属语句"GENERIC(n:INTEGER:=3);"将 n 的初始值设定为 3,这条语句决定了该计数器最终为 3 位二进制计数器,模数为 8。

顶层设计中复制与映射的语句为:

```
q_1 : FOR i IN 0 TO n-1 GENERATE
      dff : d_ff PORT MAP (s(i+1), s(i), q(i), s(i+1));
END GENERATE;
```

PORT MAP 中 d 和 nq 的位置都被信号连线 s(i+1)占据了,说明 d 与 nq 接于一处,且相对于逻辑变量i,是下一个 D 触发器里的信号;而与当前 D 触发器相关的信号 s(i)接于当前时钟 clk_s。设计综合的电路工艺结构如图 5.9 所示,可以看出,电路结构满足了图 5.8 所示的二进制加法计数器的设计要求。设计的仿真图如图 5.10 所示。

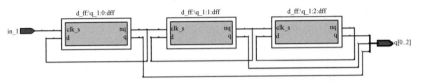

图 5.9 3 位二进制加法计数器电路工艺结构图

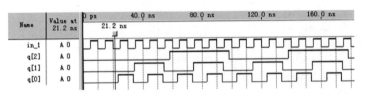

图 5.10 3 位二进制加法计数器仿真图

观察图 5.10 中的 q[2]、q[1]、q[0]，它们的计数结果为 000,001,010,011,…,111，000,…。

【例 5.26】　使用生成语句设计一个 8 位三态锁存器。

设计仿照 74373(或 74LS373/74HC373)的工作逻辑进行。74373 器件逻辑符号图如图 5.11 所示,它的引脚功能分别是:D1~D8 为数据输入端;Q1~Q8 为数据输出端;OEN 为输出使能端,若 OEN＝1,则 Q8~Q1 的输出为高阻态;若 OEN＝0,则 Q8~Q1 的输出为保存在锁存器中的信号值。G 为数据锁存控制端,若 G＝1,D8~D1 输入端的信号进入 74373 中的 8 位锁存器中;若 G＝0,74373 中的 8 位锁存器将保持原先锁入的信号值不变。74373 的内部工作原理图如图 5.12 所示。

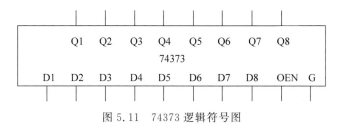

图 5.11　74373 逻辑符号图

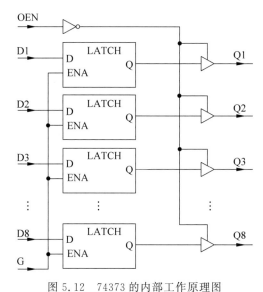

图 5.12　74373 的内部工作原理图

先设计底层 1 位锁存器 LATCH_1。底层设计,即 1 位锁存器 LATCH_1 设计如下:

```
LIBRARY IEEE;
USE IEEE.STD_LOGIC_1164.ALL;
ENTITY LATCH_1 IS
    PORT(D: IN STD_LOGIC;
         ENA: IN STD_LOGIC;
         Q:OUT STD_LOGIC);
END LATCH_1;
ARCHITECTURE one OF LATCH_1 IS
    SIGNAL S0: STD_LOGIC;
```

```
        BEGIN
            PROCESS(D,ENA) IS
                BEGIN
                    IF ENA = '1' THEN

                        S0 <= D;
                    END IF;
                END PROCESS;
                Q <= S0;
        END one;
```

顶层设计,即 SN74373 的设计如下:

```
LIBRARY IEEE;
USE IEEE.STD_LOGIC_1164.ALL;
ENTITY  SN74373  IS                              -- SN74373 器件接口说明
    PORT (D: IN STD_LOGIC_VECTOR(8 DOWNTO 1);
          OEN: IN STD_LOGIC;
          G: IN STD_LOGIC;
          Q: OUT STD_LOGIC_VECTOR(8 DOWNTO 1));   -- 定义 8 位输出信号
END  SN74373;
ARCHITECTURE a  OF  SN74373  IS
    COMPONENT  LATCH_1  IS                       -- 声明调用前面描述的 1 位锁存器
        PORT(D,ENA: IN STD_LOGIC;
             Q: OUT STD_LOGIC );
    END COMPONENT  LATCH_1;
    SIGNAL S1: STD_LOGIC_VECTOR (8 DOWNTO 1);
        BEGIN
        GELATCH:FOR NO IN 1 TO 8 GENERATE         -- 用生成语句循环例化 8 个 1 位锁存器
            EE: LATCH_1 PORT MAP(D(NO),G,S1(NO)); -- 位置关联
        END  GENERATE  GELATCH;
        Q <= S1 WHEN OEN = '0' ELSE               -- 条件信号赋值语句
            "ZZZZZZZZ";                           -- 当 OEN = 1 时,Q(8)~Q(1)输出状态呈高阻态
    END a;
```

在生成语句中,GELATCH 为标号,NO 为变量,值为 1~8,共循环了 8 次。

"EE:LATCH_1 PORT MAP(D(NO),G,S1(NO));"是一条含有循环变量 NO 的例化语句,信号的连接方式是位置关联方式,安装后的元件标号是 EE。

习题

5-1　编写实现 A + B 运算的设计程序,如果定义加数 A、B 与所得之和 C 的数据类型都是 STD_LOGIC,请问编译结果如何? 如果出现错误,原因是什么? 如何解决?

5-2　触发器复位的方法有哪两种? 如果时钟进程中用了敏感信号表,哪种复位方法要求把复位信号放在敏感信号表中?

5-3　比较选择赋值语句 WITH-SELECT 和 CASE 语句的异同,分别用这两种语句对以下情况进行数据判断:4 位二进制数为 0111~1010 时,属于数据正常;当数据小于 0111 或者大于 1010 时,数据均属于不正常。

5-4　比较 IF 语句和条件赋值语句 WHEN-ELSE 的异同,分别用这两种语句实现函数发生器,功能要求如表 5.2 所示。S1、S0 为功能选择输入,A、B 为逻辑变量,F 为函数发生电路的输出。当 S1、S0 取不同的值时,电路有不同的逻辑功能。设置一个复位端 rst,当复位信号 rst＝0 时,则函数发生器输出为高阻,否则按照表 5.2 实现逻辑功能。

表 5.2　函数发生器的逻辑功能

输入		输出
S1	S0	F
0	0	AB
0	1	A+B
1	0	A
1	1	A′

5-5　将以下程序段转换为 IF 语句:

```
...
ENTITY li IS
    PORT(s: IN STD_LOGIC_VECTOR(1 DOWNTO 0);
        a,b,c: IN STD_LOGIC_VECTOR(3 DOWNTO 0);
        q: OUT STD_LOGIC_VECTOR(3 DOWNTO 0));
END li;
ARCHITECTURE a OF li 4 IS
    BEGIN
        q<=a   WHEN s = "00" ELSE
            b   WHEN s = "01" ELSE
            c ;
END a;
```

5-6　举例说明哪些情况下需要用到程序包 STD_LOGIC_UNSIGNED。

5-7　在 VHDL 中,用于检测时钟 CLOCK 的下降沿的方法有哪些? 写出相应的语句。

5-8　判断下面的程序中是否有错误,若有,则指出错误所在的位置并且进行修改。

程序 1:

```
...
ENTITY decoder38 IS
    PORT(A : IN STD_LOGIC_VECTOR(1 DOWNTO 0);
        OUTP: OUT BIT_VECTOR(7 DOWNTO 0) );
END decoder38;
ARCHITECTURE art OF decoder38 IS
    BEGIN
        CASE A IS
        WHEN '000' => OUTP <= "00000001";
        WHEN '001' => OUTP <= "00000010";
        WHEN '010' => OUTP <= "00000100";
        WHEN '011' => OUTP <= "00001000";
        WHEN '100' => OUTP <= "00010000";
        WHEN '101' => OUTP <= "00100000";
        WHEN '110' => OUTP <= "01000000";
```

```
              WHEN '111' = > OUTP < = "10000000";
              WHEN OTHERS = > OUTP < = "00000000";
              END CASE;
     END decoder38;
```

程序 2:

```
...
ARCHITECTURE concunt OF decoder IS
   SIGNAL Q : STD_LOGIC_VECTOR(2 DOWNTO 0) ;
      BEGIN
         PROCESS (Q)
            BEGIN
               WITH   Q   SELECT
               dataout < = data1   AND   data2   WHEN "000" ;
               dataout < = data1   OR   data2   WHEN "001" ;
               dataout < = data1 NAND data2   WHEN "010" ;
               dataout < = data1 NOR   data2   WHEN "011" ;
               dataout < = data1 XOR   data2   WHEN "100" ;
               dataout < = data1 XNOR data2   WHEN "101" ;
         END PROCESS;
END concunt
```

程序 3:

```
ENTITY jfjshu   IS
   PORT(clk : IN STD_LOGIC;
        q: OUT STD_LOGIC_VECTOR (3 DOWNTO 0);
        co: OUT   STD_LOGIC );
END jfjshu;
ARCHITECTURE a OF jfjshu2 IS
   SIGNAL rst: STD_LOGIC;
      BEGIN
         PROCESS(clk)
            BEGIN
               IF rst < = '1' THEN q1 < = "0000";
               ELSIF clk' EVENT AND clk = '1' THEN
                  q < = q + 1;
               END IF;
            END PROCESS;
            rst < = '1' WHEN q1 = "0111"   ELSE '0';
            co < = rst;
   END a;
```

5-9 设计1位加法器/减法器,输入端为 A、B 和 Ci,输出端为 S/D 和 CO。要求: 当控制信号 M=0 时,实现 A 与 B 的相加运算,其中,A 和 B 为加数,Ci 为低位来的进位,S/D 和 CO 分别为相加和以及向高位的进位; 当 M=1 时,实现 A 与 B 的相减运算,其中 A 和 B 分别为被减数和减数,Ci 为低位来的借位,S/D 和 CO 分别为相减差以及向高位的借位。

5-10 分析下面的程序,说出所设计电路的逻辑功能。

程序 1:

```
...
ENTITY dmya IS
    PORT (clk : IN STD_LOGIC;
          start : IN STD_LOGIC;
          x : IN STD_LOGIC;
          y : OUT STD_LOGIC);
END dmya;
ARCHITECTURE behav OF dmya IS
    SIGNAL q: INTEGER RANGE 0 TO 3;
    SIGNAL f: STD_LOGIC;
      BEGIN
          PROCESS(clk)
              BEGIN
                  IF clk' EVENT AND clk = '1' THEN
                      IF start = '0' THEN q <= 0;
                      ELSIF q <= 1 THEN f <= '1'; q <= q + 1;
                      ELSIF q = 3 THEN f <= '0'; q <= 0;
                      ELSE f <= '0'; q <= q + 1;
                      END IF;
                  END IF;
          END PROCESS;
              y <= x and f;
END behav;
```

程序 2:

```
...
ENTITY FENPIN IS
    PORT(CLK: IN STD_LOGIC;
         D: IN STD_LOGIC_VECTOR(4 DOWNTO 0);
         CO: OUT STD_LOGIC );
END FENPIN;
ARCHITECTURE   dd   OF FENPIN IS
    SIGNAL Q1: STD_LOGIC_VECTOR(4 DOWNTO 0);
    SIGNAL Q2: STD_LOGIC_VECTOR(4 DOWNTO 0);
      BEGIN
          PROCESS(CLK, D)
              BEGIN
                  Q2 <= '0' & D(4 DOWNTO 1);
                  IF CLK' EVENT  AND   CLK = '1'  THEN
                      Q1 <= Q1 + 1;
                      IF Q1 = Q2 THEN
                          CO <= '1';
                      ELSIF Q1 = D THEN
                          Q1 <= "00000"; CO <= '0';
                      END IF;
                  END IF ;
          END PROCESS;
END dd;
```

第 6 章

VHDL 设计

前面介绍了 EDA 软件工具 Quartus Ⅱ 的使用方法、可编程器件的构造特点以及 VHDL 的结构要素和语法现象等基本设计理论,本章介绍将这些设计理论应用于组合逻辑电路与时序逻辑电路的设计方法,并且给出两种更为先进的 VHDL 设计手段——状态机设计法和参数可设置模块库(Library Parameterized Modules,LPM)定制设计法。

6.1 基于 CPLD/FPGA 的数字电路设计中的几个问题

数字电路分为两大类:组合逻辑电路和时序逻辑电路。组合逻辑电路的输出只与即时输入有关,与电路原状态无关;时序逻辑电路的输出不但与即时输入有关,还与电路原状态有关,因而时序逻辑电路具有保持、记忆功能。随着数字电子技术的发展以及人们对数字系统要求的提高,数字电路的规模与复杂度都有了巨大的提升,数字电路不再是单一的纯组合逻辑或者纯时序逻辑,而是这两种电路的结合体。经常也把含有组合逻辑的时序综合电路统称为时序逻辑电路。

在研究如何使用 VHDL 进行数字电路的描述之前,有必要弄清基于 CPLD/FPGA 的数字电路的几个特性,便于应对设计中出现的问题。

6.1.1 建立时间和保持时间

触发器的触发时钟是时序电路最重要的元素之一,触发器的输入信号与时钟边沿的正确配合是触发器顺利工作的重要保证。通常要求触发器的输入信号在时钟边沿到来之前先行到达且保持稳定,以便数据能被时钟边沿"打入"触发器,数据在时钟到来之前的稳定时间称为建立时间。同时要求触发时钟的边沿到来之后,该输入数据仍然保持稳定,以确保输入数据真正进入触发器,数据在时钟到来之后的稳定时间称为保持时间。数据稳定传输必须满足建立时间和保持时间的要求。

在基于 CPLD/FPGA 的设计中,要充分考虑各种因素对时钟边沿出现时刻的影响,并且保障建立时间以及保持时间能够经得起时钟提早和延迟的考验。在仿真中,可以通过仿真数据来分析检查这一点,其中最大延时用来检查建立时间,最小延时用来检查保持时间。

6.1.2 竞争和冒险

1. 竞争和冒险的概念

多值数据在 CPLD/FPGA 传输过程中,随着传输路径不同,所经历的连线、逻辑单元也不同,而连线长短、逻辑单元数目甚至器件的制造工艺、温度等因素都能使数据在最终抵达目的地时各自有了不同的延迟,这种现象就是竞争。当竞争引起逻辑错误时,就称为冒险。组合逻辑电路和时序逻辑电路都可能存在竞争和冒险。

组合逻辑电路冒险的表现是输出出现了不符合逻辑的尖峰信号,也称"毛刺"。带有毛刺的信号如果作为下一级电路的触发时钟或清零、置位信号,将引起电路错误动作,后果严重。例6.1是可能发生竞争和冒险的设计,电路的 RTL 结构如图 6.1 所示,电路仿真图如图 6.2 所示。

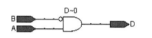

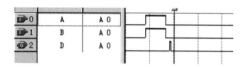

图 6.1 有竞争和冒险的电路 RTL 结构　　　　图 6.2 有竞争和冒险的电路仿真图

【例 6.1】 可能发生竞争和冒险的电路设计。

```
...
ENTITY and_2 IS
    PORT(A,B: IN STD_LOGIC;
            D: OUT STD_LOGIC);
END ENTITY and_2;
ARCHITECTURE art1 OF and_2 IS
    BEGIN
        D < = A AND (NOT B);
ENDart1;
```

按照逻辑表达式,在 A、B 取得如图 6.2 所示的输入值时,输出 D 应该恒为 0,但是本例却出现了极其短暂的 1 值,即毛刺。

时序逻辑电路发生竞争和冒险是常见问题。当输入信号和时钟信号经由不同路径到达同一触发器时,就有可能满足不了对建立时间与保持时间上的要求而导致触发器错误动作。

2. 竞争和冒险的消除

在解决竞争和冒险问题方面,基于 CPLD/FPGA 的数字电路无法像传统的分立电路一样,能够在输出端接入滤波电容,或者在输入端引入选通脉冲,而是需要通过优化设计来消除毛刺。例如,在计数时尽量采用格雷码计数器,以及尽量采用同步时序设计而非异步时序,或者附加同步时序单元,等等。

所谓附加同步时序单元,就是利用了 D 触发器之类的时序电路的动作仅对时钟边沿敏感的特点,只要毛刺不是恰巧与时钟边沿同时到来,将不会对 D 触发器的输出造成任何影响。而毛刺与时钟边沿同时到来的概率非常低,也就大大降低了错误的概率。例 6.2 是对例 6.1 的修改设计,生成的电路 RTL 结构如图 6.3 所示,电路仿真图如图 6.4 所示。

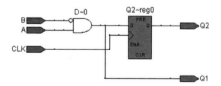

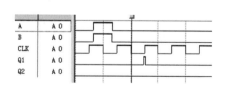

图 6.3 修改设计的电路 RTL 结构　　　　图 6.4 修改设计的电路仿真图

【例 6.2】 竞争和冒险电路的修改设计。

```
...
ENTITY and_2 IS
    PORT(A,B,CLK: IN STD_LOGIC;
            Q1,Q2: OUT STD_LOGIC);
END and_2;
ARCHITECTURE   art1 OF and_2 IS
    SIGNAL D:STD_LOGIC;
        BEGIN
            PROCESS(A,B,CLK)
                BEGIN
                    Q1 < = A AND (NOT B);
                    D < = A AND (NOT B);
                    IF CLK' EVENT AND CLK = '1' THEN
                        Q2 < = D;                          -- 增加了一个同步时序单元 D 触发器
                    END IF;
                END PROCESS;
END art1;
```

修改后的设计中添加了时序单元 D 触发器,Q1 和 Q2 相当于两个观测点,Q1 用来观测不加同步结构的输出,Q2 观测添加了时序结构以后的输出结果。从图 6.4 的仿真结果看,Q1 仍然有毛刺,而 Q2 则有效地消除了毛刺。

6.1.3 复位与置位

CPLD/FPGA 器件在上电时,各厂商的处理方式是不同的。有的厂商将其触发器、Block、存储器等记忆单元统一默认为逻辑 0;有的统一默认为逻辑 1;还有的厂商并不给它们一个统一的默认逻辑,为了保证系统在上电之初能够从一个确定的状态开始工作,就需要在 VHDL 设计中设置一个复位或置位信号。另外,在系统出现运行不稳定甚至错误时,需要复位/置位信号使系统再次恢复正常。复位/置位信号直接接于各记忆单元的清零和置位端,工作起来十分可靠。

在数字电路中,一般将电路的输出置为 0 称为复位,置为 1 称为置位。以复位为例,复位操作包括两大类型:同步复位与异步复位。

1. 同步复位与设计

同步复位指的是复位操作与时钟同步,即复位信号只有等到时钟的有效边沿到来才能真正执行复位操作。同步复位能够滤除复位信号中频率高于时钟频率的毛刺,使得操作更加可靠,但是需要保证复位信号有足够的建立和保持时间,一般需要持续一个时钟周期,否则该信号不会被采样,系统就会丢掉一次复位机会。

同步复位的代码一般具有下面的结构:

```
...
PROCESS(rst,clk)
    BEGIN
        IF clk' EVENT  ANDclk = '1' THEN
            IF rst = '1' THEN
                ...
```

```
        ELSE
            …
        END IF;
      END IF;
END PROCESS;
…
```

2. 异步复位与设计

异步复位指的是只要复位信号有效,无论时钟有效边沿是否到来,都立即执行复位操作。异步复位由于不必囿于时钟的限制而使设计变得简单。但是正因为没有时钟的协调与限制,使得接于复位信号的众多寄存器由于所处芯片位置不同,造成复位信号到达的时间延迟各不相同,复位动作参差不齐。当一个时钟到来时,有的寄存器的复位操作执行完毕,有的尚未执行,很可能导致后续的逻辑功能全面混乱。

异步复位的代码一般具有下面的结构:

```
…
PROCESS(rst,clk)
  BEGIN
    IF rst = '1' THEN
       …
    ELSIF clk' EVENT AND clk = '1'THEN
       …
    END IF;
END PROCESS;
…
```

以上关于复位的设计并不十分完善,但是应对一般系统的设计还是方便可行的。

6.1.4　关于延时

在电路设计中,有时需要对信号进行延时处理以适应电路中的时序关系,通常在分离电路中插入非门或者其他门电路,靠着信号在逻辑门中的传输延迟而"凑够"延时总数,但是在FPGA设计中,这些门电路会被 EDA 工具认定为冗余逻辑而被去掉,达不到延时的作用。另外,采用延时语句也不可行,因为 VHDL 综合器不支持时间类型,仅仅用于仿真,不能用作电路实现。

一般的做法是,如果需要的延时时间较长,则设计一个计数器来实现延时:用高频时钟驱动计数器,控制计数器的计数达到延迟控制。如果所需延时时间为一个或几个时钟周期,则设计一个独立的 D 触发器或者由几个 D 触发器依次连接的移位寄存器来实现延迟。在图 6.5 所示的 4 位移位寄存器的仿真图中,输入数据 Din 经过 4 位 DFF 的移位,经历了 22.799ns 到 73.169ns 共 50.37ns 的延迟。

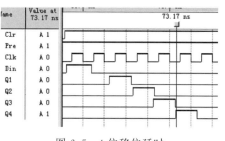

图 6.5　4 位移位延时

6.1.5　VHDL 语言应用技巧

在数字电路设计中,除了要对 CPLD/FPGA 这一超大规模可编程逻辑电路的硬件特性做充分考虑,还要考虑 VHDL 语言在设计中的技巧,如果某些细节得不到重视,会带来很多意想不到的设计错误,无谓地浪费了开发的时间和精力。

1. 纯组合电路设计避免插入时序逻辑电路

在第 5 章提到,不完整的 IF 语句容易综合出时序逻辑电路结构。例如:

```
IF   EN = '0' THEN
     Y < = A AND B;
END IF;
```

由于没有交代 EN＝'0'条件不满足时将如何操作,该电路综合得到的结果如图 6.6 所示,图中出现了一个锁存器 latch,它是一个时序逻辑。修改设计,将不完整的条件语句变为完整的条件语句,电路综合的结果如图 6.7 所示,电路全部为组合结构,没有出现时序逻辑。修改后的 IF 语句如下:

```
IF   EN = '0' THEN
     Y < = A AND B;
ELSE
     Y < = A OR B;
END IF;
```

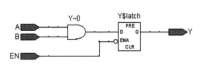

图 6.6　不完整的 IF 语句的综合结果

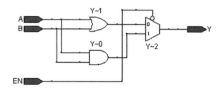

图 6.7　完整的 IF 语句的综合结果

2. 时序电路设计避免一个进程里出现两个及以上不同边沿检测

在第 5 章关于进程语句的介绍中已经强调,每个进程只能对相同边沿进行检测。在设计中如果涉及两个或更多的不同边沿检测,则需要将它们放进不同的进程里,否则编译出错。例如:

```
...
PROCESS(clk1,clk2,a,b)
   BEGIN
       IF clk1' EVENT AND clk1  = '1' THEN
          Q < = a;
       END IF;
       IF clk2' EVENT AND clk2  = '1' THEN
          Q < = b;
       END IF;
END PROCESS;
...
```

图 6.8 是关于这个代码的编译报错信息,提示"无法判断 Q 的结果,因为它的行为取决于多个不同的时钟……"。

```
Error (10820): Netlist error at clk_shi.vhd(22): can't infer register for Q because its behavior depends on the edges of multiple disti
Info (10041): Inferred latch for "Q" at clk_shi.vhd(17)
Error (10822): HDL error at clk_shi.vhd(19): couldn't implement registers for assignments on this clock edge
Error (10822): HDL error at clk_shi.vhd(22): couldn't implement registers for assignments on this clock edge
Error: Can't elaborate top-level user hierarchy
Error: Quartus II Analysis & Synthesis was unsuccessful. 4 errors, 0 warnings
Error: Quartus II Full Compilation was unsuccessful. 6 errors, 0 warnings
```

图 6.8　编译报错信息

3. 进程的敏感量列表

建议将操作进程中涉及的所有输入信号和条件判断信号均列入进程敏感量列表。如果列写不全,综合工具默认会添加用到的信号,但是对原设计的遗漏信号会提出很多警告,有时会影响仿真结果。

4. 进程中的变量要谨慎使用

由于变量赋值是立即执行的,所以进程中变量赋值语句的书写顺序十分重要,尤其变量赋值语句与顺序信号赋值语句穿插在一起时,对语句执行的结果需要仔细分析,否则设计完成的电路功能可能与设计意图大相径庭。

【例 6.3】　两段变量赋值代码的比较。

程序 1:

```
...
PROCESS (CLK)
    VARIABLE A1,B1 : STD_LOGIC ;
        BEGIN
            IF   CLK' EVENT AND CLK = '1'THEN
                A1 : = D1 ;
                B1 : = A1 ;
                Q1 < = B1 ;
            END IF;
END PROCESS ;
```

程序 2:

```
...
PROCESS (CLK)
    VARIABLE A1,B1 : STD_LOGIC ;
        BEGIN
            IF   CLK' EVENT AND CLK = '1'THEN
                Q1 < = B1 ;
                B1 : = A1 ;
                A1 : = D1 ;
            END IF;
END PROCESS ;
```

这两段程序除各赋值语句书写顺序不同外,其余设计几乎一致,但是最后形成的电路结构完全不同,电路结构的 RTL 图分别如图 6.9、图 6.10 所示。图 6.9 描述的是一个独立触发器的结构,触发器的输入数据是 D1,输出是 Q1,看不到中间的 A1,原因是程序 1 描述的变量赋值是立即执行的,这种情况在 3.5 节已做过介绍。而程序 2 的赋值顺序稍作改动,首先说明的是信号赋值语句最后执行,且执行的结果是 Q1 被更新为上一次时钟触发后保持的 B1 值。在该信号赋值执行之前,首先执行的是变量赋值语句"B1:＝A1;",此时的 A1 值还未被任何新值更新,仍是上一个时钟触发后保持的 A1 值而不是 D1,因为语句"A1:＝D1;"位列其后,于是就出现了图 6.10 所示的移位寄存的结构。

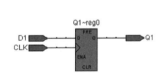

图 6.9　变量赋值顺序说明(一)

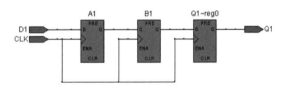

图 6.10　变量赋值顺序说明(二)

5. 信号赋值的规则

信号赋值包括并行信号赋值和串行信号赋值,它们各有规则。

多次对同一信号进行并行赋值是 VHDL 完全不支持的,编译时会报错。多次对同一信号进行串行赋值,最终执行赋值的是最接近 END PROCESS 的那条赋值语句,无论该赋值语句什么形式,例如下面具有反馈特征的串行赋值:

```
t <= a AND b;
t <= t AND c;
```

这种设计没有任何仿真结果,并不能实现"t<＝a AND b AND c"的功能。如果颠倒两条语句的顺序,例如:

```
t <= t AND c;
t <= a AND b;
```

从综合的 RTL 电路图能看出,电路只是一个与门,输入 c 被闲置。这个例子再次证明这种情况下只有最后一条赋值语句被执行。

6. IF 语句与 CASE 语句的选择

IF-ELSE 语句是具有优先级别的条件语句,而优先级别的建立需要消耗大量的组合逻辑。CASE 没有优先级别,结构是并行的,因此,CASE 能解决的设计就尽量使用 CASE 语句,尽管 IF 语句也能写出具有并行结构的条件判断语句。

6.2　VHDL 描述风格

使用 VHDL 进行硬件描述基本采用 3 种方式,即结构描述、数据流描述、行为描述。本节通过比较这 3 种描述方式帮助读者了解不同描述方式的优劣,在编程设计中扬长避短,尽量采用有利于阅读、有利于电路综合和优化的方式。在编程过程中,设计人员可以根据自己的理解和喜好,采用其中的一种或几种混合的方式完成硬件描述。

6.2.1　结构描述

结构描述是对电路最原始的描述,即最接近硬件电路实际结构的描述,使设计思路具体化,描述简便。但是,这种描述方式要求设计人员对电路结构了如指掌,设计思路就像按照电路原理图用电路元件搭建电路一样,只不过所谓元件是用 VHDL 描述设计的,元件之间的连线是用例化语句实现的。随着数字系统的规模越来越大,功能越来越复杂,这种直接描述复杂系统结构的方式对设计者来说已经不可行了。复杂系统的设计往往采用层次化的模块划分思路,并且逐渐成为 CPLD/FPGA 设计思想的主流,当模块细化到层次很低、结构很简单的时候,结构描述方式又有它的用武之地了,这种描述方式仍然在多种场合发挥着自己的优势。

结构描述主要使用元件例化语句及配置语句来描述元件的类型及元件的互连关系。

【例 6.4】　节拍脉冲发生器顶层设计的结构描述。

节拍脉冲发生器由计数器和译码器构成,电路结构框图如图 6.11 所示,计数器的输出作为译码器的数据输入,在时钟的作用下,译码器输出端从低到高依次输出低电平(或高电平),这种随时钟变化的脉冲信号称为节拍脉冲,常被用作动态显示扫描信号,驱动数码管动态显示,显示效果稳定且功耗很低。

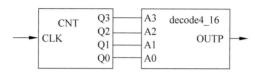

图 6.11　节拍脉冲发生器结构框图

按照图 6.11 的结构,需要设计两个底层元件 CNT 和 decode4_16,再用元件例化语句定义元件、映射连接,完成 16 位节拍脉冲发生器的顶层设计。

```
...
ENTITY example IS
    PORT(CLK: IN STD_LOGIC;
         OUTP: OUT STD_LOGIC_VECTOR(15 DOWNTO 0));
END example;
ARCHITECTURE   art  OF example IS
    COMPONENT CNT IS
        PORT(CLK: IN STD_LOGIC;
             Q3,Q2,Q1,Q0: OUT STD_LOGIC);
    END COMPONENT CNT;
    COMPONENT decode4_16 IS
        PORT(A3,A2,A1,A0: IN STD_LOGIC;
             Y:OUT STD_LOGIC_VECTOR(15 DOWNTO 0));
    END COMPONENT decode4_16;
    SIGNAL s3,s2,s1,s0:STD_LOGIC;
        BEGIN
            U1:CNT PORT MAP(CLK,s3,s2,s1,s0);
            U2:decode4_16 PORT MAP(s3,s2,s1,s0,OUTP);
END art;
```

6.2.2　数据流描述

数据流描述方式比结构描述方式抽象级别高一些,它不需要那么清晰准确地描述电路结构,而只是描述数据是如何进入电路以及如何传出电路的,这些信息就透露了电路的构造和功能。把数据看作从一个设计的输入中流入,又从输出中流出的方法称为数据流描述,是一种从数据变换和传递的角度来描述设计的方式。

数据流描述主要使用并行的信号赋值语句,既显式地表示了该设计单元的逻辑行为,又隐含地表达了该设计单元的结构。

【例 6.5】 1位半加器的数据流描述。

设两个加数为 a 和 b,半加和与进位输出分别为 so 和 co,本例中使用了布尔方程对半加器的逻辑功能做了描述,其中 so 是 a 和 b 异或的结果,虽然语句用的是异或运算符,但是电路综合时直接使用异或门还是使用与门、非门来构造异或都是编程者无法控制的,具体工作由编译综合器来做,这种描述方式属于数据流描述。此时编译器有较大的自由度,它能代替设计人员做底层的电路架构的工作。如果是结构描述方式,编程者需要给出异或运算的具体电路结构方案。半加器仿真波形如图 6.12 所示。

```
LIBRARY IEEE;
USE IEEE.STD_LOGIC_1164.ALL;
ENTITY h_adder IS
    PORT(a,b: IN STD_LOGIC;
        co,so: OUT STD_LOGIC);
END ENTITY h_adder;
ARCHITECTURE aa OF h_adder IS
    BEGIN
        so < = a XOR b;
        co < = a AND b;
END aa;
```

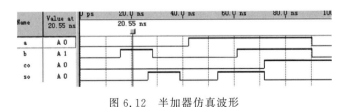

图 6.12　半加器仿真波形

从仿真波形可见,so、co 很好地完成了半加的功能,只是有大约 11.3ns 的延迟。

6.2.3　行为描述

行为描述比结构描述和数据流描述的抽象级别都高,即只描述所希望的电路功能或者电路行为,而不直接指明或涉及实现这些行为的硬件结构,这种描述方式称为行为描述。

结构描述需要编程给出电路结构,数据流描述只是间接给出电路结构,而行为描述则用接近人类语言的方式描述电路的功能行为,不必给出电路结构,使编程工作变得轻松。VHDL 强大的行为描述能力使得功能复杂的大规模系统的设计成为可能,行为描述是 VHDL 编程的核心思路。

由于行为描述不涉及底层电路结构,所以行为描述语言转换成门级电路的工作就需要编译综合器来承担,而编译综合器性能的优劣决定了电路综合与优化的效果不尽相同,所以建议选择著名厂商生产的综合器,如 Cadence、Synopsys、Synplicity 公司的产品。

【例 6.6】　5 位数控分频器的行为描述。

数控分频是数字系统常用的功能,任意改变输入数据,就能够改变分频输出端的频率。分频器本质上是一个计数器,当计数器计满时,给出一个进位信号,这个进位信号的频率将是计数器输入时钟的 n 分频,其中 n 是这个计数器的模数。在本例中,计数器的计数由 0 至 $d-1$,模数为 d,所以改变输入数据 d,就能实现分频信号频率的数字控制,而且 d 的取值范围越大,分频控制就越灵活。

```
LIBRARY IEEE;
USE IEEE.STD_LOGIC_1164.ALL;
USE IEEE.STD_LOGIC_UNSIGNED.ALL;
USE IEEE.STD_LOGIC_ARITH.ALL;
ENTITY control IS
    PORT(clk: IN STD_LOGIC;
         d: IN STD_LOGIC_VECTOR(4 DOWNTO 0);
         co:OUT STD_LOGIC;
         q:OUT STD_LOGIC_VECTOR(4 DOWNTO 0));
END control;
ARCHITECTURE a OF control IS
    SIGNAL q1:STD_LOGIC_VECTOR(4 DOWNTO 0);
      BEGIN
        PROCESS(clk)
          BEGIN
            IF clk' EVENT AND clk = '1' THEN
                IF q1 = d - 1 THEN
                    q1 < = "00000"; co < = '1';
                ELSE q1 < = q1 + 1;co < = '0';
                END IF;
            END IF;
            q < = q1;
        END PROCESS;
END a;
...
```

本例的程序中不存在任何与硬件选择相关的语句,也不存在任何有关硬件内部连线方面的语句。其中,语句:

```
IF clk' EVENT AND clk = '1' THEN
...
ELSE q1 < = q1 + 1;co < = '0';
```

是最典型的行为描述语句,它描述了计数器如何在时钟上升沿的触发下依次增 1,即实现加法式计数,而不必描述该计数怎样由 5 级触发器或更底层电路构成。

通常,上述 3 种描述方式对于功能比较简单的设计都适用,如果功能复杂而且对电路结构不十分清楚,则可以采取行为描述为主,结构描述和数据描述为辅的办法。另外,当不满意行为描述的综合效率或者有特定的要求时,也可以用结构描述方式。总之,在 VHDL 逻辑设计中,要视具体情况不同,可以单独使用某种方式,更多的是几种方式混合使用。

6.3　组合逻辑电路设计

在本节的组合电路设计中,列举了大量的设计实例,不但揭示了所设计电路的工作原理,也尽量选用不同的描述方案,尽可能呈现多种语法现象以供大家参考。

6.3.1　门电路

1. 基本门电路

基本门电路用 VHDL 来描述十分方便。在例 6.7 中,使用 VHDL 中定义的逻辑运算符,同时实现一个与门、或门、与非门、或非门、异或门及反相器、同或门的逻辑。

【例 6.7】 基本门电路设计示例。

```
LIBRARY IEEE;
USE IEEE.STD_LOGIC_1164.ALL;
ENTITY gate IS
    PORT (a,b: IN STD_LOGIC;
          out1,out2,out3,out4,out5,out6,out7: OUT STD_LOGIC);
END gate;
ARCHITECTURE art OF gate IS
    BEGIN
        out1 <= a AND b;              -- 与运算
        out2 <= a OR b;               -- 或运算
        out3 <= a NAND b;             -- 与非运算
        out4 <= a NOR b;              -- 或非运算
        out5 <= NOT b;                -- 非运算
        out6 <= a XOR b;              -- 异或运算
        out7 <= a XNOR b;             -- 异或非(即同或)运算
END art;
```

2. 三态门电路

所谓三态指的是高电平、低电平、高阻 3 种状态。在比较复杂的数字系统中,如微型计算机、大型存储器中,为了减少各单元之间的连线,或者减少传输用的数据总线数目,常常采用一条数据线分时传送多个数据的方法。而控制数据分时传送的器件就是三态电路,它能够保证电路在使能条件不具备时,即使元件之间有物理连接,也不会产生电气连接,数据无法传送;当使能条件满足,则电路自然接通,实现数据正常传递。三态电路还可以构成数据双向传输结构,具体结构以及原理已经在"数字电子技术"类课程介绍过,在此不再赘述。

【例 6.8】 三态门设计。

```
LIBRARY IEEE;
USE IEEE.STD_LOGIC_1164.ALL;
ENTITY ts IS
    PORT (en,din: IN STD_LOGIC;
          dout: OUT STD_LOGIC);
END ts;
ARCHITECTURE art OF ts IS
    BEGIN
        PROCESS(en,din) IS
```

```
        BEGIN
            IF en = '1' THEN
                dout < = din;
            ELSE
                dout < = 'Z';
            END IF;
    END PROCESS;
END art;
```

三态门的仿真波形如图6.13所示。从图中可见,三态门的使能 en=1 时,输入 dout 能够正常输出 din 的值;当 en=0 时,可以看到输出既非 1 又非 0 的高阻状态。

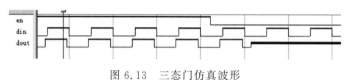

图 6.13　三态门仿真波形

6.3.2　译码器

译码包括一般译码和显示译码,是电子系统中数据处理与显示过程中不可缺少的重要环节。二者不同之处是译码结果的显示方式不同,前者为高低不一的电平,后者是基于数码管显示的十进制数字,更形象直观。

1. 一般译码器设计

第 3 章的例 3.29 和第 5 章的例 5.17 分别应用移位操作符和条件赋值语句设计了 3-8 线译码器。下面再介绍两种描述译码器的方法。

【例 6.9】　使用省略赋值语句设计 2-4 线译码器。

```
LIBRARY IEEE;
USE IEEE.STD_LOGIC_ARITH.ALL;
USE IEEE.STD_LOGIC_UNSIGNED.ALL;
USE IEEE.STD_LOGIC_1164.ALL;
ENTITY decoder2_4  IS
    PORT(a: IN STD_LOGIC_VECTOR(1 DOWNTO 0);
        y: OUT STD_LOGIC_VECTOR(3 DOWNTO 0));
END decoder2_4;
ARCHITECTURE aa OF decoder2_4 IS
    BEGIN
        PROCESS(a)
            BEGIN
                CASE a IS
                WHEN "00" = > y < = (0 = >'0',OTHERS = >'1');
                                            -- 注意 0 =>'0'和 OTHERS =>'1'之间是逗号","
                WHEN "01" = > y < = (1 = >'0',OTHERS = >'1');
                WHEN "10" = > y < = (2 = >'0',OTHERS = >'1');
                WHEN "11" = > y < = (3 = >'0',OTHERS = >'1');
                WHEN OTHERS = > y < = (OTHERS = >'1');
                END CASE;
        END PROCESS;
END aa;
```

【例6.10】 使用CASE语句设计3-8线译码器。

```
LIBRARY IEEE;
USE IEEE.STD_LOGIC_1164.ALL;
USE IEEE.STD_LOGIC_ARITH.ALL;
USE IEEE.STD_LOGIC_UNSIGNED.ALL;
ENTITY decoder38 IS
    PORT(a :IN  STD_LOGIC_VECTOR(2 DOWNTO 0);
         outp:OUT  BIT_VECTOR(7 DOWNTO 0));
END decoder38;
ARCHITECTURE art OF decoder38 IS
    BEGIN
        PROCESS(a)
            BEGIN
                CASE a IS
                WHEN "000" = > outp < = "00000001";
                WHEN "001" = > outp < = "00000010";
                WHEN "010" = > outp < = "00000100";
                WHEN "011" = > outp < = "00001000";
                WHEN "100" = > outp < = "00010000";
                WHEN "101" = > outp < = "00100000";
                WHEN "110" = > outp < = "01000000";
                WHEN "111" = > outp < = "10000000";
                WHEN OTHERS = > outp < = "00000000";
                END CASE;
        END PROCESS;
    END art;
```

2. 显示译码器设计

假设选取共阴极七段数码管作为显示器件,那么只有高电平能够驱动该段数码管发光。与一般数码译码不同,显示译码器能够让七段数码管用十进制数显示译码的结果。例6.11将输入4位二进制数据的所有可能都进行了译码并给出显示段码,这种译码称为完全译码。设计思路是用CASE语句执行类似查表的功能,比照数据表得出驱动数码管的段码。七段数码管各段LED名称与位置关系如图6.14所示。

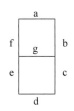

图6.14 七段数码管各段
LED名称与位置

【例6.11】 显示译码器设计。

```
LIBRARY IEEE;
USE IEEE.STD_LOGIC_1164.ALL;
ENTITY displayed IS
    PORT(A:IN STD_LOGIC_VECTOR(3 DOWNTO 0);
         SG:OUT STD_LOGIC_VECTOR(6 DOWNTO 0));
END displayed;
ARCHITECTURE art OF displayed IS
    BEGIN
        PROCESS(A)
            BEGIN
                CASE A IS
```

```
        WHEN "0000" = > SG < = "0111111"; WHEN "0001" = > SG < = "0000110";
        WHEN "0010" = > SG < = "1011011"; WHEN "0011" = > SG < = "1001111";
        WIIEN "0100" = > SG < = "1100110"; WHEN "0101" = > SG < = "1101101";
        WHEN "0110" = > SG < = "1111101"; WHEN "0111" = > SG < = "0000111";
        WHEN "1000" = > SG < = "1111111"; WHEN "1001" = > SG < = "1101111";
        WHEN "1010" = > SG < = "1110111"; WHEN "1011" = > SG < = "1111100";
        WHEN "1100" = > SG < = "0111001"; WHEN "1101" = > SG < = "1011110";
        WHEN "1110" = > SG < = "1111001"; WHEN "1111" = > SG < = "1110001";
        WHEN OTHERS = > NULL;
        END CASE;
     END PROCESS;
END art;
```

6.3.3　全加器

加法器是算术运算单元中最重要的单元,几乎所有运算都能最终转化为加法运算。例如,减法运算如果运用补码表示被减数和减数,能够使减法变为加法;乘法实质是移位相加,而除法的实质是移位相减,因而只用移位和相加两种操作就能完成这些运算,大大简化了运算电路的结构。

全加器不但需要考虑两个加数还要考虑低位的进位,多个 1 位全加器级联能够构成多位加法器。全加器的真值表如表 6.1 所示。

表 6.1　全加器真值表

a	b	ci	S	co
0	0	0	0	0
0	0	1	1	0
0	1	0	1	0
0	1	1	0	1
1	0	0	1	0
1	0	1	0	1
1	1	0	0	1
1	1	1	1	1

【例 6.12】　全加器的数据流描述。

```
LIBRARY IEEE;
USE IEEE.STD_LOGIC_1164.ALL;
USE IEEE.STD_LOGIC_UNSIGNED.ALL;
USE IEEE.STD_LOGIC_ARITH.ALL;
ENTITY sum IS
   PORT(a,b,ci: IN STD_LOGIC;
        s,co: OUT STD_LOGIC);
END sum;
ARCHITECTURE aa OF sum IS
   BEGIN
      s < = a XOR b XOR ci;
      co < = (ci AND (a XOR b))OR(a AND b);
END aa;
```

【例6.13】 全加器的结构描述。

结构描述的设计思路是：设计底层或门与半加器，然后在顶层设计中用元件例化语句将底层设计定义为底层元件、调用元件并且连接它们。

或门设计的主要代码如下：

```
...
ENTITY or2a IS
    PORT(a,b:IN STD_LOGIC;
         c:OUT STD_LOGIC);
END ENTITY or2a;
ARCHITECTURE one OF or2a IS
    BEGIN
        c <= a OR b;
END one;
```

半加器设计的主要代码如下：

```
...
ENTITY h_adder IS
    PORT(a,b:IN STD_LOGIC;
         co,so:OUT STD_LOGIC);
END ENTITY  h_adder;
ARCHITECTURE fh1 OF h_adder IS
    SIGNAL abc:STD_LOGIC_VECTOR(1 DOWNTO 0);
        BEGIN
            abc <= a & b;
            PROCESS(abc)
                BEGIN
                    CASE abc IS                        -- 类似真值表
                    WHEN"00" => so <= '0';co <= '0';
                    WHEN"01" => so <= '1';co <= '0';
                    WHEN"10" => so <= '1';co <= '0';
                    WHEN"11" => so <= '0';co <= '1';
                    WHEN OTHERS => NULL;
                    END CASE;
                END PROCESS;
END fh1;
```

全加器的顶层设计的主要代码如下：

```
...
ENTITY f_adder IS
    PORT(ain,bin,cin: IN STD_LOGIC;
         cout,sum: OUT STD_LOGIC);
END ENTITY  f_adder;
ARCHITECTURE fh1 OF f_adder IS
    COMPONENT  h_adder
        PORT(a,b: IN STD_LOGIC;
             co,so: OUT STD_LOGIC);
    END COMPONENT;
    COMPONENT or2a
```

```
        PORT(a,b: IN STD_LOGIC;
              c: OUT STD_LOGIC);
    END COMPONENT;
    SIGNAL d,e,f: STD_LOGIC;                    -- 定义 3 个信号作为内部连接线
        BEGIN
            U1:h_adder PORT MAP (a=>ain,b=>bin,co=>d,so=>e);  -- 例化语句
            U2:h_adder PORT MAP (a=>e,b=>cin,co=>f,so=>sum);
            U3:or2a PORT MAP (a=>d,b=>f,c=>cout);
END fh1;
```

6.3.4 数据选择器

数据选择器常用于信号的切换和选通输出,也可以用来实现逻辑函数。在数字系统中,常常将数据选择器、译码器与时序逻辑部件寄存器、计数器相结合,构造出功能复杂的大型电路。

例 6.14 是一个应用 WITH-SELECT 语句设计完成的 4-1MUX,注意该语句在实际应用中的语法格式。

【例 6.14】 用 WITH-SELECT 语句设计 4-1MUX。

```
LIBRARY IEEE;
USE IEEE.STD_LOGIC_1164.ALL;
USE IEEE.STD_LOGIC_ARITH.ALL;
USE IEEE.STD_LOGIC_UNSIGNED.ALL;
ENTITY mux4_1 IS
    PORT(S: IN STD_LOGIC_VECTOR(1 DOWNTO 0);
          a,b,c,d: IN STD_LOGIC_VECTOR(3 DOWNTO 0);
          q: OUT STD_LOGIC_VECTOR(3 DOWNTO 0));
END mux4_1;
ARCHITECTURE aa OF mux4_1 IS
    BEGIN
        WITH  s  SELECT
        q<=a WHEN "00",
            b WHEN "01",
            c WHEN "10",
            d WHEN OTHERS;
END aa;
```

6.3.5 比较器

4 位数据比较可以按照组合逻辑部件 7485 的工作原理来编程实现,但由于 VHDL 中的关系操作符有逐位比较的功能,而且比较判断的顺序是从高位到低位,只要发现有一对元素不同,就能确定判断结果。这种方式与判断数据大小的方式完全一致,所以省却了逐位采用 IF 语句进行比较的麻烦。设计方法如例 6.15 所示。

【例 6.15】 4 位数据比较器设计。

```
LIBRARY IEEE;
USE IEEE.STD_LOGIC_ARITH.ALL;
USE IEEE.STD_LOGIC_UNSIGNED.ALL;
```

```
USE IEEE.STD_LOGIC_1164.ALL;
ENTITY compare   IS
    PORT(a,b: IN STD_LOGIC_VECTOR(3 DOWNTO 0);
         e,f,g: OUT STD_LOGIC);
END compare;
ARCHITECTURE aa OF compare IS
    BEGIN
        PROCESS(a,b)
           BEGIN
              IF(a > b)   THEN
                 e < = '1'; f < = '0'; g < = '0';
              ELSIF(a = b)   THEN
                 e < = '0'; f < = '1'; g < = '0';
              ELSE
                 e < = '0'; f < = '0'; g < = '1';
              END IF;
        END PROCESS;
END aa;
```

6.3.6 总线缓冲器

总线缓冲器是驱动电路经常用到的器件,它的主体结构是三态控制。通常由多个三态门组成,用来驱动地址总线和控制总线。双向总线缓冲器与单向总线缓冲器的主要差别是输入与输出端口不再是单一模式,因而兼具输入与输出功能。VHDL 将双向端口定义为INOUT,为这种行为的描述提供了便捷。8 位单向总线缓冲器和双向总线缓冲器的设计分别如例 6.16 和例 6.17 所示。

【例 6.16】 8 位单向总线驱动器设计。

```
LIBRARY IEEE;
USE IEEE.STD_LOGIC_1164.ALL;
ENTITY bus8 IS
    PORT (din: IN STD_LOGIC_VECTOR(7 DOWNTO 0);
          en: IN STD_LOGIC;
          dout: OUT STD_LOGIC_VECTOR(7 DOWNTO 0));
END ENTITY bus8;
ARCHITECTURE art OF bus8 IS
    BEGIN
        PROCESS(en,din)
           BEGIN
              IF (en = '1') THEN
                 dout < = din;
              ELSE dout < =  "ZZZZZZZZ";
              END IF;
        END PROCESS;
END art;
```

【例 6.17】 8 位双向总线缓冲器设计。

双向总线缓冲器有两个数据输入输出端口 a 和 b、一个方向控制端 dir 和一个选通使能端 en。en=0 时双向缓冲器选通。若 dir=0,则输入数据 a 从端口 b 输出;若 dir=1,则数据传递方向相反,输入数据 b 从端口 a 输出。

```
LIBRARY IEEE;
USE IEEE.STD_LOGIC_1164.ALL;
USE IEEE.STD_LOGIC_ARITH.ALL;
USE IEEE.STD_LOGIC_UNSIGNED.ALL;
ENTITY bus_rw IS
    PORT (a,b: INOUT STD_LOGIC_VECTOR(7 DOWNTO 0);
          en,dir:IN STD_LOGIC);
END bus_rw;
ARCHITECTURE   art OF bus_rw IS
    SIGNAL aout,bout:STD_LOGIC_VECTOR(7 DOWNTO 0);
        BEGIN
            PROCESS(a,en,dir) IS                 -- a 为输入
                BEGIN
                    IF((en = '0') AND (dir = '0')) THEN bout < = a;
                    ELSE bout < = "ZZZZZZZZ";
                    END IF;
                    b < = bout;                    -- b 为输出
            END PROCESS;
            PROCESS(b,en,dir) IS                 -- b 为输入
                BEGIN
                    IF((en = '0') AND (dir = '1')) THEN aout < = b;
                    ELSE aout < = "ZZZZZZZZ";
                    END IF;
                    a < = aout;                    -- a 为输出
            END PROCESS;
END art;
```

6.4 时序逻辑电路设计

本节主要给出了触发器、寄存器、计数器、序列信号发生器的设计实例。

6.4.1 触发器

时序电路的基本单元是触发器。触发器从逻辑功能上分,主要有 D 触发器、JK 触发器、T 触发器、RS 触发器;从触发方式上分,有电平式触发器和边沿式触发器。触发器可以独立承担某种功能,例如用于消除按键抖动、信号锁存等,更多的场合是作为中、大规模集成芯片的基本结构,多个触发器共同实现一种功能,如移位寄存、计数、数据存储。

1. D 触发器

触发器的初始状态由复位信号来设置。按复位信号对触发器复位的操作不同,可以分为同步复位和非同步复位两种。这里的同步和非同步指的是复位/置位信号与时钟触发信号是否同步。

【**例 6.18**】　非同步复位/置位的 D 触发器。

```
LIBRARY IEEE;
USE IEEE.STD_LOGIC_1164.ALL;
```

```
ENTITY dff_1 IS
    PORT(clk,D,preset,clr:IN STD_LOGIC;
        Q:OUT STD_LOGIC);
END ENTITY dff_1;
ARCHITECTURE aa OF dff_1 IS
    BEGIN
        PROCESS(CLK,preset,clr) IS
            BEGIN
                IF (preset = '1') THEN          -- 置位信号 = 1,触发器置 1
                    Q <= '1';
                ELSIF (clr = '1') THEN          -- 复位信号 = 1,触发器清 0
                    Q <= '0';
                ELSIF(clk'EVENT AND clk = '1') THEN
                    Q <= D;
                END IF;
        END PROCESS;
END aa;
```

【例 6.19】 同步复位/置位的 D 触发器。

```
LIBRARY IEEE;
USE IEEE.STD_LOGIC_1164.ALL;
ENTITY dff_2 IS
    PORT(D, clk, clr:IN STD_LOGIC;
        Q:OUT STD_LOGIC);
END dff_2;
ARCHITECTURE bb OF dff_2 IS
    BEGIN
        PROCESS(clk) IS
            BEGIN
                IF (clk 'EVENT AND clk = '1') THEN
                    IF (clr = '0') THEN
                        Q <= '0';               -- 时钟边沿到来且有复位信号,触发器被复位
                    ELSE Q <= D;
                    END IF;
                END IF;
        END PROCESS;
END bb;
```

比较例 6.18 和例 6.19,非同步复位/置位与同步复位/置位在 VHDL 设计上的区别是:前者的复位/置位语句在时钟边沿检测语句的外部,由于 IF 语句具有顺序性,所以在执行时首先检测是否有复位/置位信号,当二者均没检测到时,才进一步判断是否有时钟上升沿到来;而后者的操作需要一个前提,那就是时钟上升沿必须到来,然后才能行使复位/置位职能,因而复位/置位信号的检测语句位于时钟边沿检测的后面。

2. JK 触发器

JK 触发器与 D 触发器一样是应用非常广泛的触发器,常被用于分频、计数、移位、数据存储。例 6.20 通过 IF 语句描述了一个 JK 触发器的真值表结构,给出了 J、K 取值为 00、01、10、11 时触发器两个输出端 Q、NQ 的所有可能取值。当 JK=11 时,触发器的输出为在原值上翻转,对于端口模式已经定义为输出 OUT 的 Q、NQ 来说,自身取反后再传递给自身

是不被允许的,因而另外定义了两个信号 Q_S、NQ_S 作为中间的传递信号,否则应将 Q、NQ 的端口模式定义为 BUFFER。

这种真值表描述的方法适用于已经准确地掌握了目标电路的功能与动作方式的情况。

【例 6.20】 基于 JK 触发器真值表的 VHDL 描述。

```vhdl
LIBRARY IEEE;
USE IEEE.STD_LOGIC_1164.ALL;
ENTITY jkff_1 IS
    PORT(J,K, clk:IN STD_LOGIC;
          Q,NQ:BUFFER STD_LOGIC);
END jkff_1 ;
ARCHITECTURE art OF jkff_1 IS
    SIGNAL Q_S, NQ_S:STD_LOGIC;
      BEGIN
          PROCESS(clk,J,K) IS
             BEGIN
               IF (clk' EVENT AND clk = '1') THEN
                  IF(J = '0' AND K = '1' ) THEN
                      Q_S < = '0';
                      NQ_S < = '1';
                  ELSIF (J = '1' AND K = '0') THEN
                      Q_S < = '1';
                      NQ_S < = '0';
                  ELSIF (J = '1' AND K = '1') THEN     -- J = K = 1 时触发器翻转
                      Q_S < = NOT Q_S;
                      NQ_S < = NOT NQ_S;
                  END IF;
                END IF ;
               Q < = Q_S;
               NQ < = NQ_S;
         END PROCESS;
END art;
```

3. T 触发器

T 触发器是 JK 触发器的特例,是满足 J=K=T 的 JK 触发器。在例 6.21 的设计中,触发器输出端 Q 的端口模式定义为 BUFFER 而不是 OUT,这样翻转功能的实现只需要一个语句:

```vhdl
Q < = NOT(Q);
```

【例 6.21】 设计一个 T 触发器。

```vhdl
LIBRARY IEEE;
USE IEEE.STD_LOGIC_1164.ALL;
ENTITY tff_1 IS
    PORT(T, clk:IN STD_LOGIC;
          Q:BUFFER STD_LOGIC);
END ENTITY tff_1;
ARCHITECTURE art OF tff_1 IS
    BEGIN
```

```
        PROCESS(clk) IS
            BEGIN
                IF (clk'EVENT AND clk = '1' ) THEN
                    IF (T = '1')THEN
                        Q < = NOT(Q);                    -- T = 1 时触发器翻转
                    ELSE Q < = Q;
                    END IF;
                END IF;
        END PROCESS;
END art;
```

6.4.2 数码寄存器和移位寄存器

寄存器是集成电路中非常重要的存储单元,通常由触发器组成。在集成电路设计中,寄存器从功能上可分为数码寄存器和移位寄存器。

1. 数码寄存器

各类数字系统在数据处理过程中都离不开数码寄存这一环节,数码寄存器用于寄存一组二值代码,而每位二值代码的存储都由一个触发器来实现,所以数码寄存器是多个触发器构成的电路,设计思路与触发器设计极为相似。

【例 6.22】 8 位数码寄存器设计。

```
LIBRARY IEEE;
USE IEEE.STD_LOGIC_1164.ALL;
ENTITY register_1 IS
    PORT(D:IN STD_LOGIC_VECTOR(7 DOWNTO 0);
         clk:IN STD_LOGIC;
         Q:OUT STD_LOGIC_VECTOR(7 DOWNTO 0));
END register_1;
ARCHITECTURE art OF register_1 IS
    BEGIN
        PROCESS(clk)
            BEGIN
                IF (clk'EVENT AND clk = '1') THEN
                    Q < = D;
                END IF;
        END PROCESS;
END art
```

2. 移位寄存器

移位寄存器除了能够存储数据外,还能够在移位脉冲的作用下,令存储的数据依次左移或右移。移位寄存器根据数据输入输出形式可以分为串入/串出、串入/并出、并入/串出、并入/并出 4 种,可以用来实现数据的串/并转换、控制数值的运算以及数据处理等,在数字系统中,与计数器同为使用频率最高的时序部件。

【例 6.23】 8 位串入/并出移位寄存器设计。

串入/并出移位寄存器的输入为 1 位数据,移位寄存器在时钟触发信号的作用下,将不断更新的串行数据依次移进寄存单元,直到占据所有寄存空间,这个过程用了 8 个时钟周期。

本例中,用来串行移位的主要语句为:

qq(7 downto 0)<＝din & qq(7 downto 1);

这条语句的结果是,在一个时钟周期过后,串行数据 din 将占据寄存器最高位 qq(7),寄存器原来的数据将与寄存器的 qq(6)至 qq(0)对齐,从而实现右移。

```
LIBRARY IEEE;
USE IEEE.STD_LOGIC_1164.ALL;
USE IEEE.STD_LOGIC_ARITH.ALL;
USE IEEE.STD_LOGIC_UNSIGNED.ALL;
ENTITY register_sft IS
    PORT(din,en,clk: IN STD_LOGIC;
         q: OUT STD_LOGIC_VECTOR (7 DOWNTO 0));
END register_sft ;
ARCHITECTURE   a OF register_sft IS
    SIGNAL qq: STD_LOGIC_VECTOR (7 DOWNTO 0);
       BEGIN
          PROCESS(clk,din,en)
             BEGIN
                IF clk' EVENT AND clk = '1' THEN
                  IF en = '1' THEN
                     qq(7 DOWNTO 0)<= din & qq(7 DOWNTO 1);
                  END IF;
               END IF;
            END PROCESS;
         q <= qq;
END a;
```

6.4.3　计数器

计数器是数字系统中使用最多的时序电路之一,在电子测量、通信、控制等方面的电子系统设计中,都有"计数"这一思想和方法的体现,例如信号发生、测频、测周期、分频、定时的实现都基于计数。在计数方式上,最为接近人们生活习惯的是十进制计数,而十进制模 60 计数器在记录时间方面更是其他计数器无法取代的。例 6.24 和例 6.25 分别是具有异步复位端的模 10 计数器和十进制模 60 计数器的设计示例,例 6.26 给出了变模计数器的设计示例,它能够根据模式选择信号 a 的控制,实现 4 种模数的计数。该例提供了变模计数器的设计思路,至于具体的计数模数则可以根据需要加以改动。变模计数可以作为定时环节,用于家电控制或者交通信号控制。

【例 6.24】　具有同步复位端的模 10 计数器设计。

```
LIBRARY IEEE;
USE IEEE.STD_LOGIC_1164.ALL;
USE IEEE.STD_LOGIC_UNSIGNED.ALL;
USE IEEE.STD_LOGIC_ARITH.ALL;
ENTITY cnt10 IS
    PORT(clr:IN STD_LOGIC;
         clk:IN STD_LOGIC;
```

```
                cnt: BUFFER STD_LOGIC_VECTOR(3 DOWNTO 0));
END cnt10;
ARCHITECTURE art OF cnt10 IS
   BEGIN
      PROCESS
         BEGIN
            WAIT UNTIL clk' EVENT AND clk = '1';        -- 等待时钟 CLK 的上升沿
                IF (clr =  '1' OR cnt = 9) THEN
                   cnt < = "0000";
                ELSE
                   cnt < = cnt + 1;
                                        -- 使用重载运算符 + ,已在 STD_LOGIC_UNSIGNED 中预先声明
                END IF;
      END PROCESS;
END art;
```

【例 6.25】 十进制模 60 计数器设计。

该计数器的进位采用十进制方式,计数输出采用 BCD 码形式,计数 00000000~01011001 对应的十进制数为 0~59。

```
LIBRARY IEEE;
USE IEEE. STD_LOGIC_ARITH. ALL;
USE IEEE. STD_LOGIC_UNSIGNED. ALL;
USE IEEE. STD_LOGIC_1164. ALL;
ENTITY CNT60 IS
    PORT(CLK:IN STD_LOGIC;
          QH,QL: BUFFER STD_LOGIC_VECTOR( 3 DOWNTO 0));
END CNT60;
ARCHITECTURE a OF CNT60 IS
   BEGIN
      PROCESS(CLK)
         BEGIN
            IF CLK' EVENT AND CLK = '1' THEN
                IF QL = "1001" THEN
                  QL < = "0000"; QH < = QH + 1;
                ELSE QL < = QL + 1;               -- 此时未对 QH 赋值,实际是令 QH 保持
                END IF;
                IF QH = "0101" AND QL = "1001" THEN
                  QH < = "0000"; QL < = "0000";
                END IF;
            END IF;
      END PROCESS;
END a;
```

例 6.25 的仿真结果如图 6.15 所示,图 6.15(a)中模 60 计数器的低位 QL 的计数是 0000~1001 周而复始地进行,图 6.15(b)中计数器的高位 QH 的计数是 0000~0101 周而复始地进行。综合来看,该设计按照十进制的进位方式实现了 0~59 的计数。

【例 6.26】 变模计数器设计。

变模计数器能够在计数模式选择信号 a 取值为 00、01、10、11 时分别实现模 23、13、33、

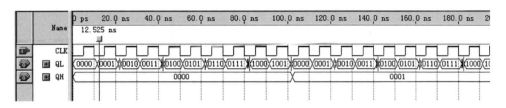

(a) 模60计数器低位计数仿真结果

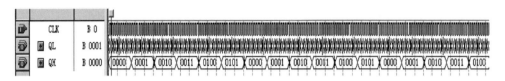

(b) 模60计数器高位计数仿真结果

图6.15 模60计数器的仿真结果

43 这 4 种计数方式,其中计数器的高位和低位均由二进制表示,进位方式为十进制。本例中,上述 4 种计数是依次完成的。

```
...
ENTITY cnt_model IS
    PORT(cp: IN STD_LOGIC;
         co: BUFFER STD_LOGIC;
         QL,QH:BUFFER STD_LOGIC_VECTOR(3 DOWNTO 0));
END cnt_model;
ARCHITECTURE aa OF  cnt_model IS
    SIGNAL a: STD_LOGIC_VECTOR(1 DOWNTO 0);
      BEGIN
          PROCESS(CP)
            BEGIN
              IF(CP'EVENT AND CP = '1') THEN
                IF a = "00" THEN              -- 模 23 计数
                  IF (QH = 2 AND QL = 2) THEN QH< = "0000"; QL< = "0000"; co< = '1';
                  ELSIF (QL = 9) THEN QL< = "0000"; QH< = QH + 1; co< = '0';
                  ELSE   QL< = QL + 1; co< = '0';
                  END IF;
                ELSIF a = "01" THEN           -- 模 13 计数
                  IF (QH = 1 AND   QL = 2) THEN QH< = "0000"; QL< = "0000"; co< = '1';
                  ELSIF (QL = 9) THEN QL< = "0000"; QH< = QH + 1; co< = '0';
                  ELSE   QL< = QL + 1; co< = '0';
                  END IF;
                ELSIF a = "10" THEN           -- 模 33 计数
                  IF(QH = 3 AND QL = 2) THEN QH< = "0000"; QL< = "0000"; co< = '1';
                  ELSIF (QL = 9) THEN QL< = "0000"; QH< = QH + 1; co< = '0';
                  ELSE   QL< = QL + 1; co< = '0';
                  END IF;
                ELSIF a = "11" THEN           -- 模 43 计数
                  IF (QH = 4 and QL = 2) THEN QH< = "0000"; QL< = "0000"; co< = '1';
                  ELSIF (QL = 9) THEN QL< = "0000"; QH< = QH + 1; co< = '0';
```

```
                    ELSE QL <= QL + 1; co <= '0';
                    END IF;
                END IF;
            END IF;
        END PROCESS;
        PROCESS
          BEGIN
            WAIT UNTIL co' EVENT AND co = '1';
                a <= a + 1;
        END PROCESS;
    END aa;
```

变模计数器的仿真结果如图 6.16 所示。图 6.16(a)中,模式控制 a=01 期间,计数范围是 00000000～00010010,即对应十进制数为 0～12 实现了模 13 计数;图 6.16(b)中,模式控制端 a=11 期间,由于模数较多,只截取最后一段计数情况,图中显示计数到 01000010(即 42)时,计数器的高位 QH 和低位 QL 双双回 0,完成了模 43 计数。

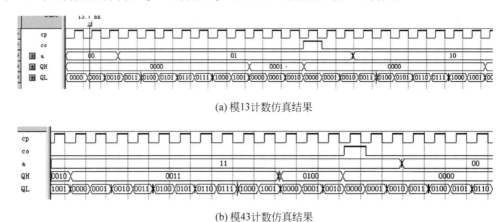

(a) 模13计数仿真结果

(b) 模43计数仿真结果

图 6.16　变模计数器仿真结果

6.4.4　m 序列发生器

m 序列一般用于低速数据传输设备的误码测试,主要由移位寄存器和反馈环节组成。m 序列包括以下几个重要的性质。

1. 均衡性

m 序列在周期内 1 和 0 个数基本相等。具体来说,m 序列的一个周期中 0 的个数比 1 的个数少一个。

2. 游程分布

伪随机序列中(0 或 1)相同的一段码位称为一个游程。在一个游程中包含的位数称为游程长度。把游程为 0 的称为 0 游程,游程为 1 的称为 1 游程。在 m 序列中的一个周期内,游程的总个数为 2^n-1,而且 0 游程的数目与 1 游程的数目相等,即各占一半。

3. 最长线性移位寄存器序列

所谓 m 序列,是最长线性移位寄存器序列的简称。二进制伪随机序列一般是通过移位寄存器结合反馈电路共同生成的,它一般分为非线性反馈移位寄存器和线性反馈移位寄存器两种。由线性反馈移位寄存器所生成的周期最长的二进制数字序列就称为最长线性移位寄存器序列,即 m 序列。

4. m 序列发生器的一般结构模型

m 序列发生器的一般结构模型如图 6.17 所示,图中用 $a_{k-i}(i=1,2,\cdots,n)$ 来表示各个移位寄存器的状态,$c_i(i=1,2,\cdots,n)$ 则表示对应的各寄存器的反馈系数,当 c_i 为 1 时代表该移位寄存器参与反馈;为 0 时代表该移位寄存器不参与反馈,并且 c_0 和 c_n 的值不能是 0,这是因为 $c_0=0$ 意味着移位寄存器无反馈,而 $c_n=0$ 意味着反馈移存器减少反馈级数了。

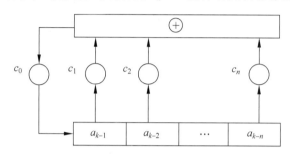

图 6.17　m 序列发生器结构模型

5. m 序列反馈函数

m 序列反馈函数为:

$$a_k=c_1a_{k-1}+c_2a_{k-2}+\cdots+c_na_{k-n}$$

该函数中的加法实质是模 2 加,即异或运算。上面的反馈函数是一个线性递归函数,级数 n 和反馈系数一旦确定,则反馈移位寄存器的输出也就确定了。反馈移存器的级数 n 不同,则 m 序列的反馈系数也不同,表 6.2 是部分 m 序列发生器的反馈系数。任一 m 序列的循环移位仍是一个 m 序列,序列长度为 $m=2^n-1$。表 6.2 中反馈系数以八进制表示,设计电路时应换算成二进制数,则每位数字代表寄存器是否参与反馈,如 m 序列级数 $n=4$,则查表得反馈系数为 23,将其换算为二进制数 010011,即 $(1 \cdot a_0)\oplus(0 \cdot a_1)\oplus(0 \cdot a_2)\oplus(1 \cdot a_3)=a_3$,则 a_3 的值应等于原来的 a_3 与 a_0 的异或,VHDL 表达为

$$a_3 \Leftarrow a_3 \text{ XOR } a_0$$

表 6.2　部分 m 序列发生器反馈系数

级数 n	序列长度 m	反馈系数(八进制数)
3	7	13
4	15	23
5	31	45,67,75
6	63	103,147,155
7	127	203,211,217,235,277,313,325,345,367
8	255	435,453,537,543,545,551,703,747
9	511	1021,1055,1131,1157,1167,1175
10	1023	2011,2033,2157,2443,2745,3471
11	2047	4005,4445,5023,5263,6211,7363
12	4095	10123,11417,12515,13505,14124,15053
13	8191	20033,23261,24633,30741,32535,37505

级数 n	序列长度 m	反馈系数(八进制数)
14	16383	42103,51761,55753,60153,71147,67401
15	327674	100003,110013,120265,133663,142305,164705
16	65535	210013,233303,307572,311405,347433,375213
17	131071	400011,411335,444257,527427,646775,714303
18	262143	1000201,1002241,1025711,1703601
19	524287	2000047,2020471,2227023,2331067,2570103,3610353
20	1048575	4000011,4001151,4004515,6000031

【例 6.27】 设计级数 $n=4$ 的 m 序列发生器。

```
LIBRARY IEEE;
USE IEEE.STD_LOGIC_1164.ALL;
ENTITY m4 IS
    PORT(clk: IN STD_LOGIC;
          load: IN STD_LOGIC;
          q : OUT STD_LOGIC;
          b0: OUT STD_LOGIC;
          b1: OUT STD_LOGIC;
          b2: OUT STD_LOGIC;
          b3: OUT STD_LOGIC);
END m4;
ARCHITECTURE behave OF m4 IS
    SIGNAL a0,a1,a2,a3:STD_LOGIC;
      BEGIN
          PROCESS(clk,load)
              BEGIN
                  IF clk' EVENT AND clk = '1' THEN
                      IF (load = '1') THEN          -- 置初值
                          a0 < = '0';
                          a1 < = '0';
                          a2 < = '0';
                          a3 < = '1';
                          q < = a0;
                      ELSE                          -- 移位
                          a2 < = a3;
                          a1 < = a2;
                          a0 < = a1;
                          q < = a0;
                          b3 < = a3;
                          b2 < = a2;
                          b1 < = a1;
                          b0 < = a0;
                          a3 < = a3 XOR a0;          -- 反馈连接
                      END IF;
                  END IF;
              END PROCESS;
END behave;
```

6.5　状态机的 VHDL 设计

很多时序电路在工作时是在电路的有限个状态之间按照一定的规律转换的,符合这种特点的时序电路又称为状态机。状态转换的规律体现了时序电路工作的顺序性,对状态机的控制是实现对时序电路的顺序控制的最佳途径。

一个完整的状态机由外输入(包括复位信号、状态转移条件、输出条件)、外输出和若干状态元素组成,基于 VHDL 的状态机设计法能将一个实用的时序电路用这些要素加以抽象,在对状态转换的控制中实现系统复杂的时序控制。

那么,什么样的电路适合用状态机描述呢?如果一个时序电路的动作是顺序地、周而复始地重复相同的流程,就应考虑用状态机来描述。另外,如果一个电路被要求在同一个输入作用下产生不同的动作结果,这时采用组合逻辑设计方法是行不通的,因为组合逻辑的输出只与即时的输入有关,如果输入条件相同,输出也一定相同。解决这个矛盾的最好办法就是采用状态机设计法。

例如,设计一个串行数据检测器,要求连续输入 3 个或 3 个以上的 1,输出才为 1,其他情况下输出均为 0。这个检测器在检测到一个 1 和连续两个 1 这两种情况下,对于再检测到第三个 1 的应对措施是不同的,即输出是不同的:原状态为一个 1 时,如果再检测到 1,输出仍然保持 0 不变;原状态为两个 1 时,再检测到一个 1,则输出改变为 1。为了区分这些情况,就必须定义几种不同的状态,如 S0 用来表述没检测到 1,S1 用来表述检测到一个 1,S2 代表连续检测到两个 1,S3 用来代表连续检测到 3 个及以上 1,进而准确处理串行检测器所遇到的所有情况。

再如自动售货机的设计,其中 1 瓶水的价格是 1.5 元,投币超过 1.5 元则找零。投币限定为每次一枚 0.5 元或 1 元硬币。自动售货机要求对用户的每次投币都加以记忆和累计,在不同背景下,根据当前投币金额做出判断。例如,当售货机已收到 0.5 元时,再投 1 元则出售成功;而同是投币 1 元,如果是在已经投过 1 元的前提下,则不但出售 1 瓶水,还要找零 0.5 元。同样,组合逻辑电路对这种电路功能的实现无能为力,而状态机能够将自动售货投币这一事件划分为几个状态,准确描述投币过程可能出现的所有情况并分别给出执行的方案,如出货与否、是否找零。

状态机是对事物存在状态的综合描述,适用于很多时序电路。状态机设计是数字系统设计的重要方法。

6.5.1　状态机设计法的优势

在 VHDL 设计的逻辑系统中,有许多是可以利用有限状态机的设计方案来描述和实现的。状态机在许多方面都有其难以超越的优越性。

(1) 状态机的工作方式是根据控制信号按照预先设定的状态顺序来运行的,在数字系统顺序控制方面有着突出的优势。

(2) 状态机的结构简单清晰,设计方案相对固定,程序层次分明,易读易懂;在排错、修改和模块移植方面也有其独到之处。

(3) 选择合适的状态机结构,能够构造性能良好的同步时序逻辑模块,降低竞争和冒险的概率,状态机设计中有多种设计方案可消除电路中的毛刺。

(4) 状态机非常适合高速运算和控制。基于 VHDL 设计的结构体可以包含多个状态机,而状态机内部含有多个进程,相当于一个设计实体中含有多个并行运行的 CPU。虽然状态机与 CPU 都是按照时钟节拍顺序工作的,但是工作机制的不同造成了二者在速度上的差异,状态机高速运行的能力可以超出一般的 CPU。

一般 CPU 按照指令周期,以逐条执行指令的方式运行。以单片机为例,设单片机的主频为 12MHz,则一个机器周期为 $1\mu s$,而一条指令平均用到两个机器周期。当执行一个任务需要执行几十条甚至成百上千条指令时,花费的时间就相当可观。而状态机可以在有限个状态之间的转换中完成任务,两个状态之间的转换所需时间仅仅为一个时钟周期。由于 CPLD/FPGA 器件本身就具有高速运行的能力,主频时钟可以达到几十兆赫兹至几百兆赫兹,这也为状态机的高速运行提供了可能。

例如一片 12 位高精度快速 A/D 转换器 AD574,控制它的数据转换主要包括初始化、给出启动采样的信号、等待转换、发出读指令、存取数据等操作,一个转换过程的控制如果由单片机完成,至少需要执行 30 条指令,共 60 个机器周期,大约 $60\mu s$(不包括等待转换的时间),如果基于 VHDL 状态机完成同样的任务,则只需要 5 个状态的转换,即使使用频率不太高的 50MHz 的时钟,也只需要 $0.1\mu s$,速度上的极大差别显而易见。另外,在每个状态期间,状态机还同时完成并行的运算和控制操作,所以工作效率非常高。

一些高速、超高速串行或并行 A/D、D/A 器件的控制如果采用速度性能不够好的一般 CPU 控制,将难以发挥这些高速器件的优越性。状态机控制除了用于高速器件的控制外,在硬件串行通信接口 RS232、PS/2、USB 的实现,自控领域中的高速顺序控制系统,通信领域功能模块的构成,CPU 设计领域中特定功能指令模块的设计等也广为应用。

(5) 状态机具有高可靠性。状态机系统最终是由纯硬件电路构成的,它的运行不依赖软件指令的逐条执行,因此不存在 CPU 软件运行过程中易受电磁干扰而程序"跑飞"的问题。同时,由于在状态机的设计中能使用各种完整的容错技术,状态机进入非法状态并从中跳出,进入正常状态所耗的时间十分短暂,通常只有两三个时钟周期,约数十纳秒,不足以对系统的运行构成损害,而 CPU 通过复位方式从非法运行方式中恢复过来,耗时达数十毫秒,这对于高速高可靠系统来说显然是无法容忍的。

6.5.2 状态机的形式

基于 VHDL 的状态机有多种形式。从状态机的信号输出方式上分,有 Mealy 型和 Moore 型两种状态机;从结构上分,有单进程状态机和多进程状态机;从状态表达方式上分,有符号化状态机和确定编码的状态机;从编码方式上分,有顺序编码状态机、一位热码编码状态机和其他编码方式状态机。

1. Mealy 型状态机和 Moore 型状态机

Mealy 型状态机的输出取决于当前状态和输入信号两大因素,另外输出是在输入变化后立即发生的,不依赖于时钟的同步。

Moore 型状态机的输出只取决于当前状态,这类状态机在输入发生变化时还必须等待时钟的到来,时钟使状态发生变化时才导致输出的变化,所以比 Mealy 机要多等待一个时钟周期。

Mealy 型状态机和 Moore 型状态机均属同步输出,只不过 Mealy 型状态机的输出与当前时钟同步,而 Moore 型状态机的输出与下一个时钟同步。

2. 单进程状态机和多进程状态机

单/双进程状态机并非指整个设计中只有一个进程或两个进程,而是指状态机主体结构中的进程数目。如果状态机主体部分用到了主控时序与主控组合两个进程,则称为**双进程状态机**设计;如果状态机部分将这两个进程合二为一,则称为**单进程状态机**。这里并没考虑完整设计中有多少辅助进程。

3. 符号化状态机和状态码直接输出型编码状态机

在状态机的设计中,用文字符号定义各种状态变量的状态机称为**符号化状态机**,其状态变量(如 ST0、ST1 等)的具体编码由 VHDL 综合器根据具体情况确定。

在状态机设计中,也可直接将各种状态用具体的二进制数进行定义,而不使用文字符号定义,这种状态机称为**状态位直接输出型状态机**,它属于确定状态编码的状态机。

例如,根据某设计的要求,将动作过程划分为 5 个状态,分别为 ST0、ST1、ST2、ST3、ST4,用状态位直接输出编码方式对各状态进行编码设计,设其最高位至最低位依次为 5 个控制信号,它们取值 1 或 0,将赋予各状态不同的功能,例如令 ST0 为 00000,代表各控制信号均处于初始状态;定义 ST3 为 00100,即 ST3(2)＝1,代表可以输出转换好的数据。

该设计的结构体说明部分语句如下:

```
...
ARCHITECTURE  AA  OF  AD0809  IS
   SIGNAL  CURRENT _STATE, NEXT_STATE: STD_LOGIC_VECTOR( 4 DOWNTO 0);
   CONSTANT ST0: STD_LOGIC_VECTOR( 4 DOWNTO 0): = "00000";
   CONSTANT ST1: STD_LOGIC_VECTOR( 4 DOWNTO 0): = "11000";
      ...
   CONSTANT ST3: STD_LOGIC_VECTOR( 4 DOWNTO 0): = "00100";
   CONSTANT ST4: STD_LOGIC_VECTOR( 4 DOWNTO 0): = "00110";
...
```

这种状态位直接输出编码方式的状态机的优点是输出速度快,没有毛刺;缺点是程序可读性差,且难以有效控制非法状态出现。

4. 顺序编码状态机与一位热码编码状态机

顺序编码指将状态按二进制数顺序依次编码,如 ST0～ST4 共 5 个状态的顺序编码依次为 000,001,…,100,只需要 3 个触发器,而且剩余的非法状态少。顺序编码的缺点是:虽然节省了触发器资源,但增加了从一种状态向另一种状态转换的译码组合逻辑,这对于触发器资源丰富而组合逻辑资源相对较少的 FPGA 器件来说是不利的。

一位热码编码方式是用 n 个触发器实现具有 n 个状态的状态机,状态机的每一个状态都由其中的一个触发器的状态表示。即,当处于该状态时,对应的触发器为 1,其余的触发器都为 0。例如,ST0～ST4 共 5 个状态的一位热码编码分别为 00001,00010,…,10000。一位热码编码方式需要的译码电路是最简单的,译码速度最快,尽管用了较多的触发器,但因 FPGA 中富含时序逻辑资源,所以这并不成为问题,反而因为简化了状态译码逻辑,提高了转换速度而成为一种较好的设计方案。

此外,在 Quartus Ⅱ 中,对于 FPGA,一位热码编码方式是默认的(也可以选择);对于

CPLD,可通过选择开关决定使用顺序编码还是一位热码编码方式。

　　状态机编码方式除顺序编码和一位热码编码外,较常用的还有格雷码编码方式。它的特点是相邻两个状态中的所有触发器仅有一位发生改变。例如状态集合{ST0,ST1,ST2,ST3,ST4}采用的格雷编码为00、01、11、10。这种状态机在状态跳转中仅有一位触发器需要翻转,无论其延时如何,都不必顾及其他触发器,避免了因为多个触发器翻转延迟的不同而带来的逻辑错误,而这些逻辑错误会最终导致状态跳转的顺序脱离设计者的控制。

6.5.3　状态机的基本结构

　　完整的状态机结构通常包含说明部分、主控时序进程、主控组合进程、辅助进程等几个部分。状态机的一般结构如图6.18所示。

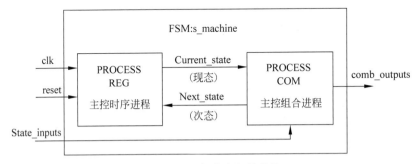

图 6.18　一般状态机的结构

1. 说明部分

　　说明部分中使用 TYPE 语句定义新的数据类型为枚举型,其元素通常用状态机的状态名来定义;将状态变量的现态和次态定义为信号,便于信息传递,它们的数据类型与刚刚定义的数据类型一致,也拥有与之相同的各元素。说明部分一般放在结构体的说明语句区域,即 ARCHITECTURE 和 BEGIN 之间,例如:

```
ARCHITECTURE…IS
    TYPE FSM_ST IS(s0,s1,s2,s3);
    SIGNAL current_state,next_state:FSM_ST;
…
```

　　其中,新定义的数据类型名是 FSM_ST,这一类型的元素有 s0、s1、s2、s3,这就是将要设计的状态机里所要使用的 4 个状态。定义为信号 SIGNAL 的状态变量是代表现态的 current_state 和代表次态的 next_state,它们的数据类型被定义为 FSM_ST。因此状态变量 current_state 和 next_state 的取值范围为数据类型 FSM_ST 所规定的 4 个元素,它们在任一时刻只能处于 s0、s1、s2、s3 中任意状态之一。此外,由于状态变量的取值是文字符号,因此该语句定义的状态机属于符号化状态机。

2. 主控时序进程

　　主控时序进程专门负责推动状态按节拍有序地转换,即从一个状态转向另一个状态,这里的节拍就是时钟的变化,一般地,状态机向下一状态(包括再次进入本状态)转换的唯一原因就是时钟信号的到来。

　　由此看出,主控时序进程只是一个对工作时钟信号敏感的进程,当时钟发生有效跳变时,主控时序进程只负责将次态 next_state 中的内容送入现态 current_state 中,至于次态 next_state 是 s0、s1、s2、s3 中的哪一个,在主控进程中并不需要提及,这取决于主控组合进程中的跳转条件,跳转条件将指定其中的一个状态来更新现态,即等同于让现态跳转到指定的状态。条件信号可以来自外输入,也可以是系统内部的其他模块产生的。

当然主控时序进程中也可以放置一些同步或异步清零或置位方面的控制信号。总体来说,主控时序进程的设计比较固定、单一和简单,其核心语句为:

```
IF rst = '1' THEN
    current_state <= st0;                        -- 异步复位
ELSIF (CLK = '1' AND CLK' EVENT) THEN
    current_state <= next_state;                 -- 当测到时钟上升沿时转换至下一状态
END IF;
```

3. 主控组合进程

主控组合进程是状态机的执行机构,在这个进程的每一个状态中,都要给出输出信号,即向外发出控制信号,并且给出下一状态的走向,即向次态 next_state 赋以相应的状态值。此状态值将通过 next_state 传给主控时序进程,直至下一个时钟脉冲到来,再进入另一轮的状态转换周期。

主控组合进程也可称为状态译码的进程,其任务是阐述在当前状态下状态机应该做的工作。例如,根据外部输入的控制信号并结合当前状态值,确定对电路外部或对内部其他进程应该输出何种控制信号,以及状态机的下一步应走向哪种状态。

适合完成状态译码的电路结构主体应该是组合逻辑,最适用的语句是 CASE,代码结构为:

```
CASE current_state IS
WHEN st0 =>…
            next_state <= …;
WHEN st0 =>…
            next_state <= …;
…
```

4. 辅助进程

辅助进程用于配合状态机组合进程或时序进程的工作,以完成在状态机里没能完成的任务,例如由状态机产生的信号的锁存、其他算法、控制进程等。为了保证状态机的可读性和方便纠错,一般不赋予状态机过多的功能,而将其他功能剥离出来放置到辅助进程中。因为辅助进程有实时监测各进程的信号的能力,所以主控时序与组合进程的任何变化都能及时被辅助进程捕捉到,从而不必把所有功能都集中在主控时序进程或组合进程里一起实现。

5. 状态机的初始化状态与默认状态

这两种状态的处理是状态机设计中必不可少的环节。

一方面,状态机应该设置初始状态,当 CPLD/FPGA 加电以后,能够自动进入初始状态。在主控时序进程中,首先采用异步复位或者同步复位的办法将初始状态赋值给现状态 current_state。

另一方面,状态机还应设置默认状态,当条件不满足或者状态发生突变时,能够转入默认状态,而不会陷入死循环导致不能自启动。于是在进行状态译码时,CASE 语句一定要用

WHEN OTHERS 语句将所有没有列写的状态所指向的跳转方向设定为初始状态,这就是默认状态的设置;如果用 IF 语句进行译码,则必须用 ELSE 使 IF 语句具有完整性,从而建立默认状态。

6.5.4 一般状态机的 VHDL 设计

基于 VHDL 的状态机设计与传统数字电路设计一样,需要把事件变化的过程划分为几个状态,用抽象的状态表或者状态图来描述事件的时序逻辑功能,其中状态图是最为直观的一种表达方式。

1. 状态图的图例

状态图的图例如图 6.19 所示。图中的 sti 代表状态名字;X 代表跳转条件,满足条件则跳转到箭头所指的状态,箭头表示时钟有效边沿到来这一条件,也指经过一个时钟周期;Y 指状态机向外发出的控制信号。X 和 Y 可以是 1 位,也可以是位矢量,宽度取决于条件信号和输出信号的数量。

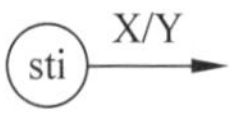

图 6.19　状态图的图例

2. 双进程状态机设计

状态机的主体结构如果包含主控时序和主控组合进程,则称为双进程状态机,双进程状态机的设计有着较为固定的模式。

【例 6.28】 双进程状态机的 VHDL 设计模型。

假设一个时序电路的逻辑功能抽象成的状态图如图 6.20 所示,要求按照这个状态图设计状态机。

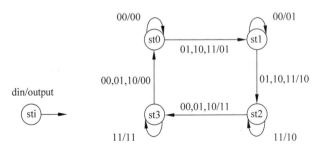

图 6.20　双进程状态机设计要求

分析图 6.20,每个状态的输出 output 不仅随状态不同而不同,还随输入 din 的不同而不同,所以这种状态机是 Mealy 型状态机。所以对输出的赋值应放到 IF-ELSE 里,随条件语句的不同而输出不同的值。本设计采用双进程状态机的结构,分别用进程 REG 和 COM 行使主控时序与状态翻译的职能。

```
LIBRARY IEEE;
USE IEEE.STD_LOGIC_1164.ALL;
ENTITY machine_s_1 IS
    PORT(clk,rst:IN STD_LOGIC;
         din:IN STD_LOGIC_VECTOR(0 TO 1);
         output:OUT STD_LOGIC_VECTOR(0 TO 1));
END ENTITY machine_s_1;
ARCHITECTURE art OF machine_s_1 IS
```

```
TYPE states IS (st0,st1,st2,st3);                -- 定义 states 为枚举型数据类型
SIGNAL C_S,N_S:states;
    BEGIN
        REG:PROCESS (rst, clk) IS                -- 时序逻辑进程
                BEGIN
                    IF rst = '1' THEN
                        C_S <= st0;
                    ELSIF (clk = '1' AND clk ' EVENT) THEN
                        C_S <= N_S;
                    END IF;
                END PROCESS REG;
        COM:PROCESS(C_S,din) IS                  -- 组合逻辑进程
                BEGIN
                    CASE C_S IS                  -- 确定当前状态的状态值
                    WHEN st0 => IF din = "00" THEN
                                    output <= "00";N_S <= st0;
                                ELSE
                                    output <= "01";N_S <= st1;
                                END IF;
                    WHEN st1 => IF din = "00" THEN
                                    output <= "01";N_S <= st1;
                                ELSE
                                    output <= "10";N_S <= st2;
                                END IF;
                    WHEN st2 => IF din = "11" THEN
                                    output <= "10";N_S <= st2;
                                ELSE
                                    output <= "11";N_S <= st3;
                                END IF;
                    WHEN st3 => IF din = "11" THEN
                                    output <= "11";N_S <= st3;
                                ELSE
                                    output <= "00";N_S <= st0;
                                END IF;
                    END CASE;
                END PROCESS COM;
    END art;
```

双进程状态机设计生成的状态图如图 6.21 所示,与设计要求的状态图完全一致,达到了设计要求。

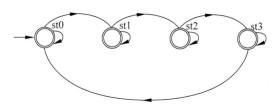

图 6.21　双进程状态机设计生成的状态图

3. 单进程状态机设计

状态机设计还有另外一个思路,就是将主控时序进程和组合进程合并为一个进程,状态的推进不单独设置一个进程,而是与状态翻译共处一个进程,因此称为单进程状态机。其设计的语句和结构的形式与双进程状态机略有差别。

【**例 6.29**】 单进程状态机的 VHDL 设计模型。

```
LIBRARY IEEE;
USE IEEE.STD_LOGIC_1164.ALL;
ENTITY machine_s_2  IS
    PORT (datain :IN STD_LOGIC_VECTOR(1 DOWNTO 0);
          CLK,rst : IN STD_LOGIC;
          Q : OUT STD_LOGIC_VECTOR(3 DOWNTO 0));
END machine_s_2;
ARCHITECTURE behav OF machine_s_2 IS
    TYPE st IS (st0, st1, st2, st3);
    SIGNAL C_ST : st ;
      BEGIN
        PROCESS(CLK, rst)
          BEGIN
            IF rst = '1' THEN  C_ST <= ST0 ; Q<= "0000" ;
            ELSIF CLK' EVENT AND CLK = '1' THEN
               CASE C_ST IS
               WHEN st0  => IF datain = "10" THEN C_ST <= st1 ;
                              ELSE C_ST <= st0 ; END IF;
                              Q <= "1001" ;
               WHEN st1  => IF datain = "11" THEN C_ST <= st2 ;
                              ELSE C_ST <= st1 ; END IF;
                              Q <= "0101" ;
               WHEN ST2  => IF datain = "01" THEN C_ST <= st3 ;
                              ELSE C_ST <= st0 ; END IF;
                              Q <= "1100" ;
               WHEN ST3  => IF datain = "00" THEN C_ST <= st2 ;
                              ELSE C_ST <= st1 ; END IF;
                              Q <= "0010";
               WHEN OTHERS => C_ST <= st0;
               END CASE;
            END IF;
        END PROCESS;
END behav;
```

单进程状态机设计生成的状态图如图 6.22 所示。

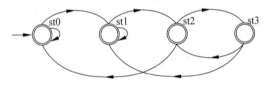

图 6.22 单进程状态机生成的状态图

本例中每个状态的输出并不随着输入条件的不同而不同,只因状态不同而有所变化,属于 Moore 型状态机,这种设计区别于 Mealy 型状态机的地方是输出赋值语句置于 IF-ELSE 语句之外而不参与条件的判断。

4. 双进程状态机与单进程状态机的比较

双进程状态机与单进程状态机的区别不仅仅表现在结构上,还表现在产生输出的时间早晚不同和对毛刺的抑制能力上的差异。

1) 产生输出的时间上的差异

双进程状态机的状态译码进程是纯组合逻辑,与时序进程严格分开,没有时钟的限制,所以译码是即时进行的,输出在当前状态一出现就产生了。例如,在 st0 状态下的输出赋值在遇到 END PROCESS 时将执行。

单进程的状态译码由于与时序进程混合为一个进程,所以输出的产生也受时钟的约束,即在时钟有效边沿到达时才能有机会完成赋值,而这已经比双进程状态机同样的赋值晚了一个时钟周期。例如,同样是在 st0 下的输出赋值,要先有下面的大前提:

```
IF CLK' EVENT AND CLK = '1' THEN
```

再有 WHEN st0 这一小前提,然后才能赋值。这个 st0 状态的取得是上一个时钟作用的结果,所以如果这两个条件都满足,应当是 st0 结束、st1 即将开始的时候,此时的赋值较双进程刚一见到 st0 就赋值正好晚了一个时钟周期。

2) 抑制毛刺的能力上的差异

双进程状态机的输出信号是由组合电路产生的,难免会产生毛刺,这种信号如果用作下一级电路的时钟信号复位/置位信号则会造成严重的误动作。而单进程状态机的输出信号的产生是在时钟的统一触发下产生的,相当于一个虚的锁存结构 latch,因而输出能够同步输出,避免了竞争和冒险,也就消除了毛刺。为了比较单、双进程两种设计的结果,现将例 6.29 单进程状态机改成双进程结构,主要代码如下:

```
...
ARCHITECTURE behav OF machine_s_3 IS
    TYPE st IS (st0, st1,st2,st3);
    SIGNAL C_ST ,N_ST:st ;
      BEGIN
        PROCESS(CLK,rst)
            BEGIN
                IF rst = '1' THEN C_ST <= st0 ;
                ELSIF  CLK' EVENT AND CLK = '1' THEN
                   C_ST <= N_ST ;
                END IF;
        END PROCESS;
        PROCESS(datain,C_ST)
            BEGIN
                CASE C_ST IS
                WHEN st0 => IF datain = "10" THEN  N_ST <= st1 ;
                            ELSE  N_ST <= st0 ;  END IF;
                            Q <= "1001" ;
                WHEN st1 => IF datain = "11" THEN  N_ST <= st2 ;
```

```
                          ELSE  N_ST <= st1 ; END IF;
                          Q <= "0101" ;
            WHEN st2 => IF datain = "01" THEN  N_ST <= st3 ;
                          ELSE  N_ST <= st0 ; END IF;
                          Q <= "1100" ;
            WHEN st3 => IF datain = "00" THEN  N_ST <= st2 ;
                          ELSE  N_ST <= st1 ; END IF;
                          Q <= "0010";
            WHEN OTHERS => N_ST <= st0;
            END CASE;
```
...

对单、双进程两种设计分别仿真,仿真结果如图 6.23 和图 6.24 所示。在单进程状态机的仿真结果中可见,对应输入 datain 的 10、11、00 的输出 Q 分别为 1001、0101、1100,与设计吻合,但是都比输入晚一个时钟周期;而双进程状态机的仿真中,随着输入取得 10、11、01,输出几乎同时输出 1001、0101、1100,比单进程状态机的输出时刻早一个时钟周期。

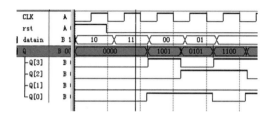

图 6.23　单进程状态机仿真结果

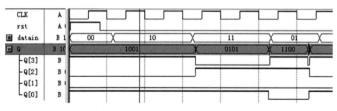

图 6.24　双进程状态机仿真结果

另外,单进程状态机的输出没有毛刺,非常稳定,而双进程状态机的输出 Q(3)有毛刺。

两种状态机的实现方式各有利弊,如果产生的输出信号用于高精度的控制,那么建议采用单进程设计法。

6.5.5　一个状态机的设计实例

现在以加/减可逆模 3 计数器的设计为例,介绍状态机设计法的基本过程。加/减可逆模 3 计数器根据输入 X 的取值确定计数模式,X=0进行加法式计数,X=1 进行减法式计数。两种计数器均在计数的最后状态输出 Y=1,否则输出 Y=0。

根据设计要求,首先抽象出该计数器的状态图,如图 6.25 所示。由于计数规模为模3,所以设置 3 个状态 st0、st1、st2 分别代表计数状态 00、01、10。

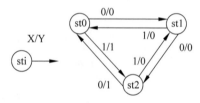

图 6.25　加/减可逆模 3 计数器的状态图

设计采用单进程状态机结构,设计思路见例6.30。

【例6.30】　加/减可逆模3计数器的状态机设计。

主要程序代码如下:

```
...
ENTITY machine_cnt IS
    PORT (X : IN STD_LOGIC;
          CLK,rst : IN STD_LOGIC;
          Y : OUT STD_LOGIC);
END machine_cnt;
ARCHITECTURE behav OF machine_cnt IS
    TYPE  st  IS (st0, st1, st2);
    SIGNAL C_ST : st ;
      BEGIN
          PROCESS(CLK,rst)
            BEGIN
                IF rst = '1' THEN  C_ST <= ST0 ; Y <= '0';
                ELSIF CLK'EVENT AND CLK = '1' THEN
                    CASE C_ST IS
                    WHEN st0 => IF X = '0' THEN C_ST <= st1 ; Y <= '0';
                                ELSE C_ST <= st2 ; Y <= '1'; END IF;
                    WHEN st1 => IF X = '0' THEN C_ST <= st2 ; Y <= '0';
                                ELSE C_ST <= st0 ; Y <= '0'; END IF;
                    WHEN st2 => IF X = '0' THEN C_ST <= st0 ; Y <= '1';
                                ELSE C_ST <= st1 ; Y <= '0'; END IF;
                    WHEN OTHERS => C_ST <= st0; Y <= '0';
                    END CASE;
                END IF;
            END PROCESS;
END behav;
```

6.6　LPM 定制

可以以图形或硬件描述语言模块形式方便地调用LPM,使得基于EDA技术的电子设计的效率和可靠性有了很大的提高。这些功能模块具有知识产权,已经经过严格测试和优化,是电子工程技术人员优秀的硬件设计成果。设计者可以根据实际电路的设计需要,选择LPM中的功能模块,并为其设定适当参数以满足实际需要,这样,在自己的项目中可以十分方便地进行调用而不必自己构造电路,更不用担心设计的正确性。

LPM得到了EDA工具的良好支持,LPM中的功能模块内容丰富,包括算术组件、各种门电路、I/O组件、存储组件等,如 LPM_AND、LPM_FF、LPM_ROM、LPM_MUX、ALTPLL,每一模块库的说明都可以在 Quartus Ⅱ 的 Help 中查到,方法是执行 Help→Megafunctions/LPM 命令。以查找 LPM_ROM 为例,在 Help 帮助下找到 LPM_ROM 链接并打开,里面详尽给出了 LPM_ROM 的输入输出端口解释、程序示例、信号说明等。下面通过应用实例说明 LPM 功能模块的定制和使用方法。

6.6.1 定制 ROM

要定制一个 ROM,首先需要建立数据文件,该文件记载了将要存入 ROM 的数据。其次按照存储的需要定制 ROM,包括矩阵规模的设置(如字宽和位宽)以及各种条件的设置等。最后将已经建立的数据文件引入搭建好的存储矩阵结构中,完成 ROM 的定制。

1. 建立初始化数据文件

建立初始化数据文件的方法有两种,即建立存储初始化(memory initialization,mif)格式文件或 hex 格式文件,结合实际情况选择其一。

视频 6.1

1) 建立 mif 格式文件

在 Quartus Ⅱ中建立 mif 格式文件就是在 ROM 数据文件编辑窗口中填写数据。首先在 File 菜单中选择 New 命令,并在打开的窗口中选择 Memory Initialization File 项,单击 OK 按钮后,出现 ROM 参数选择窗口。例如,存储 32 个 4b 数据,可选 ROM 的数据参数 Number of words 为 32,数据宽 Word size 取 4 位,如图 6.26 所示。单击 OK 按钮,将出现空

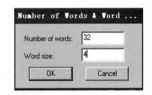

图 6.26　ROM 参数选择窗口

的 mif 数据表格,表格中的数据格式可以选择二进制、八进制、十进制、十六进制等形式。方法是在数据表格右上角边缘处右击,在快捷菜单中,在 Address Radix 处选择地址数据的格式,在 Memory Radix 处选择存储数据的格式。表中任一数据对应的地址均为左列与顶行的数值之和,如地址 10000+100=10100 所存储的数据为 1111,如图 6.27 所示。在表格中填好应存储的数据后,选择 File 菜单中的 Save as 命令,保存此数据文件,不要编译。在这里可以取名为 shudata.mif。

Addr	+000	+001	+010	+011	+100	+101	+110	+111		
00000	1100	0000	1011	1010	0101	0000	0000	0000	Address Radix ▶	● Binary
01000	0000	1101	1010	1010	0000	0000	1011	1010	Memory Radix ▶	Hexadecimal
10000	0110	0100	1101	0000	1111	0000	0000	1001		Octal
11000	0000	0000	0000	0000	0011	0000	0001	0010		Decimal

图 6.27　ROM 数据文件编辑窗口

也可以使用 Quartus Ⅱ以外的编辑器设计 mif 文件,其格式如例 6.31 所示,其中地址和数据都为十进制,冒号左边是地址值,右边是对应的数据,并以分号结尾。

【例 6.31】　建立一个初始化数据文件 shudata.mif。

```
WIDTH = 8;                          -- 位宽为 8 位
DEPTH = 32;                         -- 深度(字数)为 32
ADDRESS_RADIX = DEC;                -- 地址轴为十进制数表示
DATA_RADIX = DEC;                   -- 数据轴为十进制数表示
CONTENT BEGIN
00:13;01:73;02:3;03:22;04:65;05:5;206:5;07:16;08:98;09:8;
10:8;11:9;12:6;13:8;14:5;15:5;16:12;17:12;18:12;19:15;
20:13;21:12;22:10;23:12;24:9;25:9;26:9;27:9;28:9;29:9;
30:99;31:129;
END;
```

将文件保存为 shudata.mif。

2) 建立 hex 格式文件

建立 hex 格式文件有两种方法。第一种方法与以上介绍的方法相同,只是在 New 窗口中选择 Hexadecimal(Intel-Format)File 项,最后以 hex 格式存盘。第二种方法是用普通8051 单片机编译器产生文件。首先利用汇编程序编辑器在编辑窗口中输入数据,然后用单片机 ASM 编译器产生 hex 格式文件,存盘并编译。这种方法生成的 hex 格式文件很容易应用到 51 单片机和 CPU 设计中。

2. LPM_ROM 元件的定制

视频 6.2

进入 Quartus Ⅱ,选择 Tools→MegaWizard plug-In Manager 命令,在弹出的对话框中选择 Create a new custom megafunction variation 选项,然后单击 Next 选项,出现如图 6.28 所示的对话框。

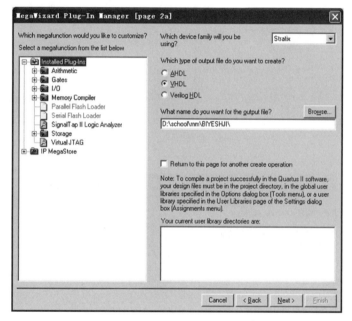

图 6.28 LPM 模块的选择和条件设定

在图 6.28 中的左侧展开 Storage 选项,选择 LPM_ROM,并在右侧的对话栏中选择VHDL,那么,定制的该模块对应的硬件描述语言是 VHDL 类型。在硬件选择栏中选择将来要采用的硬件,如 Stratix、Cyclone Ⅱ。在 What name do you want for the output file?下的文本框中输入所定制的模块的存放路径和文件名称 D\school\mm\BIYESHJI\shudata.vhd,如图 6.29 所示,**文件名称的后缀名 vhd 必须小写**。然后单击 Next 按钮,出现如图 6.30 所示的界面。

在图 6.30 所示的对话框中,元件选择 Stratix 系列芯片,数据位宽为 8,深度为 32,其他保持默认设置,然后单击 Next 按钮,出现图 6.31 所示的对话框。

在图 6.31 所示的对话框中,所有选项均为默认状态,默认选择注册输出端口 q。单击Next 按钮,出现如图 6.32 所示的对话框。

在图 6.32 中,单击 Browse 按钮,在弹出的窗口中选择 D:\school\mm\BIYESHJI\shudata.mif 文件(假设前期指定的初始化数据文件名为 shudata.mif),然后单击 Next 按

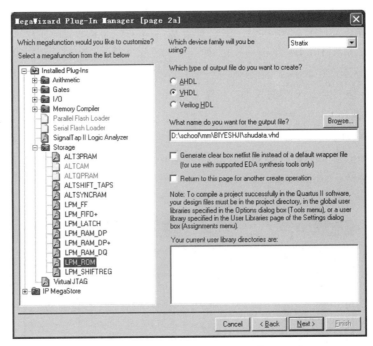

图 6.29　定制 LPM_ROM 文件

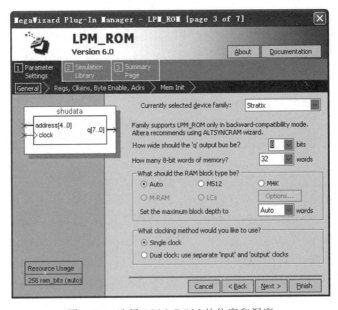

图 6.30　选择 LPM_ROM 的位宽和深度

钮,将初始化数据文件调入已创建的 ROM 结构中,合二为一,成为完整的 ROM。弹出生成 ROM 文件的窗口,如图 6.33 所示。单击 Next 按钮,自动生成 ROM 文件,如图 6.34 所示, 再单击 Finish 按钮完成 LPM_ROM 文件的定制。

完成 LPM_ROM 文件的定制后,在 Quartus Ⅱ 中打开 shudata.vhd 文件,便可以看到 描述此 ROM 的 VHDL 代码。

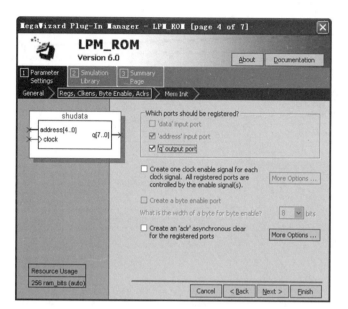

图 6.31　ROM 参数选择

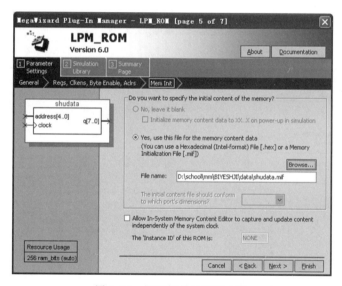

图 6.32　调用初始化数据文件

3. 定制文件的编译和仿真

按照第 4 章的 VHDL 文本输入设计流程，对定制好的文件进行编译仿真，最终完成定制工作。

4. LPM 模块与电路其他模块的连接

视频 6.3

LPM 模块与电路其他模块的连接一般采用元件例化语句，除此之外，还可以在原理图的输入窗口将定制 LPM 模块时生成的 VHDL 代码进行编译以生成元件，再将各元件用连线连接起来，具体操作流程见 4.2.2 节。

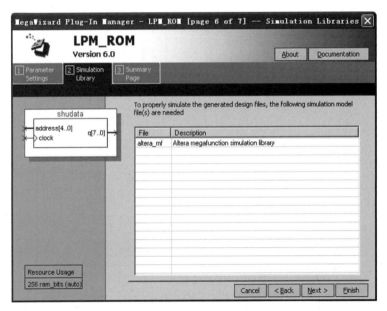

图 6.33 生成 ROM 文件的窗口

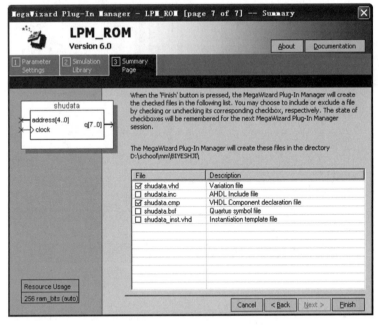

图 6.34 生成的 ROM 文件列表

【例 6.32】 设计一个正弦信号发生器。

正弦信号发生器是由计数器和 ROM 连接而成的,其中计数器用来产生 ROM 的地址, ROM 用来存储正弦波数据。正弦信号发生器的结构框图如图 6.35 所示。

设正弦波一个周期由 256 个点组成,要从 ROM 中读取 256 个数据就需要 256 个地址, 发出地址的工作由计数器来完成。

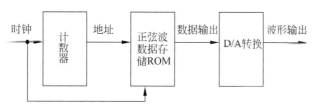

图 6.35　正弦信号发生器结构框图

（1）设计模 256 计数器，主要 VHDL 代码如下：

```
...
ENTITY CNT  IS
   PORT (clk: IN STD_LOGIC;
        q: OUT STD_LOGIC_VECTOR(7 DOWNTO 0));
END;
ARCHITECTURE bhv OF CNT  IS
   SIGNAL q1: STD_LOGIC_VECTOR(7 DOWNTO 0);
     BEGIN
        PROCESS (clk)
           BEGIN
              IF clk' EVENT AND clk = '1' THEN
                 q1 < = q1 + 1;
              END IF;
           END PROCESS;
        q < = q1;
END bhv;
```

（2）定制正弦波数据 ROM。设 ROM 的容量为字数 256，位数为 8 位二进制数。将正弦波的波形数据填入如图 6.36(a)和图 6.36(b)所示的数据表格中。按照前述的定制步骤，完成存储正弦波数据的 ROM 的定制。该 ROM 的端口定义如下：

```
...
ENTITY ROM_1 IS
   PORT(address: IN STD_LOGIC_VECTOR(7 DOWNTO 0);
        clock: IN STD_LOGIC;
        qout: OUT STD_LOGIC_VECTOR(7 DOWNTO 0));
...
```

（3）用元件例化语句连接计数器与 ROM。正弦信号发生器的端口定义如下：

```
...
ENTITY  ZHENGXIANBO  IS
   PORT(CP: IN STD_LOGIC;
        Y: OUT STD_LOGIC_VECTOR(7 DOWNTO 0));
...
```

计数器与 ROM 间的信号为 S，定义为 8 位位矢量 STD_LOGIC_VECTOR(7 DOWNTO 0)，作为计数器数据输出与 ROM 数据地址之间的连线。计数器与 ROM 的映射关系用以下语句表述：

```
U1: CNT PORT MAP(CP, S);
U2: ROM_1 PORT MAP(S, CP ,Y);
```

Addr	+0	+1	+2	+3	+4	+5	+6	+7
0	127	130	133	136	139	143	146	149
8	152	155	158	161	164	167	170	173
16	176	179	181	184	187	190	193	195
24	198	200	203	205	208	210	213	215
32	217	219	221	223	225	227	229	231
40	233	235	236	238	239	241	242	243
48	245	246	247	248	249	250	250	251
56	252	252	253	253	253	254	254	254
64	254	254	254	254	253	253	252	252
72	251	251	250	249	248	247	246	245
80	244	243	241	240	239	237	235	234
88	232	230	228	226	224	222	220	218
96	216	214	211	209	207	204	202	199
104	196	194	191	188	186	183	183	177
112	174	171	168	166	163	159	156	153
120	150	147	144	141	138	135	132	129
128	125	122	119	116	113	110	107	104

(a) 数据一

136	101	98	95	91	88	86	83	80
144	77	74	71	68	66	63	60	58
152	55	52	50	47	45	43	40	38
160	36	34	32	30	28	26	24	22
168	20	19	17	15	14	13	11	10
176	9	8	7	6	5	4	3	3
184	2	2	1	1	0	0	0	0
192	0	0	0	1	1	1	2	2
200	3	4	4	5	6	7	8	9
208	11	12	13	15	16	18	19	21
216	23	25	27	29	31	33	35	37
224	39	41	44	46	49	51	54	56
232	59	61	64	67	70	73	75	78
240	81	84	87	90	93	96	99	102
248	105	108	111	115	118	121	124	127

(b) 数据二

图 6.36 正弦波波形数据

6.6.2 定制 PLL

为了应对系统复杂的时序,避免随处可见的竞争和冒险,往往采取将异步结构转化成同步结构、禁止有毛刺的信号作时钟等措施,但是这些解决办法远远不够,还应该从根本入手,将非同源的时钟同步化,使用数字锁相环(PLL)效果就很好。有的目标器件本身自带PLL,但是这样的器件往往价格昂贵,不利于产品的市场竞争。EDA 工具的 LPM 定制功能提供了一个很好的解决方案,定制一个 PLL 功能模块的过程与定制其他 LPM 模块基本一致,只是用户的设置有所区别。

首先进入 Quartus Ⅱ,选择 Tools ▸MegaWizard plug-In Manager 命令,在弹出的对话框中选择 Create a new custom megafunction variation 选项,然后单击 Next 按钮,在 I/O 功能分类目录下选择 ALTPLL,并将定制文件命名为 pll_1,如图 6.37 所示,单击 Next 按钮,进入 ALTPLL 基本参数设定对话框,如图 6.38 所示。

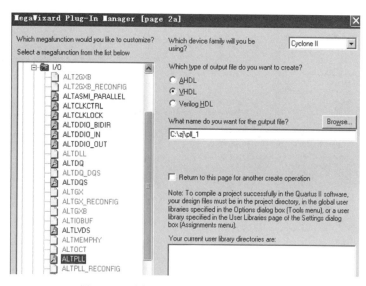

图 6.37　选择 ALTPLL,输入定制文件名

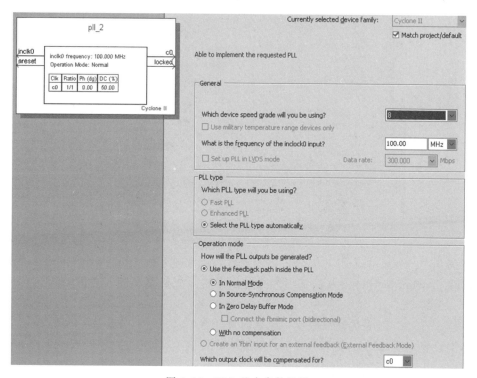

图 6.38　PLL 基本参数设置

在这个对话框中,很多选项采用默认值即可,最主要的设置是选择输入时钟的频率,这里选择频率为100MHz,在询问想要选择的器件速度等级的对话框中,依照目标芯片的速度等级选择为8。单击 NEXT 按钮,在出现的如图 6.39 所示的对话框中,选择 Create an 'pllena' input to selectively enable th PLL(创建 PLL 使能端 pllena)、Create an 'areset' input to asynchronously reset th PLL(异步复位端 areset)和 Create 'locked' output(时钟输出锁存端口 locked)。其中 PLL 使能端 pllena 一般为高电平有效,如果使能端有效,则允许输出,否则没有输出。异步复位端 areset 也为高电平有效,能够异步复位。

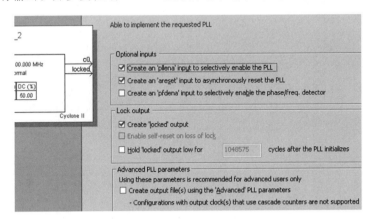

图 6.39　创建使能、复位、输出锁存端

再次单击 NEXT 按钮,进入下一个对话窗口,在这里要对是否再创建一个时钟输入端口 inclk1 做出选择,本例选择不创建,直接进入下一对话框,如图 6.40 所示。

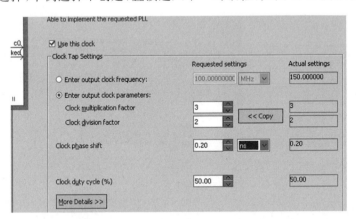

图 6.40　倍频、分频、占空比等参数设置

在图 6.40 中,显示将 PLL 的时钟倍频数(Clock multiplication factor)设为 3,时钟分频数(Clock division factor)设为 2,输出的时钟频率将是原始频率的 3/2 倍,即 150MHz。因此得出一个结论:

$$PLL 的输出频率 = 原始时钟频率 \times (倍频数/分频数)$$

本例设置时钟输出的相移(Clock phase shift)为 0.20ns,占空比(Clock duty cycle)为 50%。

一个 PLL 可以设置多个时钟输出,不同的时钟可以设置不同的倍频数和分频数,使得输出更加灵活。要设置多个时钟输出端,只要接着单击 NEXT 按钮,在接下来的对话框中依次对 c1、c2 进行设置,就能得到至多 3 个不同的时钟输出。从图 6.41 所示图中左上角的模块管脚图示中可见,时钟输出有 c0、c1、c2。定制的 LPM_PLL 的编译综合与其他 LPM 方法一样。

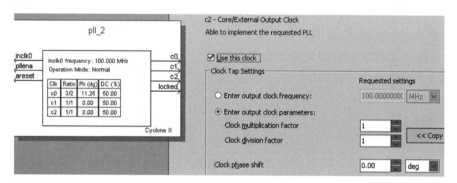

图 6.41　多个时钟输出的设置

6.6.3　定制 RAM

RAM 定制与 ROM 基本相同,同样使用工具 MegaWizard Plug-In Manager。由图 6.42 显示的窗口可见,此 RAM 的数据宽度选择为 8,地址宽度为 5,有一个地址锁存时钟和一个写使能控制线,其余步骤不再赘述。

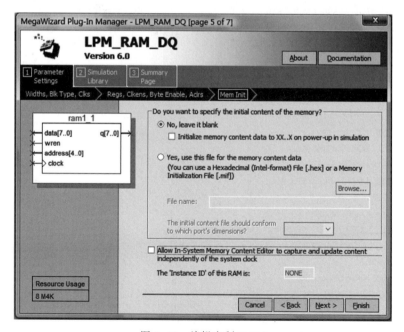

图 6.42　编辑定制 RAM

习 题

6-1　用元件例化语句描述图 6.43 所示的电路结构。

6-2　分析程序代码,要求:

(1) 分别画出两个底层设计的实体的符号图,说明输入输出端口名称及数据位宽,说明所设计实体的逻辑功能。

(2) 画出顶层程序中两个元件的电路连接图,标注出输入输出端口名称以及信号名称。

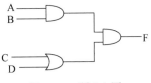

图 6.43　题 6-1 图

(3) 说明所设计的电路的功能。

底层程序 1:

```
IBRARY IEEE;
USE IEEE.STD_LOGIC_1164.ALL;
USE IEEE.STD_LOGIC_ARITH.ALL;
USE IEEE.STD_LOGIC_UNSIGNED.ALL;
ENTITY zj1 IS
    PORT(a1,a0: IN STD_LOGIC;
         d:IN STD_LOGIC_VECTOR(3 DOWNTO 0);
         q:OUT STD_LOGIC);
END zj1;
ARCHITECTURE art1 of zj1 IS
    BEGIN
      q<= d(0) WHEN a1 = '0' AND a0 = '0' ELSE
          d(1) WHEN a1 = '0' AND a0 = '1' ELSE
          d(2) WHEN a1 = '1' AND a0 = '0' ELSE
          d(3);
END art1;
```

底层程序 2:

```
LIBRARY IEEE;
USE IEEE.STD_LOGIC_1164.ALL;
USE IEEE.STD_LOGIC_ARITH.ALL;
USE IEEE.STD_LOGIC_UNSIGNED.ALL;
ENTITY zj2 IS
    PORT(a2,a1,a0: IN STD_LOGIC;
         d: IN STD_LOGIC_VECTOR(7 DOWNTO 0);
         Z: OUT STD_LOGIC);
END ENTITY zj2;
ARCHITECTURE art2 OF zj2 IS
    SIGNAL e:STD_LOGIC_VECTOR(2 DOWNTO 0);
      BEGIN
        e<= a2 & a1 & a0;
        PROCESS(e,a2,a1,a0,d) IS
          BEGIN
            CASE e IS
            WHEN "000" => Z<= d(0);
```

```
                WHEN "001" = > Z < = d(1);
                WHEN "010" = > Z < = d(2);
                WHEN "011" = > Z < = d(3);
                WHEN "100" = > Z < = d(4);
                WHEN "101" = > Z < = d(5);
                WHEN "110" = > Z < = d(6);
                WHEN OTHERS = > Z < = d(7);
                END CASE;
        END PROCESS;
END art2;
```

顶层程序：

```
LIBRARY IEEE;
USE IEEE. STD_LOGIC_1164. ALL;
USE IEEE. STD_LOGIC_ARITH. ALL;
USE IEEE. STD_LOGIC_UNSIGNED. ALL;
ENTITY top IS
    PORT(a4,a3, a2,a1,a0: IN STD_LOGIC;
        din: IN STD_LOGIC_VECTOR(31 DOWNTO 0);
        qout: OUT STD_LOGIC);
END top;
ARCHITECTURE art3 of top IS
    COMPONENT zj1 IS
        PORT(a1,a0: IN STD_LOGIC;
            d:IN STD_LOGIC_VECTOR(3 DOWNTO 0);
            q:OUT STD_LOGIC);
    END COMPONENT zj1;
    COMPONENT zj2 IS
        PORT(a2,a1,a0: IN STD_LOGIC;
            d:IN STD_LOGIC_VECTOR(7 DOWNTO 0);
            Z: OUT STD_LOGIC);
        END COMPONENT zj2;
    SIGNAL s: STD_LOGIC_VECTOR(3 DOWNTO 0);
      BEGIN
        U1: zj2 PORT MAP(a2,a1, a0,din(7 DOWNTO 0), S(0));
        U2: zj2 PORT MAP(a2,a1, a0,din(15 DOWNTO 8), S(1));
        U3: zj2 PORT MAP(a2,a1, a0,din(23 DOWNTO 16), S(2));
        U4: zj2 PORT MAP(a2,a1, a0,din(31 DOWNTO 24), S(3));
        U5: zj1 PORT MAP(a4,a3,s, qout);
END art3;
```

6-3　用状态机法设计电路,使之完成分别如图 6.44 和图 6.45 所示的状态转换。

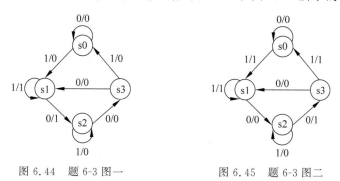

图 6.44　题 6-3 图一　　　　　图 6.45　题 6-3 图二

6-4 用 VHDL 进行电路设计,要求电路能够发出节拍脉冲,脉冲波形如图 6.46 所示。设输入时钟为 CLK。

视频 6.4

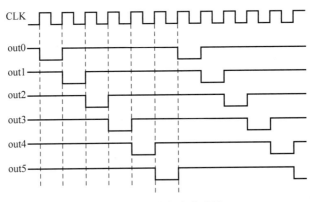

图 6.46 节拍脉冲波形图

视频 6.5

6-5 用状态机设计法产生 10s 闸门信号,要求按下按键,则不论按键按下时间长短,都只产生脉宽为 10s 的信号。

6-6 设计正弦波发生器,正弦波采样点共 100 个,主频 20MHz,正弦波频率 2kHz,要求用以下两种方法实现。

(1)方法一:定制 ROM,正弦波数据用 ROM 存储。

(2)方法二:用 IF 语句或 CASE 语句,采用文本输入方法设计。

6-7 设计 8 位串/并变换电路,要求 8 位二进制数据串行输入,最后并行输出 8 位数据。其串行输入的时钟频率为 200kHz,并行输出的时钟的频率为 10kHz,而系统的主频为 2MHz。

6-8 编程设计 ASK、FSK、PSK 调制与解调系统。

第7章

EDA 技术应用实例

本章给出 5 个大型 EDA 技术应用实例以及电子系统设计常用的码制转换设计示例，综合应用了 EDA 设计理论和方法，基于开发板 KX-2C5F 及其核心器件 Cyclone Ⅱ 系列的 EP2C5T144C8N 芯片，在 Quartus Ⅱ 9.0 开发环境下设计完成。系统经过硬件测试，完全达到设计要求。

7.1 温湿度自动监控系统设计

温湿度自动监控广泛应用于工业生产、农业生产以及仓储、居家等多种场合的环境监测中，对于节约能源、提高生产效率和产品质量、提高人体舒适度等都具有重要意义。

7.1.1 系统设计方案

系统能够自动检测室内温度和湿度，并且显示所测温湿度；给出温度与湿度的阈值，将检测数据与阈值数据比对，在设定范围内给出正常信号，否则给出报警信号(灯光或声音)，本次设计不涉及无线通信部分。温湿度传感器选用 DHT11 数字温湿度传感器，显示器件采用点阵型液晶 LCD12864。系统结构框图如图 7.1 所示。

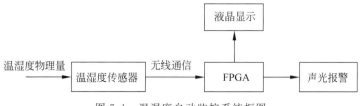

图 7.1 温湿度自动监控系统框图

7.1.2 温湿度数据采集的控制——DHT11 的驱动

DHT11 数字温湿度传感器是一款含有已校准数字信号输出的温湿度复合传感器，它综合应用了数据采集技术和温湿度传感技术，传感器内置模数转换器，直接将温度和湿度模拟量在内部转换成数字量，并且串行输出 40b 数据，依次是 8b 湿度整数部分、8b 湿度小数部分、8b 温度整数部分、8b 温度小数部分和 8b 的校验和。本设计要求只读取温湿度的整数部分。

1. 设计方案

在接收 DHT11 转换数据时,需要将传感器输出的 40b 串行数据存储为并行数据,然后转化为摄氏温度值和相对湿度百分比的 BCD 码进行输出。串行数据并行存储到寄存器的思路是,每读取一次数据,就将用于存放数据的位矢量循环左移,直至全部移入。

设计采用状态机模拟 FPGA 与 DHT11 之间的通信与同步,由于 DHT11 是单总线传感器,对时序的操作只在一根总线上完成,为了确保数据读取的完整和可靠,就必须严格遵循单总线协议。

DHT11 的工作时序如图 7.2 所示。DHT11 控制器在工作之初,首先至少将电平拉低 18ms,然后拉高 20~40μs 后等待 DHT11 的应答;当 DHT11 检测到信号后,首先将总线拉低约 80μs,然后再拉高 80μs 作为应答信号,工作时序如图 7.2(a)所示。传输数字 0 时,DHT11 拉低总线 50μs,然后再拉高 26~28μs,时序如图 7.2(b)所示。传输数字 1 时,DHT11 拉低总线 50μs,然后再拉高 70μs,时序如图 7.2(c)所示。

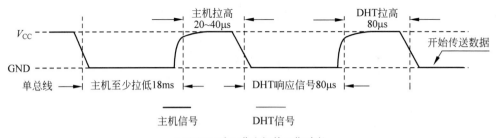

(a) DHT11在工作之初的工作时序

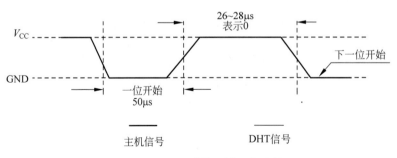

(b) DHT11传输0时的工作时序

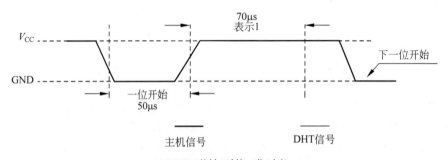

(c) DHT11传输1时的工作时序

图 7.2　DHT11 的工作时序图

2. 主要程序代码

```
...
ENTITY dht11 IS
    PORT(clk: IN STD_LOGIC;                                  -- 1μs 时钟
        dht: INOUT STD_LOGIC;                                -- 单总线双向端口
        dht11_out: OUT STD_LOGIC_VECTOR(39 DOWNTO 0);
        var1,var2,var3,var4: OUT STD_LOGIC_VECTOR(3 DOWNTO 0);
                              -- 湿度整数部分的十位和个位,温度整数部分的十位和个位
        h0,t0: OUT STD_LOGIC );                              -- 湿度、温度超限报警信号
END dht11;
ARCHITECTURE caiji OF dht11 IS
    TYPE s1 IS (state0, state1, state2, state3, state4, state5, state6, state7, state8, state9,
state10,state11,state12);
    SIGNAL cs1: s1;
    SIGNAL output,output1: STD_LOGIC_VECTOR(7 DOWNTO 0);     -- 湿度和温度信号
    SIGNAL dht11_buf: STD_LOGIC_VECTOR(39 DOWNTO 0);         -- 40 位数据的寄存器
    SIGNAL data_out,data_in: STD_LOGIC;
    SIGNAL data_out_en: STD_LOGIC;                           -- 使能控制
    BEGIN
        var1 <= output(7 DOWNTO 4);
        var2 <= output(3 DOWNTO 0);
        var3 <= output1(7 DOWNTO 4);
        var4 <= output1(3 DOWNTO 0);
        data_in <= dht;                                      -- 双向端口 DHT 读写控制
        dht <= data_out WHEN data_out_en = '1'  ELSE
            'Z';
        PROCESS(clk)
            VARIABLE cnt:INTEGER RANGE 0 TO 2000000: = 0;
            VARIABLE rec:INTEGER RANGE 0 TO 50: = 0;
                BEGIN
                    IF rising_edge(clk) THEN
                        CASE cs1 IS
                        WHEN state0 => IF(cnt >= 0 AND cnt < 2000000) THEN
                                                        -- 每 2s 读取一次数据
                                    data_out_en <= '1';
                                    data_out <= '1';
                                    cnt: = cnt + 1;
                                ELSE
                                    cnt: = 0;
                                    cs1 <= state1;
                                END IF;
                        WHEN state1 => IF(cnt >= 0 AND cnt < 18000) THEN     -- 拉低总线至少 18ms
                                    data_out_en <= '1';
                                    data_out <= '0';
                                    cnt: = cnt + 1;
                                ELSE
                                    cnt: = 0;
                                    cs1 <= state2;
                                END IF;
                        WHEN state2 => IF(cnt >= 0 AND cnt < 20) THEN     -- 释放总线 20μs
```

```
                                    data_out_en <= '0';
                                    cnt: = cnt + 1;
                                    cs1 <= state2;
                             ELSE
                                    cnt: = 0;
                                    cs1 <= state3;
                             END IF;
            WHEN state3 => IF(data_in = '1') THEN        -- 判断是否有响应信号
                                    cs1 <= state3;
                             ELSE
                                    cs1 <= state4;
                             END IF;
            WHEN state4 => IF(data_in = '0') THEN        -- DHT11 拉低总线
                                    cs1 <= state4;
                             ELSE
                                    cs1 <= state5;
                             END IF;
            WHEN state5 => IF(data_in = '1') THEN        -- DHT11 拉高总线
                                    cs1 <= state5;
                             ELSE
                                    cs1 <= state6;
                             END IF;
            WHEN state6 => IF(data_in = '0') THEN        -- 50μs 低电平开始
                                    cs1 <= state6;
                             ELSE
                                    cs1 <= state7;
                             END IF;
            WHEN state7 => IF(data_in = '1') THEN        -- 进入高电平
                                    cs1 <= state8;
                             END IF;
            WHEN state8 => IF(cnt >= 0 AND cnt < 50) THEN       -- 等待 50μs
                                    cnt: = cnt + 1;
                                    cs1 <= state8;
                             ELSE
                                    cnt: = 0;
                                    cs1 <= state9;
                             END IF;
            WHEN state9 => IF(data_in = '1') THEN
                                          -- 根据高电平维持时间判断读取的是 0 还是 1
                                    dht11_buf(0) <= '1';
                             ELSE
                                    dht11_buf(0) <= '0';
                             END IF;
                                    cs1 <= state12;
                                    rec: = rec + 1;
            WHEN state12 => IF(rec >= 40) THEN      -- 判断 40 位数据是否已经读取完毕
                                    cs1 <= state0;
                                    rec: = 0;
                                    dht11_out <= dht11_buf; dht11_out
                             ELSE
                                    dht11_buf <= dht11_buf(38 DOWNTO 0) & dht11_buf(39);
```

```vhdl
                                            -- 循环左移,依次存储串行数据
                        IF(data_in = '1') THEN
                            cs1 <= state10;
                        ELSE
                            cs1 <= state11;
                        END IF;
                        END IF;
            WHEN state10 = > IF(data_in = '1') THEN
                                -- 等待 1 信号由高电平变为低电平,进入下一次判断
                            cs1 <= state10;
                        ELSE
                            cs1 <= state11;
                        END IF;
            WHEN state11 = > IF(data_in = '0') THEN    -- 回到低电平等待状态
                            cs1 <= state11;
                        ELSE
                            cs1 <= state8;
                        END IF;
            WHEN others = > cs1 <= state0;
            END CASE;
    END IF;
END PROCESS;
WITH   dht11_buf(39 DOWNTO 32)   SELECT
                -- 将读到的二进制湿度整数部分转换成对应的 BCD 码
                -- (DHT11 的湿度测量范围是 20% ～90%,精度 ±5,本设计取 20% ～75%)
output <= "0010" & "0000" WHEN "00010100",    -- 20
         "0010" & "0001" WHEN "00010101",    -- 21
         "0010" & "0010" WHEN "00010110",    -- 22
         "0010" & "0011" WHEN "00010111",    -- 23
         "0010" & "0100" WHEN "00011000",    -- 24
         "0010" & "0101" WHEN "00011001",    -- 25
         "0010" & "0110" WHEN "00011010",    -- 26
         "0010" & "0111" WHEN "00011011",    -- 27
         "0010" & "1000" WHEN "00011100",    -- 28
         "0010" & "1001" WHEN "00011101",    -- 29
         "0011" & "0000" WHEN "00011110",    -- 30
         "0011" & "0001" WHEN "00011111",    -- 31
         "0011" & "0010" WHEN "00100000",    -- 32
         "0011" & "0011" WHEN "00100001",    -- 33
         "0011" & "0100" WHEN "00100010",    -- 34
         "0011" & "0101" WHEN "00100011",    -- 35
         "0011" & "0110" WHEN "00100100",    -- 36
         "0011" & "0111" WHEN "00100101",    -- 37
         "0011" & "1000" WHEN "00100110",    -- 38
         "0011" & "1001" WHEN "00100111",    -- 39
         "0100" & "0000" WHEN "00101000",    -- 40
         "0100" & "0001" WHEN "00101001",    -- 41
         "0100" & "0010" WHEN "00101010",    -- 42
         "0100" & "0011" WHEN "00101011",    -- 43
         "0100" & "0100" WHEN "00101100",    -- 44
         "0100" & "0101" WHEN "00101101",    -- 45
```

```
            "0100" & "0110" WHEN "00101110",    -- 46
            "0100" & "0111" WHEN "00101111",    -- 47
            "0100" & "1000" WHEN "00110000",    -- 48
            "0100" & "1001" WHEN "00110001",    -- 49
            "0101" & "0000" WHEN "00110010",    -- 50
            "0101" & "0001" WHEN "00110011",    -- 51
            "0101" & "0010" WHEN "00110100",    -- 52
            "0101" & "0011" WHEN "00110101",    -- 53
            "0101" & "0100" WHEN "00110110",    -- 54
            "0101" & "0101" WHEN "00110111",    -- 55
            "0101" & "0110" WHEN "00111000",    -- 56
            "0101" & "0111" WHEN "00111001",    -- 57
            "0101" & "1000" WHEN "00111010",    -- 58
            "0101" & "1001" WHEN "00111011",    -- 59
            "0110" & "0000" WHEN "00111100",    -- 60
            "0110" & "0001" WHEN "00111101",    -- 61
            "0110" & "0010" WHEN "00111110",    -- 62
            "0110" & "0011" WHEN "00111111",    -- 63
            "0110" & "0100" WHEN "01000000",    -- 64
            "0110" & "0101" WHEN "01000001",    -- 65
            "0110" & "0110" WHEN "01000010",    -- 66
            "0110" & "0111" WHEN "01000011",    -- 67
            "0110" & "1000" WHEN "01000100",    -- 68
            "0110" & "1001" WHEN "01000101",    -- 69
            "0111" & "0000" WHEN "01000110",    -- 70
            "0111" & "0001" WHEN "01000111",    -- 71
            "0111" & "0010" WHEN "01001000",    -- 72
            "0111" & "0011" WHEN "01001001",    -- 73
            "0111" & "0100" WHEN "01001010",    -- 74
            "0111" & "0101" WHEN "01001011",    -- 75
            "0000" & "0000" WHEN  OTHERS ;
WITH  dht11_buf (23 downto 16)   SELECT
-- 将读到的二进制温度整数部分转换成对应的 BCD 码(DHT11 的温度测量范围是 0~50℃,精度是 ±2℃ )
output1 <= "0000" & "0001" WHEN "00000001",    -- 1
            "0000" & "0010" WHEN "00000010",    -- 2
            "0000" & "0011" WHEN "00000011",    -- 3
            "0000" & "0100" WHEN "00000100",    -- 4
            "0000" & "0101" WHEN "00000101",    -- 5
            "0000" & "0110" WHEN "00000110",    -- 6
            "0000" & "0111" WHEN "00000111",    -- 7
            "0000" & "1000" WHEN "00001000",    -- 8
            "0000" & "1001" WHEN "00001001",    -- 9
            "0001" & "0000" WHEN "00001010",    -- 10
            "0001" & "0001" WHEN "00001011",    -- 11
            "0001" & "0010" WHEN "00001100",    -- 12
            "0001" & "0011" WHEN "00001101",    -- 13
            "0001" & "0100" WHEN "00001110",    -- 14
            "0001" & "0101" WHEN "00001111",    -- 15
            "0001" & "0110" WHEN "00010000",    -- 16
            "0001" & "0111" WHEN "00010001",    -- 17
            "0001" & "1000" WHEN "00010010",    -- 18
```

```
            "0001" & "1001" WHEN "00010011",   -- 19
            "0010" & "0000" WHEN "00010100",   -- 20
            "0010" & "0001" WHEN "00010101",   -- 21
            "0010" & "0010" WHEN "00010110",   -- 22
            "0010" & "0011" WHEN "00010111",   -- 23
            "0010" & "0100" WHEN "00011000",   -- 24
            "0010" & "0101" WHEN "00011001",   -- 25
            "0010" & "0110" WHEN "00011010",   -- 26
            "0010" & "0111" WHEN "00011011",   -- 27
            "0010" & "1000" WHEN "00011100",   -- 28
            "0010" & "1001" WHEN "00011101",   -- 29
            "0011" & "0000" WHEN "00011110",   -- 30
            "0011" & "0001" WHEN "00011111",   -- 31
            "0011" & "0010" WHEN "00100000",   -- 32
            "0011" & "0011" WHEN "00100001",   -- 33
            "0011" & "0100" WHEN "00100010",   -- 34
            "0011" & "0101" WHEN "00100011",   -- 35
            "0011" & "0110" WHEN "00100100",   -- 36
            "0011" & "0111" WHEN "00100101",   -- 37
            "0011" & "1000" WHEN "00100110",   -- 38
            "0011" & "1001" WHEN "00100111",   -- 39
            "0100" & "0000" WHEN "00101000",   -- 40
            "0100" & "0001" WHEN "00101001",   -- 41
            "0100" & "0010" WHEN "00101010",   -- 42
            "0100" & "0011" WHEN "00101011",   -- 43
            "0100" & "0100" WHEN "00101100",   -- 44
            "0100" & "0101" WHEN "00101101",   -- 45
            "0100" & "0110" WHEN "00101110",   -- 46
            "0100" & "0111" WHEN "00101111",   -- 47
            "0100" & "1000" WHEN "00110000",   -- 48
            "0100" & "1001" WHEN "00110001",   -- 49
            "0101" & "0000" WHEN "00110010",   -- 50
            "0000" & "0000" WHEN others;
    PROCESS(clk,output,output1)              -- 超限报警进程,设定阈值:湿度 50 % RH,温度 25℃
BEGIN
    IF rising_edge(clk) THEN
      IF (output > = "01010000") THEN
          h0 < = '1';
      ELSE
          h0 < = '0';
      END IF;
      IF (output1 > = "00100101") THEN
          t0 < = '1';
      ELSE
          t0 < = '0';
      END IF;
    END IF;
END PROCESS;
END caiji;
```

温湿度数据采集控制的状态图如图 7.3 所示。

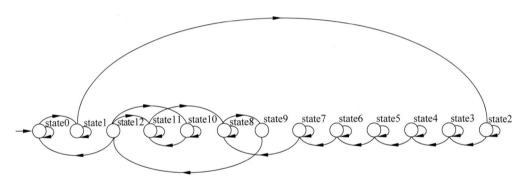

图 7.3 温湿度数据采集控制的状态图

7.1.3 BCD 十六进制译码器设计

7.1.2 节关于 DHT11 的驱动设计中,已经将检测到的 8b 温度与湿度整数部分的数据分别转化为 BCD 码并进行输出,然而液晶显示需要的是以十六进制形式表示的 ASCII 码,所以采用译码器将 BCD 码转换为 2 位十六进制数(共 8b)送往液晶显示。

主要程序代码如下:

```
...
ENTITY yima IS
    PORT(clk:IN STD_LOGIC;
          c1,c2,c3,c4:IN STD_LOGIC_VECTOR(3 DOWNTO 0);
                      -- 读取的湿度整数部分十位、个位 BCD 码和温度整数部分十位、个位 BCD 码
          d1,d2,d3,d4:OUT STD_LOGIC_VECTOR(7 DOWNTO 0) );
                      -- 相应数字 ASCII 码的十六进制形式
END yima;
ARCHITECTURE bcd OF yima IS
    BEGIN
        PROCESS(clk,c1,c2,c3,c4)
          BEGIN
            IF rising_edge(clk) THEN
              CASE c1 IS                      -- 湿度整数部分十位译码
              WHEN "0000" => d1 <= x"30";     -- 0
              WHEN "0001" => d1 <= x"31";     -- 1
              WHEN "0010" => d1 <= x"32";     -- 2
              WHEN "0011" => d1 <= x"33";     -- 3
              WHEN "0100" => d1 <= x"34";     -- 4
              WHEN "0101" => d1 <= x"35";     -- 5
              WHEN "0110" => d1 <= x"36";     -- 6
              WHEN "0111" => d1 <= x"37";     -- 7
              WHEN "1000" => d1 <= x"38";     -- 8
              WHEN "1001" => d1 <= x"39";     -- 9
              WHEN OTHERS => d1 <= x"30";     -- 0
              END CASE;
              CASE c2 IS                      -- 湿度整数部分个位译码
              WHEN "0000" => d2 <= x"30";     -- 0
              WHEN "0001" => d2 <= x"31";     -- 1
```

```
                WHEN "0010" = > d2 < = x"32";        -- 2
                WHEN "0011" = > d2 < = x"33";        -- 3
                WHEN "0100" = > d2 < = x"34";        -- 4
                WHEN "0101" = > d2 < = x"35";        -- 5
                WHEN "0110" = > d2 < = x"36";        -- 6
                WHEN "0111" = > d2 < = x"37";        -- 7
                WHEN "1000" = > d2 < = x"38";        -- 8
                WHEN "1001" = > d2 < = x"39";        -- 9
                WHEN OTHERS = > d2 < = x"30";        -- 0
                END CASE;
                CASE c3 IS                           -- 温度整数部分十位译码
                WHEN "0000" = > d3 < = x"30";        -- 0
                WHEN "0001" = > d3 < = x"31";        -- 1
                WHEN "0010" = > d3 < = x"32";        -- 2
                WHEN "0011" = > d3 < = x"33";        -- 3
                WHEN "0100" = > d3 < = x"34";        -- 4
                WHEN "0101" = > d3 < = x"35";        -- 5
                WHEN "0110" = > d3 < = x"36";        -- 6
                WHEN "0111" = > d3 < = x"37";        -- 7
                WHEN "1000" = > d3 < = x"38";        -- 8
                WHEN "1001" = > d3 < = x"39";        -- 9
                WHEN OTHERS  = > d3 < = x"30";        -- 0
                END CASE;
                CASE c4 IS                           -- 温度整数部分个位译码
                WHEN "0000" = > d4 < = x"30";        -- 0
                WHEN "0001" = > d4 < = x"31";        -- 1
                WHEN "0010" = > d4 < = x"32";        -- 2
                WHEN "0011" = > d4 < = x"33";        -- 3
                WHEN "0100" = > d4 < = x"34";        -- 4
                WHEN "0101" = > d4 < = x"35";        -- 5
                WHEN "0110" = > d4 < = x"36";        -- 6
                WHEN "0111" = > d4 < = x"37";        -- 7
                WHEN "1000" = > d4 < = x"38";        -- 8
                WHEN "1001" = > d4 < = x"39";        -- 9
                WHEN OTHERS = > d4 < = x"30";        -- 0
                END CASE;
            END IF;
        END PROCESS;
    END bcd;
```

7.1.4　液晶显示器的驱动

液晶显示器(LCD)因其低功耗、数字式接口、易集成、显示效果好等优点,被广泛应用于各种便携式仪器仪表上。使用 LCD 时,需通过接口控制器与控制芯片进行数据交换,因此,接口控制器的性能直接影响显示效果。

1. 设计方案

液晶显示器的驱动分为以下两个部分:一是初始化操作,包括显示方式设置、光标位置设置、显示关闭、清屏等;二是写入显示位置及显示数据。

设计中需要注意的是 FPGA 与液晶显示器之间的时序配合。液晶显示器读/写时序概括为：读取数据必须在使能端为高电平期间进行；写数据时，先将数据/命令选择线(R/S)拉高，读/写(R/W)选择线拉低，在使能端下降沿处将数据写入。液晶显示器的读写时序如图 7.4 所示。

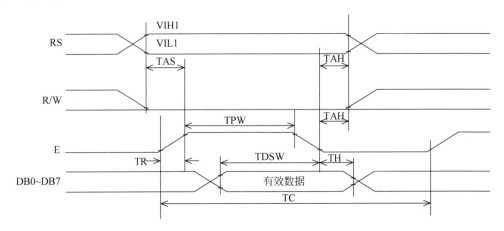

(a) 液晶显示器写时序

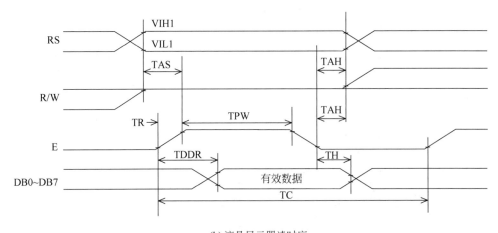

(b) 液晶显示器读时序

图 7.4　液晶显示器读写时序

　　液晶显示器的驱动控制采用状态机完成，状态机将液晶显示器初始化、接收待显示字符的数据、控制字符在显示屏中的位置、写入固定文字"温度""湿度""阈值""50％""25℃"等功能规划在不同的状态中。

2. 主要程序代码

液晶显示器驱动的主要程序代码如下：

```
...
ENTITY lcd IS
    PORT(clk,enable: IN STD_LOGIC;            -- 液晶显示器驱动时钟,外部产生的使能信号
        f1,f2,f3,f4: IN STD_LOGIC_VECTOR(7 DOWNTO 0);
                     -- 读取的温湿度整数部分的十位和个位数字 ASCII 码的十六进制形式
        rs,rw,en: OUT STD_LOGIC;              -- 数据/命令,读/写,使能
```

```
                data: OUT STD_LOGIC_VECTOR(7 DOWNTO 0));
                                    -- 液晶显示器数据端口
END   lcd;
ARCHITECTURE dis OF lcd IS
    TYPE state IS(setmode, closedisp, clrdisp, shift, setfunction, setddram1, writeram1, setddram2,
writeram2, setddram3, writeram3, setddram4, writeram4, setddram5, writeram5, setddram6, writeram6,
setddram7, writeram7);
    SIGNAL cs:state;
    CONSTANT divss2: integer : = 64;
    TYPE ram IS array(0 to 3) OF STD_LOGIC_VECTOR(7 DOWNTO 0);    -- 固定显示的汉字及字符数组
    CONSTANT ram1:ram: = (x"ce", x"c2", x"b6", x"c8");            -- 汉字"温度"
    CONSTANT ram2:ram: = (x"ca", x"aa", x"b6", x"c8");            -- 汉字"湿度"
    CONSTANT ram3:ram: = (x"e3", x"d0", x"d6", x"b5");            -- 汉字"阈值"
    CONSTANT ram4:ram: = (x"32", x"35", x"b6", x"c8");            -- "25℃ "
    CONSTANT ram5:ram: = (x"35", x"30", x"25", x"20");            -- "50 % "
        BEGIN
            en < = enable;
            PROCESS(clk)
                VARIABLE div_counter2:INTEGER RANGE 0 TO 100;
                VARIABLE cnt, cnt1:INTEGER RANGE 0 TO 15: = 0;
                    BEGIN
                        IF rising_edge(clk) THEN
                            CASE cs IS
                                WHEN setmode = >                            -- 功能设定
                                        rs < = '0'; rw < = '0'; data < = x"30";
                                        IF div_counter2 < divss2 THEN
                                            div_counter2: = div_counter2 + 1;
                                            cs < = setmode;
                                        ELSE
                                            div_counter2: = 0;
                                            cs < = closedISp;
                                        END IF;
                                WHEN closedisp = >                          -- 显示关闭
                                        rs < = '0'; rw < = '0';
                                        data < = x"08";
                                        cs < = clrdisp;
                                WHEN clrdisp = >                            -- 清屏
                                        rs < = '0'; rw < = '0';
                                        data < = x"01";
                                        cs < = shift;
                                WHEN shift = >              -- 进行点设定, 游标向右移, DDRAM 地址计数器加 1
                                        rs < = '0'; rw < = '0';
                                        data < = x"06";
                                        cs < = setfunction;
                                WHEN setfunction = >                        -- 整体显示打开, 不显示游标
                                        rs < = '0'; rw < = '0';
                                        data < = x"0c";
                                        cs < = setddram1;
                                WHEN setddram1 = >                          -- 写显示地址 88H
                                        rs < = '0'; rw < = '0';
                                        data < = x"88";
```

```vhdl
                              cs < = writeram1;
         WHEN writeram1 = >                        -- 写显示数据"温度"
                              rs < = '1'; rw < = '0';
                              data < = ram1(cnt)(7 DOWNTO 0); cnt: = cnt + 1;
                              IF cnt = 4 THEN
                                 cnt: = 0;
                                 cs < = setddram2;
                              END IF;
         WHEN setddram2 = >                         -- 写显示地址 98H
                              rs < = '0'; rw < = '0';
                              data < = x"98";
                              cs < = writeram2;
         WHEN writeram2 = >                        -- 写显示数据"湿度"
                              rs < = '1'; rw < = '0';
                              data < = ram2(cnt)(7 DOWNTO 0); cnt: = cnt + 1;
                              IF cnt = 4 THEN
                                 cnt: = 0;
                                 cs < = setddram3;
                              END IF;
         WHEN setddram3 = >                         -- 写显示地址 86H
                              rs < = '0'; rw < = '0';
                              data < = x"86";
                              cs < = writeram3;
         WHEN writeram3 = >                        -- 写显示数据"阈值"
                              rs < = '1'; rw < = '0';
                              data < = ram3(cnt)(7 DOWNTO 0); cnt: = cnt + 1;
                              IF cnt = 4 THEN
                                 cnt: = 0;
                                 cs < = setddram4;
                              END IF;
         WHEN setddram4 = >                         -- 写显示地址 8eH
                              rs < = '0'; rw < = '0';
                              data < = x"8e";
                              cs < = writeram4;
         WHEN writeram4 = >                        -- 写显示数据"25℃"
                              rs < = '1'; rw < = '0';
                              data < = ram4(cnt)(7 DOWNTO 0); cnt: = cnt + 1;
                              IF cnt = 4 THEN
                                 cnt: = 0;
                                 cs < = setddram5;
                              END IF;
         WHEN setddram5 = >                         -- 写显示地址 9eH
                              rs < = '0'; rw < = '0';
                              data < = x"9e";
                              cs < = writeram5;
         WHEN writeram5 = >                        -- 写显示数据"50%"
                              rs < = '1'; rw < = '0';
                              data < = ram5(cnt)(7 DOWNTO 0); cnt: = cnt + 1;
                              IF cnt = 4 THEN
                                 cnt: = 0;
                                 cs < = setddram6;
```

```
                                    END IF;
                WHEN setddram6 = >                              -- 写显示地址 8bH
                                    rs < = '0';rw < = '0';
                                    data < = x"8b";
                                    cs < = writeram6;
                WHEN writeram6 = >                    -- 写读取的温度整数部分及固定显示的"℃"
                                    rs < = '1';rw < = '0';
                                    data < = f3;cnt1: = cnt1 + 1;
                                    IF cnt1 = 2 THEN
                                       data < = f4;
                                    ELSIF cnt1 = 3 THEN
                                       data < = x"b6";
                                    ELSIF cnt1 = 4 THEN
                                       data < = x"c8";
                                       cnt1: = 0;
                                       cs < = setddram7;
                                    END IF;
                WHEN setddram7 = >                              -- 写显示地址 9bH
                                    rs < = '0';rw < = '0';
                                    data < = x"9b";
                                    cs < = writeram7;
                WHEN writeram7 = >                    -- 写读取的湿度整数部分及固定显示的"%"
                                    rs < = '1';rw < = '0';
                                    data < = f1;
                                    cnt1: = cnt1 + 1;
                                    IF cnt1 = 2 THEN
                                       data < = f2;
                                    ELSIF cnt1 = 3 THEN
                                       data < = x"25";
                                    ELSIF cnt1 = 4 THEN
                                       data < = x"20";
                                       cnt1: = 0;
                                       cs < = setmode;
                                    END IF;
                WHEN OTHERS = > cs < = clrdISp;
                END CASE;
        END IF;
    END PROCESS;
END dis;
```

液晶显示器驱动模块的状态图如图 7.5 所示。

7.1.5　系统时钟信号与液晶使能信号的产生

开发板提供的主频为 20MHz,温湿度传感器和液晶显示器的时钟以及液晶显示器的使能信号都要由此分频产生。

1. 设计方案

关于温湿度传感器和液晶显示器的时钟频率以及液晶显示器使能信号的设定,均是在查阅器件手册和理论分析的基础上,通过实际硬件测试得出的结论。

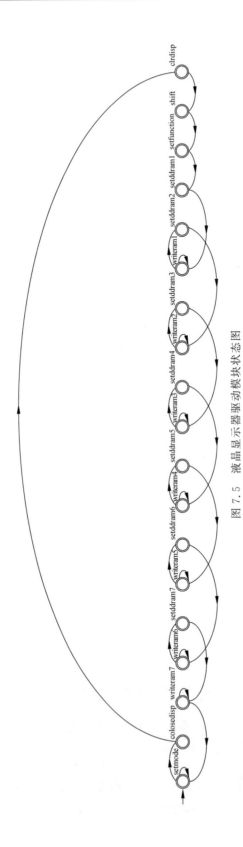

图 7.5　液晶显示驱动模块状态图

（1）温湿度传感器 DHT11 的总线时序操作时间大部分都是微秒（μs）级的，所以把时钟周期设定为 1μs。

（2）液晶显示器驱动主要是写入数据，只有判忙的时候要读取当前状态。对液晶显示器操作的大多数指令的执行时间是 72μs，所以液晶显示器读取数据的使能信号高电平持续时间不能低于这个值，才能保证使能信号下降沿到来时数据被可靠写入或完整读取。本设计使能信号高电平取 210μs。

根据液晶显示器读写的时序要求，读写操作需要数据具有建立时间，rs、rw 要先拉低或释放，送出数据，然后再给出使能信号，所以液晶显示器的使能信号应该出现在液晶显示器的时钟信号边沿的后面。本设计取间距 105μs，其实只要在液晶显示器的时钟周期内使能信号（enable）能够产生一个下降沿，就可以写入数据了。

具体办法是：液晶显示器的时钟信号 lcd_clk 和使能信号 enable 均由 D 触发器对周期为 210μs 的时钟 clk_210us 进行二分频，则 enable 的高电平持续时间就是我们所希望的 210μs。至于使能信号与液晶显示器的时钟信号之间 105μs 时间间隔的产生，需要依照图 7.6 所示的温湿度自动监控系统的电路工艺结构图进行映射连接来实现。

2. 主要程序代码

（1）1μs 和 210μs 时钟的产生代码如下：

```
...
ENTITY fenpin IS
    PORT(clk:IN STD_LOGIC;
          clk_1us,clk_210us:OUT STD_LOGIC);
END fenpin;
ARCHITECTURE div OF fenpin IS
    SIGNAL clk_turn,clk_turn1:STD_LOGIC;
      BEGIN
          clk_1us <= clk_turn;
          clk_210us <= clk_turn1;
          PROCESS(clk)
            VARIABLE count:INTEGER RANGE 0 TO 20;
              BEGIN
                IF rising_edge(clk) THEN
                    IF count < 10 THEN count: = count + 1;
                    ELSE count: = 0; clk_turn <= not clk_turn;
                    END IF;
                END IF;
        END PROCESS;
        PROCESS(clk_turn)
          VARIABLE count:INTEGER RANGE 0 TO 300;
              BEGIN
                IF rising_edge(clk_turn) THEN
                    IF count < 105 THEN count: = count + 1;
                    ELSE count: = 0;clk_turn1 <= not clk_turn1;
                    END IF;
                END IF;
        END PROCESS;
    END div;
```

（2）用于延时的 D 触发器设计代码如下：

```
...
ENTITY dffc IS
    PORT(clk,d:IN STD_LOGIC;
            q:OUT STD_LOGIC);
END dffc;
ARCHITECTURE dcf  OF dffc IS
    BEGIN
        PROCESS(clk)
            BEGIN
                IF clk' EVENT AND clk = '1' THEN
                    q < = d;
                END IF;
            END PROCESS;
END dcf;
```

7.1.6 系统顶层设计

顶层设计采用元件例化法将底层各个模块连接在一起,达到最终设计要求。顶层程序如下：

```
...
ENTITY total  IS
    PORT(clk: IN STD_LOGIC;
            led1,led2: OUT STD_LOGIC;
            dht: INOUT STD_LOGIC;
            rs,rw,en: OUT STD_LOGIC;
            data: OUT STD_LOGIC_VECTOR(7 DOWNTO 0));
END total;
ARCHITECTURE a OF total IS
    COMPONENT fenpin IS                        -- 系统时钟产生模块
        PORT(clk: IN STD_LOGIC;
            clk_1us,clk_210us: OUT STD_LOGIC);
    END COMPONENT fenpin;
    COMPONENT dffc IS                          -- D触发器设计
        PORT(clk,d: IN STD_LOGIC;
            q: OUT STD_LOGIC);
    END COMPONENT dffc;
    COMPONENT dht11 IS                         -- 温湿度传感器 DHT11 驱动模块
        PORT(clk: IN STD_LOGIC;
            dht: INOUT STD_LOGIC;
            var1,var2,var3,var4: OUT STD_LOGIC_VECTOR(3 DOWNTO 0));
    END COMPONENT dht11;
    COMPONENT yima IS                          -- BCD 十六进制译码模块
        PORT(clk: IN STD_LOGIC;
            c1,c2,c3,c4: IN STD_LOGIC_VECTOR(3 DOWNTO 0);
            d1,d2,d3,d4: OUT STD_LOGIC_VECTOR(7 DOWNTO 0));
    END COMPONENT yima;
    COMPONENT  lcd  IS                         -- 液晶显示器驱动模块
```

```
      PORT(clk,enable: IN STD_LOGIC;
            f1,f2,f3,f4: IN STD_LOGIC_VECTOR(7 DOWNTO 0);
            rs,rw,en: OUT STD_LOGIC;
            data: OUT STD_LOGIC_VECTOR(7 DOWNTO 0));
   END COMPONENT lcd;
   SIGNAL dht_clk:STD_LOGIC;
   SIGNAL clk1:STD_LOGIC;
   SIGNAL lcd_clk:STD_LOGIC;                    -- 液晶显示器时钟信号
   SIGNAL lcd_en:STD_LOGIC;                     -- 液晶显示器使能信号
   SIGNAL sig1,sig2,sig3:STD_LOGIC;
   SIGNAL a1,a2,a3,a4:STD_LOGIC_VECTOR(3 DOWNTO 0);
   SIGNAL b1,b2,b3,b4:STD_LOGIC_VECTOR(7 DOWNTO 0);
      BEGIN
         led1 <= '1';led2 <= '0';
         sig1 <= not sig2;
         sig3 <= not clk1;
         lcd_clk <= sig2;
         U1:fenpin  PORT MAP(clk,dht_clk,clk1);
         U2:dffc    PORT MAP(clk1,sig1,sig2);
         U3:dffc    PORT MAP(sig3,sig2,lcd_en);
         U4:dht11   PORT MAP(dht_clk,dht,a1,a2,a3,a4);
         U5:yima    PORT MAP(clk,a1,a2,a3,a4,b1,b2,b3,b4);
         U6:lcd     PORT MAP(lcd_clk,lcd_en,b1,b2,b3,b4,rs,rw,en,data);
   END a;
```

温湿度自动监控系统的电路工艺结构如图7.6所示。

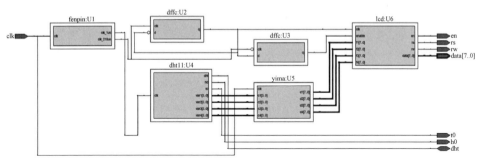

图7.6 温湿度自动监控系统的电路工艺结构图

7.2 电机传动控制模拟系统设计

在医疗康复、航空航天、社会服务、工业生产等领域,需要机械手对轻小物料进行精准的中、短距离抓取、搬运和放置等操作,目的是能够替代或辅助人们完成一些重复劳动或特殊工作,如火星探测器的扩展机器人手臂用来采集火星样品,医疗行业运用机械手臂进行精准的人和物体的移动,也可以用机械臂当作病人的假肢,完成吃饭、刷牙等一系列日常动作。控制机械手臂的核心是电机传动控制系统。

7.2.1 系统设计要求

本例的控制对象是步进电机,控制要求如下所述。

(1)当系统上电时,系统默认的状态是自动控制。

(2)当机械臂运动到 A 点时,机械臂停止运动,并精确地等待 10s,用来等待货物的装载和卸载。

(3)当等待时间满 10s 后,机械臂反转至 B 点,进行下一轮等待。

(4)当切换到手动控制时,机械臂运动方向和停止的位置都是人为控制,即这种情况适用于 A、B 两点不固定的货物传送。

(5)可通过切换键将手动控制切换到自动控制。

7.2.2 程序设计与注释

设计方案是将步进电机的工作状态总体划分为 st1 和 st2 两个状态,复位后电机停 10s (数码管显示)后正转,当有键按下后电机停 10s,然后反转。该设计方案经过硬件测试,完全达到了设计要求。设计的源代码如下:

```
LIBRARY IEEE;
USE IEEE.STD_LOGIC_1164.ALL;
USE IEEE.STD_LOGIC_ARITH.ALL;
USE IEEE.STD_LOGIC_UNSIGNED.ALL;
ENTITY bujinkongzhi2 IS
    PORT(jian,rst: IN STD_LOGIC;
                    -- 控制电机状态转换的输入,按下后电机停 10s 后反转,rst 为复位键
        clk: IN STD_LOGIC;                      -- 20MHz 晶振输入
        outy: OUT STD_LOGIC_VECTOR(3 DOWNTO 0);    -- 步进电机输出
        outy1: OUT STD_LOGIC_VECTOR(7 DOWNTO 0));  -- 8 位数码管段码输出
END bujinkongzhi2;
ARCHITECTURE   a   OF bujinkongzhi2 IS
    SIGNAL clk1,clk2,co1,co2,co3: STD_LOGIC;        -- co1 = clk1,co2 = clk2,co3 为 10s 脉冲信号
    SIGNAL q: STD_LOGIC_VECTOR(24 downto 0);
                        -- 在 20MHz 时钟分频时用作计数,用于产生 1Hz 时钟
    SIGNAL yw: STD_LOGIC_VECTOR(11 downto 0);       -- 移位寄存器
    SIGNAL q1: STD_LOGIC_VECTOR(16 downto 0);       -- 20MHz 时钟分频时用作计数
    SIGNAL p: STD_LOGIC_VECTOR(1 downto 0);       -- 4 种取值对应 outy 的 4 个输出值,通过对它增
                                                  -- 加或减少改变转向
    SIGNAL mt: STD_LOGIC;
                                      -- 状态脉冲,低电平和高电平代表两个不同状态
    SIGNAL xs:STD_LOGIC_VECTOR(3 downto 0);       -- 前 10 个取值对应数码管 0~9 的数字输出
    TYPE ct_type IS (s0,s1,s2,s3,s4,s5,s6,s7,s8,s9,s10,s11,s12); -- 枚举产生 13 个状态
    SIGNAL ct_st: ct_type;                -- 共 13 个状态,s1 至 s10 用于产生 10s 脉冲信号
    TYPE st IS (st1,st2);                 -- 枚举产生 st 的两个状态
    SIGNAL c_st : st;                     -- 对应状态 st1 和 st2
      BEGIN
        PROCESS(clk)                      -- 产生 1Hz 时钟
          BEGIN
```

```
        IF clk' EVENT AND clk = '1' THEN
            IF q = "10011000100101101000000000" THEN
                q <= "000000000000000000000000"; co1 <- '1';
            ELSE q <= q + 1; co1 <= '0';
            END IF;
        END IF;
    clk1 <= co1;
END PROCESS;
PROCESS(clk1,jian,rst)                    -- 控制状态转换及产生10s脉冲信号
    BEGIN
        IF rst = '0' THEN
            ct_st <= s0;
        ELSIF clk1' EVENT AND clk1 = '1' THEN    -- 每到1s时判断是否有键按下
            CASE ct_st IS
            WHEN s0 => yw <= "000000000000"; co3 <= '0'; ct_st <= s1; xs <= "1111";
                                             -- 1111对应的数码管的显示为空
            WHEN s1 => IF jian = '0' THEN
                            yw <= '1'& yw(11 DOWNTO 1) ;
                            co3 <= '1'; ct_st <= s2; mt <= not mt; xs <= "0000";
                        ELSE ct_st <= s0;     -- 有键按下后s0跳转到s1,否则仍在s0状态
                        END IF;
            WHEN s2 => yw <= '1'& yw(11 DOWNTO 1) ; co3 <= '1'; xs <= xs + 1;
                        ct_st <= s3;
            WHEN s3 => yw <= '1'& yw(11 DOWNTO 1) ; co3 <= '1'; xs <= xs + 1;
                        ct_st <= s4;
            WHEN s4 => yw <= '1'& yw(11 DOWNTO 1) ; co3 <= '1'; xs <= xs + 1;
                        ct_st <= s5;
            WHEN s5 => yw <= '1'& yw(11 DOWNTO 1) ; co3 <= '1'; xs <= xs + 1;
                        ct_st <= s6;
            WHEN s6 => yw <= '1'& yw(11 DOWNTO 1) ; co3 <= '1'; xs <= xs + 1;
                        ct_st <= s7;
            WHEN s7 => yw <= '1'& yw(11 DOWNTO 1) ; co3 <= '1'; xs <= xs + 1;
                        ct_st <= s8;
            WHEN s8 => yw <= '1'& yw(11 DOWNTO 1) ; co3 <= '1'; xs <= xs + 1;
                        ct_st <= s9;
            WHEN s9 => yw <= '1'& yw(11 DOWNTO 1) ; co3 <= '1'; xs <= xs + 1;
                        ct_st <= s10;
            WHEN s10 => yw <= '1'&yw(11 DOWNTO 1); co3 <= '1'; xs <= xs + 1;
                        ct_st <= s11;
            WHEN s11 => yw <= '1'& yw(11 DOWNTO 1); co3 <= '0'; xs <= "1111";
                        ct_st <= s12;
            WHEN s12 => yw <= '1'&yw(11 DOWNTO 1); co3 <= '0';
                        ct_st <= s0;
            WHEN OTHERS => ct_st <= s0;
            END CASE;
        END IF;
END PROCESS;
PROCESS(clk)                              -- 产生clk2,通过频率变化改变速度
```

```
            BEGIN
                IF clk' EVENT AND clk = '1' THEN
                    IF q1 = "10010110100000000" THEN
                        q1 <= "00000000000000000";co2 <= '1';
                    ELSE q1 <= q1 + 1;co2 <= '0';
                    END IF;
                END IF;
            clk2 <= co2;
        END PROCESS;
        PROCESS(clk2,co3)                              -- 频率 clk2 改变速度,co3 = 1 时电机不动
            BEGIN
                IF clk2' EVENT AND clk2 = '1' THEN
                    CASE c_st IS
                    WHEN st1 =>
                            IF mt = '0' THEN
                                   -- mt = 0 说明位于状态 s0,如果 mt = 1,则转换为下一状态
                                IF co3 = '1' THEN
                                    p <= p;
                                ELSE
                                    p <= p + 1;
                  -- 通过电机 a、b、c、d 依次为 1 使其正转,即 outy 的 4 个输出分别为 a、b、c、d
                                END IF;
                                CASE p IS
                                WHEN "00" => outy <= "1000";
                                WHEN "01" => outy <= "0100";
                                WHEN "10" => outy <= "0010";
                                WHEN "11" => outy <= "0001";
                                WHEN others => outy <= null;
                                END CASE;
                                c_st <= st1;
                            ELSE
                                c_st <= st2;
                            END IF;
                    WHEN st2 =>
                            IF mt = '1' THEN      -- mt = 1 说明是状态 s1,如果 mt = 0,则转换为
                                                         下一状态
                                IF co3 = '1' THEN
                                    p <= p;
                                ELSE
                                    p <= p + 1;          -- 通过电机 d、c、b、a 依次为 1 使其反转
                                END IF;
                                CASE p IS
                                WHEN "00" => outy <= "0001";
                                WHEN "01" => outy <= "0010";
                                WHEN "10" => outy <= "0100";
                                WHEN "11" => outy <= "1000";
                                WHEN OTHERS => outy <= null;
                                END CASE;
                                c_st <= st2;
                            ELSE
                                c_st <= st1;
```

```
                                    END IF;
                        END CASE;
                    END IF;
                END PROCESS;
                PROCESS(xs)                               -- 数码管显示
                    BEGIN
                        CASE xs IS
                        WHEN "0000" = > outy1 < = "00111111";      -- 数字 0 的段码输出
                        WHEN "0001" = > outy1 < = "00000110";      -- 数字 1 的段码输出
                        WHEN "0010" = > outy1 < = "01011011";      -- 数字 2 的段码输出
                        WHEN "0011" = > outy1 < = "01001111";      -- 数字 3 的段码输出
                        WHEN "0100" = > outy1 < = "01100110";      -- 数字 4 的段码输出
                        WHEN "0101" = > outy1 < = "01101101";      -- 数字 5 的段码输出
                        WHEN "0110" = > outy1 < = "01111101";      -- 数字 6 的段码输出
                        WHEN "0111" = > outy1 < = "00000111";      -- 数字 7 的段码输出
                        WHEN "1000" = > outy1 < = "01111111";      -- 数字 8 的段码输出
                        WHEN "1001" = > outy1 < = "01101111";      -- 数字 9 的段码输出
                        WHEN OTHERS = > outy1 < = "00000000";      -- 空操作
                        END CASE;
                END PROCESS;
            END a;
```

7.3 自动售货机控制系统设计

自动售货机是一种全新的商业零售形式,它的出现是消费模式和销售环境改变的结果。自动售货机于 20 世纪 70 年代在日本和欧美发展起来,1999 年开始进入中国市场,又被称为 24 小时营业的微型超市。自动售货机不受人工成本上涨、场地局限等因素的制约,作为超市、百货购物中心等流通渠道的有力补充,广泛应用于机场、地铁、商场、公园、学校等客流较大的场所。

7.3.1 系统设计要求

设计自动售货机控制系统,假设该机仅能识别 1 元和 5 元纸币,而且每次只限购买一种商品,用按键来进行商品选择和模拟投币、付款操作。

(1) 此机能出售单价 2 元、3 元、4 元、6 元的 4 种商品。购买每一种商品时,顾客仅需按下相应的按键即可,同时数码管显示售出商品的价格。

(2) 如果顾客选择了商品而 10s 之内并没有任何操作,则售货机返回初始状态,不显示购物成功。

(3) 如果投入的币值小于选择的商品价格,则显示出商品单价和仍需付款的数目,等待顾客二次投币。10s 后若无操作,则退回已投货币,售货机恢复初始状态。若顾客再次投币,则重复判断投币是否充足,充足则出货,否则等待顾客操作。

(4) 如果投入的钱币超出所选商品价格,则出货的同时找回零钱,并且显示应退回的钱数和购物成功信息。

(5) 如果投入的钱币等于选择的商品价格,则出货并显示购物成功信息。

7.3.2　系统分析

自动售货机的核心是售货机的控制,在这一部分的设计中,需要完成各种算法,进行状态判断,产生各种输出信号,用于控制商品选择、投币、计算金额、找零、出货。自动售货机的工作规律非常符合状态机的特点,因而采用状态机设计法实现自动售货的控制。

自动售货机控制系统的另一重要组成部分是显示系统,在这里,需要显示商品单价、需补足的钱款及找零钱款,并且在一次交易完成后给出成功交易、成功找零的指示。

除此之外,由于设计基于开发板 KX－2C5F 完成,需要把开发板提供的 20MHz 时钟分频为 1Hz,用于主控程序中的 10s 计时。

7.3.3　秒脉冲的产生

判断购物过程中是否继续投币以 10s 为限,产生精确的秒脉冲是准确计时的前提。此模块利用模 20M 计数器进行分频,目的是实现 20MHz 到 1Hz 的转换从而获得秒脉冲。

本设计主要运用了 IF 条件语句,当 q 达到设定值时,清零重新计数,此时给分频输出端 co 赋值为 1,而计数过程中 co 始终为零。输出的 co 即为售货机程序中的 1Hz 信号。

主要代码如下:

```
...
ENTITY  fp  IS
   PORT(CLK20: IN STD_LOGIC;
        co: OUT STD_LOGIC);
END fp;
ARCHITECTURE  a  OF  fp  IS
   SIGNAL q: STD_LOGIC_VECTOR(24 DOWNTO 0);
     BEGIN
        PROCESS(CLK20)
           BEGIN
              IF CLK20' EVENT AND CLK20 = '1' THEN
                 IF q = "1001100010010110011111111" THEN
                   q <= "0000000000000000000000000";co <= '1'; ELSE
                   q <= q + 1;co <= '0';
                 END IF;
              END IF;
           END PROCESS;
END a;
```

7.3.4　自动售货机主控模块设计

在主控模块中,通过按键选择商品和投币,实现各种价格的计算和输出。将自动售货机的工作状态划分为 5 个,分别为初始化状态(a)、投币状态(b)、再次投币状态(c)、成功交易状态(d)、交易失败且退钱状态(g)。其中 c 状态在已投币(b 状态)但金额不足的前提下发生,b、c 两个状态含有延时功能。程序流程图如图 7.7 所示。

1. 主控状态机端口与信号定义

主控状态机包括众多端口与信号,定义如下:

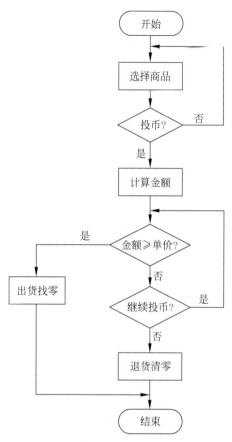

图 7.7　自动售货机主控模块流程图

```
ENTITY shouhuoji IS
    PORT(clk: IN STD_LOGIC;                            ——时钟
         rst: IN STD_LOGIC;                            ——复位信号
         coin: IN STD_LOGIC_VECTOR(1 DOWNTO 0);        ——投币
         p: IN STD_LOGIC_VECTOR(3 DOWNTO 0);           ——选择商品
         price: OUT STD_LOGIC_VECTOR(3 DOWNTO 0);      ——商品价格
         need: OUT STD_LOGIC_VECTOR(3 DOWNTO 0);       ——需要补交的钱数
         mout: OUT STD_LOGIC_VECTOR(3 DOWNTO 0);       ——显示找零钱数
         suc: OUT STD_LOGIC;                           ——交易成功信号
         showout: OUT STD_LOGIC);                      ——找零成功信号
END shouhuoji;
```

其中, p 取值为 0001、0010、0100、1000, 为按键代码, 分别代表 4 种商品; coin 取值为 10、01, 分别代表投币 1 元和 5 元。

在结构体中, 除定义用于状态转换的状态信号 current_state 外, 还定义了如下信号:

```
ARCHITECTURE  H  OF  shouhuoji  IS
    TYPE state_type IS(a,b,c,d,g);              ——枚举数据类型定义状态机 a、b、c、d、g 共 5 种状态
    SIGNAL current_state:state_type: = a;       ——定义初始状态为 a
    SIGNAL q:INTEGER RANGE 0 to 100;            ——投币过程中 10s 计时的计数器
    SIGNAL paidtemp:STD_LOGIC_VECTOR(3 DOWNTO 0);  ——已付的钱数
```

```
SIGNAL needtemp:STD_LOGIC_VECTOR(3 DOWNTO 0);          -- 投币后与单价的差价
SIGNAL backmoney:STD_LOGIC_VECTOR(3 DOWNTO 0);         -- 需要找零的钱数
SIGNAL pricetemp:STD_LOGIC_VECTOR(3 DOWNTO 0);         -- 商品的单价
```

2. 初始化状态 a

本设计只能识别 1 元和 5 元,当投币后会与单价进行比较,从而判断 need 的值,输出 price、need、mout(找零),同时设置两个指示灯相应地亮或灭。在一次交易完成后将自动回到 a 状态。主要代码如下:

```
PROCESS(clk)
    BEGIN
        IF rst = '0' THEN current_state <= a;
        ELSIF clk' EVENT AND clk = '1' THEN
           CASE current_state IS
           WHEN a =>
                     paidtemp <= "0000";
                     backmoney <= "0000";
                     pricetemp <= "0000";
                     q <= 0;
                     mout <= "0000";
                     need <= "0000";
                     price <= "0000";
                     suc <= '0';
                     showout <= '0';
                     IF p = "0001" THEN
                     pricetemp <= pricetemp + 2; needtemp <= pricetemp;
                        current_state <= b;
                     ELSIF p = "0010" THEN
                     pricetemp <= pricetemp + 3; needtemp <= pricetemp;
                        current_state <= b;
                     ELSIF p = "0100" THEN
                     pricetemp <= pricetemp + 4; needtemp <= pricetemp;
                        current_state <= b;
                     ELSIF p = "1000" THEN
                     pricetemp <= pricetemp + 6; needtemp <= pricetemp;
                        current_state <= b;
                     ELSE
                        current_state <= a;
                     END IF;
                     price <= pricetemp;
```

其中,当 p 为 0001 时即选择商品 1,则单价在原状态(即初始状态)的基础上加 2,因为没有进行投币,所以还需要付的钱数等于单价,进入状态 b;当 p 分别为 0010、0100、1000 时,即分别选择商品 2、3、4 时,过程同上。商品 1、2、3、4 的价格分别为 2 元、3 元、4 元、6 元。

3. 投币状态 b

状态 b 为第一次投币状态,同时进行 10s 计时。如果已投钱数大于单价,则进入状态 d (交易成功并找零);如果小于单价,此时判断是否到 10s。如果到了 10s,并且已付仍然为 0,则返回到状态 a;若已付不为 0 即投币了,则重新开始 10s 计时,进入状态 c(再次投币状

态）。如果不到10s,则继续留在状态b。主要代码如下:

```
WHEN b = >
        q < = q + 1;                              -- 10s 计时开始
        CASE coin IS
        WHEN "10" = > paidtemp < = paidtemp + 1;  -- 投入1元,则已付钱数加1
        WHEN "01" = > paidtemp < = paidtemp + 5;  -- 投入5元,则已付钱数加5
        WHEN others = > paidtemp < = paidtemp;     -- 其余情况已付钱数不变
        END CASE;
        IF paidtemp > = pricetemp   THEN
          needtemp < = "0000";
          backmoney < = paidtemp - pricetemp; current_state < = d;
        END IF;
   -- 当已付钱数大于单价,则还需要钱数为0,找零钱数等于已付钱数减去单价,进入状态d
        IF paidtemp < pricetemp THEN
          needtemp < = pricetemp - paidtemp;backmoney < = "0000";
   -- 当已付钱数小于单价,还需要的钱数等于单价减已付,找零为0,接下来判断是否到10s延时
          IF q = 10 THEN
            IF paidtemp = "0000" THEN
              current_state < = a;             -- 延时达到10s,如果已付钱数为0就回到状态a
            ELSE
              q < = 0; current_state < = c;    -- 已付钱数不为零,则重新开始计时,进入状态c
            END IF;
          ELSE
            current_state < = b;               -- 不到10s,继续停留在状态b
          END IF;
        END IF;
    price < = pricetemp;
    need < = needtemp;
```

4. 再次投币状态c

此状态为第二次投币状态(此时已投钱数大于0且小于单价),判断情况与状态b类似,只是到了10s延时后若已投钱数仍然不够,则进入状态g,退钱交易失败,若已投钱数大于单价,则进入状态d,找零交易成功。若不到10s,则继续停留在状态c。主要代码如下:

```
WHEN c = >
        q < = q + 1;                             --10s 开始计时
        CASE coin IS
        WHEN "10" = > paidtemp < = paidtemp + 1;  -- 投币1元,则已付钱数加1
        WHEN "01" = > paidtemp < = paidtemp + 5;  -- 投币5元,则已付钱数加5
        WHEN others = > paidtemp < = paidtemp;     -- 其余情况已付钱数不变
        END CASE;
        IF paidtemp > = pricetemp THEN            -- 接下来的判断与状态b类似
          needtemp < = "0000";
          backmoney < = paidtemp - pricetemp; current_state < = d;
        END IF;
    -- 当已付钱数大于单价,则还需要钱数为0,找零钱数等于已付钱数减去单价,进入状态d
        IF paidtemp < pricetemp THEN
          needtemp < = pricetemp - paidtemp; backmoney < = "0000";
    -- 当已付钱数小于单价,还需要的钱数等于单价减已付钱数,找零为0,接下来判断是否到10s延时
```

```
        IF q < 10 THEN
            current_state < = c;                    -- 没到10s,继续停留在状态c
        ELSE
            backmoney < = paidtemp;
            current_state < = g; q < = 0;
                            -- 到了10s(已付钱数小于单价),找零等于已付钱数即退钱
                            -- 进入状态g(交易失败且退钱)
        END IF;
    END IF;
    price < = pricetemp;
need < = needtemp;
```

5. 成功交易状态 d

状态 d 为交易成功,依据具体情况判断是否找零。主要代码如下:

```
WHEN d = >
    suc < = '1';                    -- 交易成功指示灯亮
    price < = pricetemp;            -- 显示单价
    need < = needtemp;              -- 显示需补交的钱
    IF backmoney > "0000" THEN
      mout < = backmoney; showout < = '1';
                    -- 如果已付钱数大于单价,即找零不为0,显示找零的同时找零指示灯亮
    ELSE
      mout < = "0000"; showout < = '0';
                    -- 已付钱数小于单价,即找零为0,显示,找零指示灯不亮
    END IF;
    current_state < = a;            -- 返回状态a
```

6. 交易失败且退钱状态 g

状态 g 为交易失败,并依据具体情况判断是否退钱。主要代码如下:

```
    WHEN g = >
            suc < = '0'; price < = pricetemp; need < = needtemp;
                            -- 交易成功指示灯不亮,同时显示单价和还需多少钱
            IF backmoney > "0000" THEN mout < = backmoney; showout < = '1';
                            -- 如果找零大于0(即投币了但小于单价),退钱并且找零指示灯亮
            ELSE   mout < = "0000"; showout < = '0';
                            -- 如果找零为0(未投币),找零指示灯不亮
            END IF;
            current_state < = a;     -- 回到状态a
        END CASE;                    -- 结束主控状态机
    END IF;
  END PROCESS;
END H;
```

7. 仿真及分析

(1) 初始化状态即不选择商品和投币,仿真图如图 7.8 所示。无商品被选中,也不进行投币,所以 price、need、mout、suc 和 showout 均为 0,符合初始化状态的要求。

(2) 选择商品 1,单价 2 元,10s 内不投币,仿真图如图 7.9 所示。选择商品 1 后 price 为 2,10s 内投币 0 元,回到初始化状态。输入金额小于单价,所以 need 为 2,找零 mout 为 0,

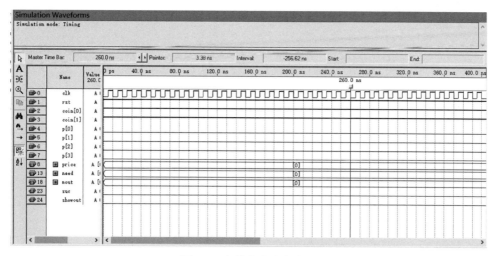

图 7.8　初始化状态仿真图

showout 为 0,suc 为 0,交易失败。从图 7.9 中可以看到,选择商品后约 10ns 显示单价,再经 10ns 后显示 need,延迟大约为 10ns,符合要求。

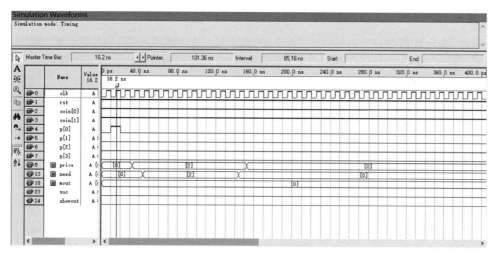

图 7.9　选择商品 1 的仿真图(1)

（3）选择商品 1,单价 2 元,10s 内第一次投币 1 元,第二次投币 5 元,仿真如图 7.10 所示。选择商品 1 后 price 为 2,第一次投币后还需 1 元,所以 need 为 1,在 b 状态 10s 内再次投币 5 元,则输入金额大于单价,所以 need 为 0,找零 mout 为 4,showout 为 1,suc 为 1,交易成功,回到初始化状态。从图 7.10 中可以看出,选择商品 10ns 后显示单价,之后约 10ns 显示 need 为 2,第一次投币后 30ns 显示 need 为 1,第二次投币后 30ns 显示 need 为 0,此时 mout 为 4,suc 和 showout 均为 1,交易结束,然后回到初始化即 a 状态,符合设计要求。

（4）选择商品 2,单价 3 元,10s 内第一次投币 1 元,第二次投币 1 元,第三次投币 1 元,仿真如图 7.11 所示。选择商品 2 后 price 为 3,连续投币 1 元 3 次:第一次投币后 need 为 2;第二次投币 1 元,need 为 1;第 3 次投币 1 元,need 为 0,找零 mout 为 0,showout 为 0,

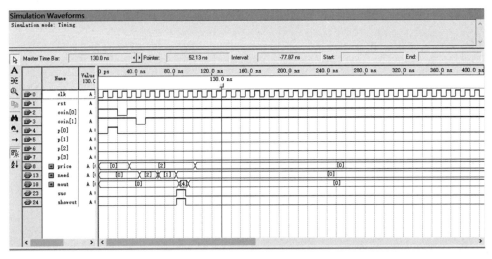

图 7.10　选择商品 1 的仿真图(2)

suc 为 1,交易成功,回到初始化状态。从图 7.11 中可以看出,选择商品 2 后约 10ns 单价显示为 3,之后 10ns 显示 need 为 3。连续投币 1 元 3 次,need 由 3 变成 2,再变成 1,最后变成 0,mout 为 0,suc 变成 1,交易结束,回到初始化状态,符合设计要求。

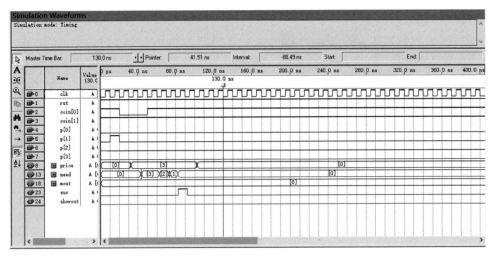

图 7.11　选择商品 2 的仿真图

(5) 选择商品 3,单价 4 元,10s 内投币一次 5 元,之后无操作,仿真如图 7.12 所示。选择商品 3 后 price 为 4,第一次投币 5 元,所以 need 输出为 0,找零 mout 为 1,showout 为 1,suc 为 1,交易成功,回到初始化状态。从图 7.12 中可以看出,选择商品后约 10ns 单价显示为 4,之后 10ns 显示 need 为 4。投币 5 元后约 30ns,need 变为 0,mout 为 1,suc 和 showout 变成 1,交易结束,返回初始化状态,符合设计要求。

(6) 选择商品 4,单价 6 元,10s 内第一次投币 5 元,20s 内二次投币 5 元,仿真如图 7.13 所示。选择商品 4 后 price 为 6,第一次投币后还需 1 元,所以 need 为 1,在 b 状态等待 10s 后跳到 c 状态。在 c 状态的 10s 内再次投币 5 元,则输入金额大于单价,所以 need 为 0,找

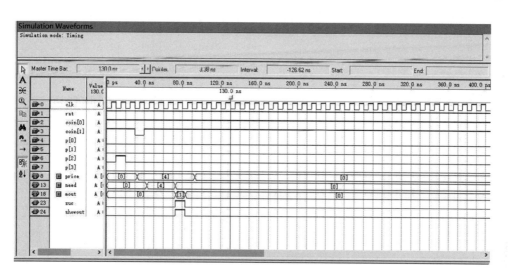

图 7.12　选择商品 3 的仿真图

零 4 元。交易完成后回到初始化状态。从图 7.13 中可以看出,选择商品后约 10ns 单价显示为 6,之后 10ns 显示 need 为 6。第一次投币 5 元后 30ns,need 变为 1,第二次投币 5 元后约 30ns,need 为 0,mout 为 4,suc 和 showout 变成 1,交易结束,回到初始化状态,符合设计要求。

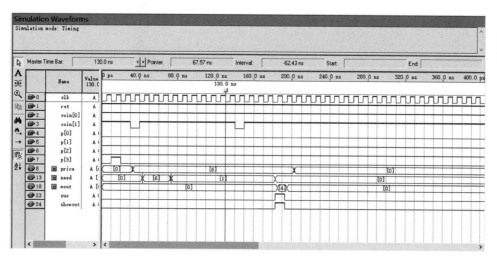

图 7.13　选择商品 4 的仿真图(1)

(7) 选择商品 4,单价 6 元,10s 内第一次投币 5 元,10～20s 内无操作,20s 后进行二次投币 5 元,仿真如图 7.14 所示。选择商品 4 后 price 为 6,第一次投币后还需 1 元,所以 need 为 1,在 b 状态等待 10s 后跳到 c 状态。在 c 状态的 10s 内无操作,10s 后投币 5 元,此次投币无效,所以输入金额小于单价,need 为 1,找零 mout 为 5 元,showout 为 1,suc 为 0,交易失败,回到初始化状态。从图 7.14 中可以看出,选择商品后约 10ns 单价显示为 6,之后 10ns 显示 need 为 6。第一次投币 5 元后 30ns,need 变为 1。20s 后第二次投币 5 元,但已经无效,mout 为 5,showout 变成 1,交易结束,符合设计要求。

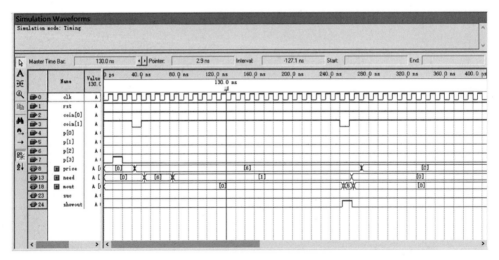

图 7.14　选择商品 4 的仿真图(2)

7.3.5　显示模块设计

此模块把售货机程序中的单价、需补足的钱款以及找零 3 项数据用数码管显示出来,更直观地体现购物操作结果。

本设计采用 CASE 语句实现显示译码,当接到单价、欠款和找零数据信息后,会用数码管显示相应的值。单价、欠款和找零信号将启动进程工作。主要代码如下:

```
...
PROCESS(price, need, mout)
    BEGIN
        CASE price IS
        WHEN "0000" = > l1 < = "0111111";
        WHEN "0001" = > l1 < = "0000110";
        WHEN "0010" = > l1 < = "1011011";
        ...
        WHEN "1010" = > l1 < = "1110111";
        WHEN OTHERS = > l1 < = null;
        END CASE;
        CASE need IS
        ...
        CASE mout IS
        ...
```

自动售货机显示模块仿真图如图 7.15 所示。

l1、l2、l3 分别为单价、欠款、找零的显示段码。由图 7.15 可知,当单价为 0 时,l1 为 0111111,显示 0;当单价为 1 时,l1 为 0000110,延迟大约 15ns,由于数码管只显示十六进制 0~A(10),所以当单价为 11~15 时数码管显示为 0,符合设计要求。

7.3.6　系统顶层设计

将分频模块定义为元件 U1,售货机主控状态机模块定义为元件 U2,显示模块定义为元

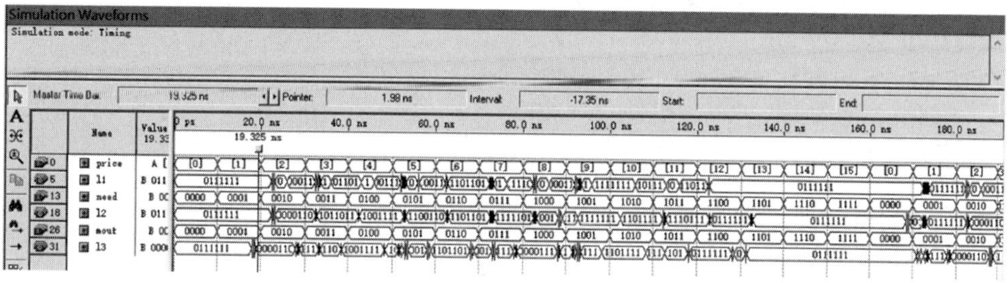

图 7.15 自动售货机显示模块仿真图

件 U3,然后用元件例化语句将 U1、U2、U3 与顶层中的指定端口相连接。

顶层程序如下:

```
LIBRARY IEEE;
USE IEEE.STD_LOGIC_1164.ALL;
USE IEEE.STD_LOGIC_UNSIGNED.ALL;
ENTITY dingceng IS
    PORT(clk20: IN STD_LOGIC;                          -- 时钟
        rst2: IN STD_LOGIC;                            -- 复位键
        coin2: IN STD_LOGIC_VECTOR(1 DOWNTO 0);        -- 投币
        pp: IN STD_LOGIC_VECTOR(3 DOWNTO 0);           -- 选择商品
        l12: OUT STD_LOGIC_VECTOR(6 DOWNTO 0) ;        -- 显示商品价格
        l22: OUT STD_LOGIC_VECTOR(6 DOWNTO 0);         -- 显示需要补交的钱数
        l32: OUT STD_LOGIC_VECTOR(6 DOWNTO 0);         -- 显示找零钱数
        suc2: OUT STD_LOGIC;                           -- 交易成功信号
        showout2: OUT STD_LOGIC);                      -- 找零成功信号
END dingceng;
ARCHITECTURE c OF dingceng IS
    COMPONENT fp IS                                    -- 分频模块端口信息
        PORT(CLK20: IN STD_LOGIC;
            co: OUT STD_LOGIC);
    END COMPONENT  fp;
    COMPONENT xianshi IS                               -- 显示模块端口信息
        PORT(price: IN STD_LOGIC_VECTOR(3 DOWNTO 0);
            need: IN STD_LOGIC_VECTOR(3 DOWNTO 0);
            mout: IN STD_LOGIC_VECTOR(3 DOWNTO 0);
            l1: OUT STD_LOGIC_VECTOR(6 DOWNTO 0);
            l2: OUT STD_LOGIC_VECTOR(6 DOWNTO 0);
            l3: OUT STD_LOGIC_VECTOR(6 DOWNTO 0));
    END COMPONENT xianshi;
    COMPONENT shouhuoji IS                             -- 主控状态机模块端口信息
        PORT(clk: IN STD_LOGIC;
            rst: IN STD_LOGIC;
            coin: IN STD_LOGIC_VECTOR(1 DOWNTO 0);
            p: IN STD_LOGIC_VECTOR(3 DOWNTO 0);
            price: OUT STD_LOGIC_VECTOR(3 DOWNTO 0);
            need: OUT STD_LOGIC_VECTOR(3 DOWNTO 0);
            mout: OUT STD_LOGIC_VECTOR(3 DOWNTO 0);
            suc: OUT STD_LOGIC;
            showout: OUT STD_LOGIC);
```

```
END COMPONENT shouhuoji;
SIGNAL co1:STD_LOGIC;
SIGNAL need1:STD_LOGIC_VECTOR(3 DOWNTO 0);
SIGNAL price1:STD_LOGIC_VECTOR(3 DOWNTO 0);
SIGNAL mout1:STD_LOGIC_VECTOR(3 DOWNTO 0);
    BEGIN
    U1:fp          PORT MAP (clk20,co1);              -- 各模块间的映射连接
    U2:shouhuoji   PORT MAP(co1,rst2,coin2,pp,price1,need1,mout1,suc2,showout2);
    U3:xianshi     PORT MAP(price1,need1,mout1,l12,l22,l32);
END c;
```

自动售货机控制系统的电路工艺结构如图 7.16 所示。

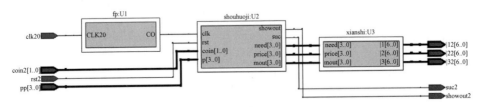

图 7.16　自动售货机控制系统的电路工艺结构图

7.4　多功能音乐播放器设计

本节探讨多功能音乐播放器的设计,该音乐播放器能够实现整体复位、任意选择曲目、显示乐曲名称等功能,其中选择曲目的方式包括按键选择或者快进、快退选择。

7.4.1　系统设计方案

多功能音乐播放器的结构框图如图 7.17 所示。

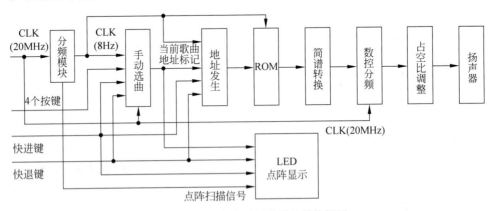

图 7.17　多功能音乐播放器的结构框图

系统各部分功能如下所述。

(1) 分频模块。音乐播放每个节拍的速率以频率 8Hz 为宜,而开发板提供的时钟为 20MHz,所以首先需要对原有主频进行分频,得到频率为 8Hz 的时钟。

(2) 手动选曲和地址发生模块。通过按键任选曲目或者快进、快退选择曲目。每首曲

目在 ROM 中占据一定的地址空间,选择存储地址就选择了播放的乐曲,为此需要设计具有不同计数范围的计数器用以产生 ROM 地址。

(3) ROM 模块。负责乐曲简谱的存储,ROM 中存储了《梁祝》《世上只有妈妈好》《隐形的翅膀》《一剪梅》4 首乐曲的音符数据。

(4) 简谱转换模块。该模块是乐曲简谱对应的分频预置数查表电路,以查表方式提供了每种音符所对应的分频预置数,即给数控分频模块提供计数初值。

(5) 数控分频模块。音符信号的频率由数控分频模块获得,数控分频电路由模数可变的加法计数器构成,经过数控分频并调整占空比后,得到能够驱动扬声器的输出信号。

(6) 显示模块。用 LED 点阵显示屏显示曲名(用一个汉字作为关键字),以此来确定正在播放的曲目,即当播放第一首《梁祝》时显示"祝",播放第二首《世上只有妈妈好》时显示"世＋♥",播放第三首《隐形的翅膀》时显示"形",播放第四首《一剪梅》时显示"梅"。

7.4.2 分频模块

要得到 8Hz 的时钟信号,需要将开发板提供的 20MHz 时钟进行 2.5M 分频。设计带有进位输出的模 2.5M 计数器,则进位脉冲的频率就是输入时钟的 2.5×10^6 分之一,调整其占空比为 50%。

主要程序代码如下:

```
...
ENTITY m8hz IS
    PORT(clk: IN STD_LOGIC;
         c: OUT STD_LOGIC);
END m8hz;
ARCHITECTURE behav OF m8hz IS
    SIGNAL q1:STD_LOGIC_VECTOR(22 DOWNTO 0);
    SIGNAL co1,co2:STD_LOGIC;
      BEGIN
        PROCESS(clk)
          BEGIN
            IF clk' EVENT AND clk = '1' THEN
              IF q1 = "00100110001001011001111" THEN
                q1 <= "00000000000000000000000";co1 <= '1';
              ELSE
                q1 <= q1 + 1; co1 <= '0';
              END IF;
            END IF;
        END PROCESS;
        PROCESS(co1)
        BEGIN
            IF co1' EVENT AND co1 = '1' THEN
              co2 <= NOT co2;
            END IF;
              c <= co2;
        END PROCESS;
    END behav;
```

7.4.3 选曲模块设计

选曲模块中,通过按键任选曲目并能够快进、快退选择曲目,clk 为时钟信号,a 为 4 位选曲按键,e、f 为快进键和快退键。

1. 端口与信号的定义

在选曲模块中要用到按键,因此应对按键进行消抖处理。选曲设计的端口与信号定义如下:

```
ENTITY xuanqu IS
    PORT(e: IN STD_LOGIC;                              -- 快进按键
         f: IN STD_LOGIC ;                             -- 快退按键
         clk: IN STD_LOGIC;                            -- 20MHz 主频经过分频之后的时钟频率
         clk20mhz: IN STD_LOGIC;                       -- 主板提供的时钟频率
         a: IN STD_LOGIC_VECTOR(3 DOWNTO 0);
                                                       -- 按键,1000 代表第一首歌,0100 代表第二首歌……
         a1: OUT STD_LOGIC_VECTOR(3 DOWNTO 0);         -- a 的监测观察端口
         add: OUT STD_LOGIC_VECTOR(1 DOWNTO 0));       -- 当前歌曲地址标记
END xuanqu;
ARCHITECTURE behav OF xuanqu IS
    SIGNAL add1:STD_LOGIC_VECTOR(1 DOWNTO 0);          -- 当前歌曲地址标记
    SIGNAL add2:STD_LOGIC_VECTOR(1 DOWNTO 0);          -- 按快进键后下一首歌曲的地址标记
    SIGNAL add3:STD_LOGIC_VECTOR(1 DOWNTO 0);          -- 按快退键后上一首歌曲的地址标记
    SIGNAL key_out1:STD_LOGIC;                         -- 用于快进键 e 的消抖
    SIGNAL key_out2:STD_LOGIC;                         -- 用于快退键 f 的消抖
    SIGNAL count1:STD_LOGIC_VECTOR(20 DOWNTO 0);       -- 快进键 e 的抖动时间计时,5～10ms
    SIGNAL count2:STD_LOGIC_VECTOR(20 DOWNTO 0);       -- 快退键 f 的抖动时间计时,5～10ms
```

其中,add=add1+add2-add3 用来确定当前播放哪首歌曲。

2. 进程 No1:歌曲选择

```
...
BEGIN
    No1:PROCESS(a)
        BEGIN
            IF a = "1000" THEN
              add1 < = "00";
            ELSIF a = "0100" THEN
              add1 < = "01";
            ELSIF a = "0010" THEN
              add1 < = "10";
            ELSIF a = "0001" THEN
              add1 < = "11";
            ELSE add1 < = "00";
            END IF;
    END PROCESS;
```

3. 进程 No2:按键消抖

```
No2:PROCESS(clk20mhz)
    BEGIN
```

```
        IF clk20mhz' EVENT AND clk20mhz = '1' THEN
          IF e = '0' THEN
            IF count1 = "110000110101010000" THEN count1 < - count1,
            ELSE count1 < = count1 + 1;
            END IF;
            IF count1 < = "11000011010011111" THEN key_out1 < = '0';
            ELSE key_out1 < = '1';
            END IF;
          ELSE count1 < = "000000000000000000000";
          END IF;
          IF f = '0' THEN
            IF count2 = "110000110101010000" THEN count2 < = count2;
            ELSE count2 < = count2 + 1;
            END IF;
            IF count2 < = "11000011010011111" THEN key_out2 < = '0';
            ELSE key_out2 < = '1';
            END IF;
          ELSE count2 < = "000000000000000000000";
          END IF;
        END IF;
      END IF;
END PROCESS;
```

4. 进程 No3：快进处理

```
No3:PROCESS(key_out1)
    BEGIN
      IF a = "0000" OR a = "0011" OR a = "0101" OR a = "0110" OR a = "0111" OR
        a = "1001" OR a = "1010" OR a = "1011" OR a = "1100" OR a = "1101" OR
        a = "1110" OR a = "1111"   THEN
        add2 < = "00";
      ELSIF   key_out1' EVENT AND key_out1 = '1'   THEN
        add2 < = add2 + 1;
      END IF;
END PROCESS;
```

5. 进程 No4：快退处理

```
No4:PROCESS(key_out2)
    BEGIN
      IF a = "0000" OR a = "0011" OR a = "0101" OR a = "0110" OR a = "0111" OR
        a = "1001" OR a = "1010" OR a = "1011" OR a = "1100" OR a = "1101" OR
        a = "1110" OR a = "1111"   THEN
        add3 < = "00";
      ELSIF key_out2' EVENT AND key_out2 = '1'   THEN
        add3 < = add3 + 1;
      END IF;
END PROCESS;
```

6. 进程 No5：歌曲地址代码的计算

```
No5:PROCESS(clk)
    BEGIN
```

```
        IF clk' EVENT AND clk = '1' THEN
            add < = add1 + add2 − add3;
        END IF;
        a1 < = a;
    END PROCESS;
END behav;
```

7. 选曲模块的仿真

选曲模块仿真如图 7.18 所示。输入为 clk、a、e、f,输出为 add。当 a 为 0001,e 和 f 为 0 时, add 为 00,紧接着按一下 e 或 f 键时,add 就加 1 或减 1;而当 a 为 0000,即换曲时,add 为 00。

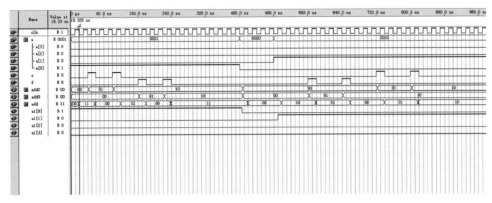

图 7.18　选曲模块仿真图

7.4.4　地址发生器设计

歌曲的简谱数据存储在 ROM 中,每首歌曲占据不同的存储空间,因而歌曲的选择其实是存放歌曲的 ROM 地址的选择。ROM 的地址是由计数器产生的,选取第一首歌曲时,计数器由 0 计至 138;选取第二首歌曲时,计数器由 139 计至 266;选取第三首歌曲时,计数器由 267 计至 450;选取第四首歌曲时,计数器由 451 计至 582。计数范围取决于歌曲长度。

1. 端口与信号的定义

```
ENTITY dizhifasheng IS
    PORT(clk: IN STD_LOGIC;
        a:IN STD_LOGIC_VECTOR(3 DOWNTO 0);
        e:IN STD_LOGIC;
        f: IN STD_LOGIC;
        add: IN STD_LOGIC_VECTOR(1 DOWNTO 0);
        q: OUT STD_LOGIC_VECTOR(9 DOWNTO 0));      −−计数器的输出,即 ROM 的地址
END dizhifasheng;
ARCHITECTURE behav OF dizhifasheng IS
    SIGNAL counter:STD_LOGIC_VECTOR(9 DOWNTO 0);   −−歌曲首地址
    SIGNAL counter1:STD_LOGIC_VECTOR(9 DOWNTO 0);  −−歌曲当前地址
```

2. 用计数器产生可变地址

```
...
BEGIN
```

```
PROCESS(clk)
  BEGIN
    IF add = "00" THEN counter < = "0000000000";        -- 第 1 首歌曲首地址
    ELSIF add = "01" THEN counter < = "0010001011";      -- 第 2 首歌曲首地址
    ELSIF add = "10" THEN counter < = "0100001011";      -- 第 3 首歌曲首地址
    ELSIF add = "11" THEN counter < = "0111000011";      -- 第 4 首歌曲首地址
    END IF;
    IF clk' EVENT AND clk = '1' THEN                     -- 播放从首地址开始
      IF a = "0000" OR a = "0011" OR a = "0101" OR a = "0110" OR a = "0111" OR
        a = "1001" OR a = "1010" OR a = "1011" OR a = "1100" OR a = "1101" OR
        a = "1110" OR a = "1111"   THEN
        counter1 < = "0000000000";
      ELSIF   e = '0' THEN counter1 < = "0000000000";
      ELSIF   f = '0' THEN counter1 < = "0000000000";
      ELSIF add = "00" AND counter1 "0010001010" THEN
                                                         -- 当前歌曲播放完毕后循环播放
        counter1 < = "0000000000";
      ELSIF add = "01" AND counter1 "0001111111" THEN
        counter1 < = "0000000000";
      ELSIF add = "10" AND counter1 "0010110111" THEN
        counter1 < = "0000000000";
      ELSIF add = "11" AND counter1 "0010000011" THEN
        counter1 < = "0000000000";
      ELSE counter1 < = counter1 + 1;                    -- 歌曲地址增 1
      END IF;
    END IF;
    q < = counter + counter1;
  END PROCESS;
END behav;
```

3. 计数器模块仿真

计数器模块仿真如图 7.19 所示。当输入 add 为 00 时,输出 q 为 0000000000,即从第一首歌的第一个音符开始,每到一个 clk 的上升沿时,q 加 1,即播放第一首歌;当 e 为下降沿时,即按下快进按键时,add 变为 01,输出变为 0010001011,即从第二首歌的第一个音符开始,每到一个 clk 的上升沿时,q 加 1,即播放第二首乐曲,符合设计要求。

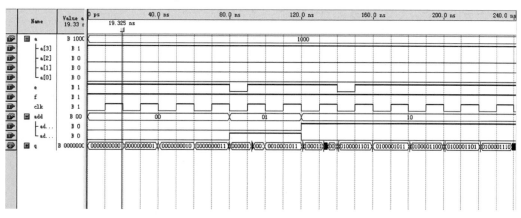

图 7.19　计数器模块仿真图

7.4.5 定制简谱数据的 ROM

关于 ROM 的定制在 6.6.1 节中已有介绍,在此不再赘述。定制的 ROM 取名为 rom_jianpu。注意初始化数据表中的数据位宽、深度和数据表达类型。4 首歌曲总长度为 583,第一首歌是 0~138,第二首是 139~266,第三首是 267~450,第四首是 451~582。定制成功后生成的 rom_jianpu.vhd 文件中,端口信息表述如下:

```
PORT(address: IN STD_LOGIC_VECTOR (9 DOWNTO 0);
     clock: IN STD_LOGIC ;
     q: OUT STD_LOGIC_VECTOR (3 DOWNTO 0));
```

1.《梁祝》简谱数据

```
00:3;01:3;02:3;03:3;04:5;05:5;06:5;07:6;08:8;09:8;
10:8;11:9;12:6;13:8;14:5;15:5;16:12;17:12;18:12;19:15;
20:13;21:12;22:10;23:12;24:9;25:9;26:9;27:9;28:9;29:9;
30:9;31:0;32:9;33:9;34:9;35:10;36:7;37:7;38:6;39:6;
40:5;41:5;42:5;43:6;44:8;45:8;46:9;47:9;48:3;49:3;
50:8;51:8;52:6;53:5;54:6;55:8;56:5;57:5;58:5;59:5;
60:5;61:5;62:5;63:5;64:10;65:10;66:10;67:12;68:7;69:7;
70:9;71:9;72:6;73:8;74:5;75:5;76:5;77:5;78:5;79:5;
80:3;81:5;82:3;83:3;84:5;85:6;86:7;87:9;88:6;89:6;
90:6;91:6;92:6;93:6;94:5;95:6;96:8;97:8;98:8;99:9;
100:12;101:12;102:12;103:10;104:9;105:9;106:10;107:9;
108:8;109:8;
110:6;111:5;112:3;113:3;114:3;115:3;116:8;117:8;
118:8;119:8;
120:6;121:8;122:6;123:5;124:3;125:5;126:6;127:8;
128:5;129:5;130:5;131:5;132:5;133:5;134:5;135:5;136:0;137:0;138:0;
```

2.《世上只有妈妈好》简谱数据

```
00:13;01:13;02:13;03:13;04:13;05:13;06:13;07:12;08:12;09:10;
10:10;11:10;12:10;13:12;14:12;15:12;16:12;17:15;18:15;19:15;
20:15;21:13;22:13;23:12;24:12;25:13;26:13;27:13;28:13;29:13;
30:13;31:13;32:13;33:10;34:10;35:10;36:10;37:12;38:12;39:13;
40:13;41:12;42:12;43:12;44:12;45:10;46:10;47:10;48:10;49:8;
50:8;51:6;52:6;53:12;54:12;55:10;56:10;57:9;58:9;59:9;
60:9;61:9;62:9;63:9;64:9;65:9;66:9;67:9;68:9;69:9;
70:9;71:10;72:10;73:12;74:12;75:12;76:12;77:12;78:12;79:13;
80:13;81:10;82:10;83:10;84:10;85:9;86:9;87:9;88:9;89:8;
90:8;91:8;92:8;93:8;94:8;95:8;96:8;97:12;98:12;99:12;
100:12;101:12;102:12;103:10;104:10;105:9;106:9;107:8;108:8;109:6;
110:6;111:8;112:8;113:5;114:5;115:5;116:5;117:5;118:5;119:5;
120:5;121:5;122:5;123:5;124:5;125:0;126:0;127:0;
```

3.《隐形的翅膀》简谱数据

```
00:10;01:10;02:12;03:12;04:15;05:15;06:15;07:15;08:15;09:15;
10:15;11:15;12:15;13:15;14:15;15:15;16:13;17:13;18:12;19:12;
20:13;21:13;22:15;23:15;24:10;25:10;26:9;27:9;28:8;29:8;
```

30:8;31:8;32:8;33:8;34:8;35:8;36:8;37:8;38:15;39:15;
40:15;41:15;42:13;43:13;44:12;45:12;46:10;47:10;48:9;49:9;
50:8;51:9;52:9;53:9;54:9;55:9;56:9;57:9;58:9;59:9;
60:10;61:10;62:12;63:12;64:15;65:15;66:15;67:15;68:15;69:15;
70:15;71:15;72:15;73:15;74:15;75:15;76:13;77:13;78:12;79:12;
80:13;81:13;82:15;83:15;84:10;85:10;86:9;87:9;88:8;89:8;
90:8;91:8;92:8;93:8;94:8;95:8;96:8;97:8;98:15;99:15;
100:15;101:15;102:13;103:13;104:12;105:12;106:10;107:10;108:9;109:9;
110:8;111:8;112:8;113:8;114:8;115:8;116:8;117:8;118:8;119:8;
120:10;121:10;122:12;123:12;124:15;125:15;126:15;127:15;128:15;129:15;
130:15;131:15;132:14;133:14;134:14;135:14;136:13;137:14;138:12;139:12;
140:13;141:13;142:15;143:15;144:10;145:10;146:9;147:9;148:8;149:8;
150:8;151:8;152:8;153:8;154:8;155:8;156:8;157:8;158:15;159:15;
160:15;161:15;162:13;163:13;164:12;165:12;166:10;167:10;168:9;169:9;
170:9;171:9;172:9;173:9;174:9;175:9;176:8;177:8;178:8;179:8;
180:8;181:8;182:8;183:8;

4. 《一剪梅》简谱数据

00:6;01:6;02:6;03:6;04:10;05:10;06:10;07:10;08:10;09:10;
10:9;11:8;12:7;13:7;14:8;15:8;16:7;17:7;18:5;19:5;
20:6;21:6;22:6;23:6;24:6;25:6;26:6;27:6;28:6;29:6;
30:6;31:6;32:6;33:9;34:6;35:6;36:6;37:7;38:7;39:7;
40:7;41:7;42:7;43:6;44:8;45:9;46:9;47:9;48:9;49:10;
50:12;51:10;52:9;53:10;54:10;55:10;56:10;57:10;58:10;59:10;
60:10;61:10;62:10;63:10;64:10;65:10;66:10;67:10;68:12;69:13;
70:13;71:13;72:13;73:13;74:13;75:12;76:10;77:9;78:9;79:9;
80:9;81:9;82:9;83:8;84:9;85:10;86:10;87:10;88:10;89:10;
90:10;91:9;92:10;93:6;94:6;95:6;96:6;97:6;98:6;99:6;
100:6;101:7;102:7;103:7;104:6;105:5;106:5;107:7;108:7;109:0;
110:0;111:5;112:3;113:7;114:7;115:8;116:7;117:6;118:6;119:6;
120:6;121:6;122:6;123:6;124:6;125:6;126:6;127:6;128:6;129:0;
130:0;131:0;

7.4.6　简谱转换成分频数

将简谱转换成分频数,首先查找乐曲中出现的简谱所对应的频率,简谱中音名与频率的对应关系如表 7.1 所示。然后计算出主频为 20MHz 的对应分频数,用 16 位二进制数表示。其中,音乐简谱用 4 位二进制数表示,例如 0000 代表休止符,1000 代表中音 1,1111 代表高音 1。

表 7.1　简谱中音名与频率的对应关系

音名	频率/Hz	音名	频率/Hz	音名	频率/Hz
低音 1	261.6	中音 1	523.3	高音 1	1045.5
低音 2	293.7	中音 2	587.3	高音 2	1174.7
低音 3	329.6	中音 3	659.3	高音 3	1318.5
低音 4	349.2	中音 4	698.5	高音 4	1396.9
低音 5	392	中音 5	784	高音 5	1568
低音 6	440	中音 6	880	高音 6	1760
低音 7	493.9	中音 7	987.8	高音 7	1975.5

主要代码如下：

```
...
ENTITY  fanyi  IS
    PORT(A: IN STD_LOGIC_VECTOR(3 DOWNTO 0);
         E: OUT STD_LOGIC_VECTOR(15 DOWNTO 0));
END fanyi;
ARCHITECTURE aa OF fanyi  IS
    BEGIN
        PROCESS(A)
          BEGIN
            CASE  A  IS
            WHEN "0000" = > E < = "1111111111111111";    -- 休止符的分频数
            WHEN "0001" = > E < = "1001010101100001";
            WHEN "0010" = > E < = "1000010100010111";
            WHEN "0011" = > E < = "0111011010001101";
            WHEN "0100" = > E < = "0110111111101101";
            WHEN "0101" = > E < = "0110001110100110";
            WHEN "0110" = > E < = "0101100011000111";
            WHEN "0111" = > E < = "0100111100010011";
            WHEN "1000" = > E < = "0100101010110000";    -- 中音 1 的分频数
            WHEN "1001" = > E < = "0100010101110010";
            WHEN "1010" = > E < = "0011101101000110";
            WHEN "1011" = > E < = "0011011111101100";
            WHEN "1100" = > E < = "0011000111010011";
            WHEN "1101" = > E < = "0010110001100011";
            WHEN "1110" = > E < = "0010011110110111";
            WHEN "1111" = > E < = "0010010101011000";    -- 高音 1 的分频数
            WHEN others = > E < = null;
            END CASE;
        END PROCESS;
END aa;
```

7.4.7 数控分频和占空比调整设计

所谓数控分频是指分频端的信号频率受输入数据的控制，在这里，输入数据是存储在 ROM 中的歌曲简谱，输出的分频信号将与不同的音符相对应，具有不同的频率。由于数控分频后的输出信号占空比很低，没有足够的功率来驱动扬声器，因而还需要进行占空比调整。

主要代码如下：

```
...
ENTITY shukongfenpin IS
    PORT(clk: IN STD_LOGIC;
         E: IN STD_LOGIC_VECTOR(15 DOWNTO 0);
         co: OUT STD_LOGIC);
END shukongfenpin;
ARCHITECTURE a OF shukongfenpin IS
    SIGNAL q1:STD_LOGIC_VECTOR(15 DOWNTO 0);
```

```
        SIGNAL co1,co2:STD_LOGIC;
          BEGIN
              PROCESS(clk)
                  BEGIN
                      IF clk' EVENT AND clk = '1' THEN
                        IF q1 = E - 1 THEN
                          q1 < = "0000000000000000";co1 < = '1';
                        ELSE
                          q1 < = q1 + 1;co1 < = '0';
                        END IF;
                      END IF;
                  END PROCESS;
                  PROCESS(co1)
                  BEGIN
                      IF co1' EVENT AND co1 = '1' THEN
                        co2 < = NOT co2;
                      END IF;
                      co < = co2;
                  END PROCESS;
    END a;
```

7.4.8　基于点阵显示屏的曲名显示

　　LED 点阵(16×16)显示的控制模块由分频、移位寄存器和转换显示等进程组成,4 个曲目在播放时分别显示"祝""世＋♥""形""梅"。

　　显示文字时,被选通行的 LED 的阳极接通。某列输出信号为高电平时,该列 LED 阴极为高电平,所以选通行与该列交叉点的 LED 不亮;某列输出信号为低电平时,该列的 LED 阴极为低电平,所以选通行与该列交叉点的 LED 点亮。LED 点阵(16×16)对点阵的 16 个行进行动态循环扫描,使 16×16 的点阵显示需要的文字或者图形。

1. 产生列扫描信号

　　由于列扫描信号频率要求较高,所以分频数仅取 256,主频仍为开发板主频 20MHz。代码如下:

```
...
ENTITY saomiao IS
    PORT(clk: IN STD_LOGIC;
        c: OUT STD_LOGIC);
END saomiao;
ARCHITECTURE behav OF saomiao IS
    SIGNAL q1:STD_LOGIC_VECTOR(22 DOWNTO 0);
    SIGNAL co1,co2:STD_LOGIC;
      BEGIN
          PROCESS(clk)
              BEGIN
                  IF clk' EVENT AND clk = '1' THEN
                    IF q1 = "00000000000100000000" THEN
                      q1 < = "00000000000000000000000"; co1 < = '1';
                    ELSE
```

```
                  q1 < = q1 + 1; co1 < = '0';
              END IF;
            END IF;
        END PROCESS;
        PROCESS(co1)
          BEGIN
            IF co1' EVENT AND co1 = '1' THEN
              co2 < = NOT co2;
            END IF;
              c < = co2;
        END PROCESS;
END behav;
```

2. 端口与信号定义

点阵显示控制模块的端口和信号定义如下:

...

```
ENTITY dianzhen IS
    PORT(clk: IN STD_LOGIC;                            -- 点阵列扫描信号
         a: IN STD_LOGIC_VECTOR(3 DOWNTO 0);           -- 选择要显示的行
         din,lat,g: OUT STD_LOGIC;
                            -- din 为字型数据中的 1b; lat 为锁存,送完一行数据后锁存一次;
                            -- g 为使能端,控制 LED 灯亮灭,高电平有效
         gg: IN STD_LOGIC;                             -- 外部按键
         d: OUT STD_LOGIC_VECTOR(3 DOWNTO 0);          -- 扫描 LED 点阵所在行的标号
         clkk: OUT STD_LOGIC;                          -- 时钟监测与观察端
         add: IN STD_LOGIC_VECTOR(1 DOWNTO 0);         -- 当前歌曲地址标记
         e,f: IN STD_LOGIC);                           -- 快进键与快退键
END dianzhen;
ARCHITECTURE behav OF dianzhen IS
    SIGNAL q:STD_LOGIC_VECTOR(15 DOWNTO 0);            -- 待显示的字型的数据
    SIGNAL q2:STD_LOGIC_VECTOR(15 DOWNTO 0);           -- 待显示的字型的数据
    SIGNAL co1:STD_LOGIC;                              -- 行扫描信号
    SIGNAL q1:STD_LOGIC_VECTOR(3 DOWNTO 0);
                    -- 16 分频计数的计数值,用于将列扫描信号 16 分频,得到行扫描信号
    SIGNAL co2:STD_LOGIC_VECTOR(3 DOWNTO 0);           -- 扫描 LED 点阵所在行的标号,与 d 一致
    SIGNAL i:INTEGER RANGE 0 TO 15;                    -- 扫描所在列的标号
```

3. 产生行扫描信号

在下面的进程中,将列扫描信号进行 16 分频,所得频率完全满足扫描的需要。

...

```
BEGIN
    lat < = co1;
    g < = not gg;                   -- 由于开发板按键为低电平有效,所以按键 gg 取非送给 g
    clkk < = clk;
    PROCESS(clk)                    -- 列扫描信号 clk 的 16 分频
       BEGIN
          IF clk' EVENT AND clk = '1' THEN
            IF q1 = "1111" THEN
                q1 < = "0000";co1 < = '1';
```

```
            ELSE
                q1 < = q1 + 1;co1 < = '0';
            END IF;
        END IF;
    END PROCESS;
END PROCESS;
```

4. 字型数据的输出

实现扫描与输出字型数据通过以下几个进程实现：

```
PROCESS(clk)                    -- 选择点亮的是当前行与第 i 列的交点
    BEGIN
        q < = q2;
        IF clk' EVENT AND clk = '0' THEN
            i < = i + 1;
            din < = q(i);               -- 将字型数据传递给外部点阵引脚
        END IF;
END PROCESS;
PROCESS(co1 ,co2,q2,add)        -- 控制选择行
    BEGIN
        IF co1' EVENT AND co1 = '1' THEN
            IF co2 = "1111" THEN co2 < = "0000";
            ELSE
                co2 < = co2 + 1;
            END IF;
        END IF;
        d < = co2;
        IF add = "00" THEN          -- 显示"祝"字所需的每行数据
            IF co2 = "0000" THEN q2 < = "1111111111111111";
            ELSIF co2 = "0001" THEN q2 < = "1110001000000000";
            ELSIF co2 = "0010" THEN q2 < = "1111000000111000";
            ELSIF co2 = "0011" THEN q2 < = "1111111000111000";
            ELSIF co2 = "0100" THEN q2 < = "1100000000111000";
            ELSIF co2 = "0101" THEN q2 < = "1111100000000000";
            ELSIF co2 = "0110" THEN q2 < = "1111001000000000";
            ELSIF co2 = "0111" THEN q2 < = "1100000011000111";
            ELSIF co2 = "1000" THEN q2 < = "1100000011000111";
            ELSIF co2 = "1001" THEN q2 < = "1111001110000111";
            ELSIF co2 = "1010" THEN q2 < = "1111001100000000";
            ELSIF co2 = "1011" THEN q2 < = "1111001000100000";
            ELSIF co2 = "1100" THEN q2 < = "1111000001100000";
            ELSIF co2 = "1101" THEN q2 < = "1111111111111111";
            ELSIF co2 = "1110" THEN q2 < = "1111111111111111";
            ELSIF co2 = "1111" THEN q2 < = "1111111111111111";
            ELSE q2 < = "0101010101010101";
            END IF;
        ELSIF add = "01" THEN       -- 显示"世 + ♥"字所需的每行数据
            IF co2 = "0000" THEN q2 < = "1111111111111111";
            ELSIF co2 = "0001" THEN q2 < = "1111110101111111";
            ELSIF co2 = "0010" THEN q2 < = "1111010101111111";
            ELSIF co2 = "0011" THEN q2 < = "1111010101111111";
            ELSIF co2 = "0100" THEN q2 < = "1100000000011111";
```

```
          ELSIF co2 = "0101" THEN q2 < = "1111010101111111";
          ELSIF co2 = "0110" THEN q2 < = "1111010001111111";
          ELSIF co2 = "0111" THEN q2 < = "1111011111111111";
          ELSIF co2 = "1000" THEN q2 < = "1111011000100011";
          ELSIF co2 = "1001" THEN q2 < = "1111000000000001";
          ELSIF co2 = "1010" THEN q2 < = "1111110000000001";
          ELSIF co2 = "1011" THEN q2 < = "1111110000000001";
          ELSIF co2 = "1100" THEN q2 < = "1111111000000011";
          ELSIF co2 = "1101" THEN q2 < = "1111111100000111";
          ELSIF co2 = "1110" THEN q2 < = "1111111110001111";
          ELSIF co2 = "1111" THEN q2 < = "1111111111111111";
          ELSE q2 < = "0101010101010101";
          END IF;
      ELSIF add = "10" THEN          -- 显示"形"字所需的每行数据
          IF co2 = "0000" THEN q2 < = "1111111111111111";
          ELSIF co2 = "0001" THEN q2 < = "1100000000111000";
          ELSIF co2 = "0010" THEN q2 < = "1111001001110001";
          ELSIF co2 = "0011" THEN q2 < = "1111001001100011";
          ELSIF co2 = "0100" THEN q2 < = "1111001001000111";
          ELSIF co2 = "0101" THEN q2 < = "1111001001111000";
          ELSIF co2 = "0110" THEN q2 < = "1100000000110001";
          ELSIF co2 = "0111" THEN q2 < = "1111001001100011";
          ELSIF co2 = "1000" THEN q2 < = "1111001001000111";
          ELSIF co2 = "1001" THEN q2 < = "1110001001111000";
          ELSIF co2 = "1010" THEN q2 < = "1110001001110001";
          ELSIF co2 = "1011" THEN q2 < = "1110011001100011";
          ELSIF co2 = "1100" THEN q2 < = "1100011001000111";
          ELSIF co2 = "1101" THEN q2 < = "1100111000001111";
          ELSIF co2 = "1110" THEN q2 < = "1111111111111111";
          ELSIF co2 = "1111" THEN q2 < = "1111111111111111";
          ELSE q2 < = "0101010101010101";
          END IF;
      ELSIF add = "11" THEN          -- 显示"梅"字所需的每行数据
          IF co2 = "0000" THEN      q2 < = "1111111111111111";
          ELSIF co2 = "0001" THEN q2 < = "1111011001111111";
          ELSIF co2 = "0010" THEN q2 < = "1111011000000011";
          ELSIF co2 = "0011" THEN q2 < = "1100000011111111";
          ELSIF co2 = "0100" THEN q2 < = "1111010000000111";
          ELSIF co2 = "0101" THEN q2 < = "1110000010010111";
          ELSIF co2 = "0110" THEN q2 < = "1100001011010111";
          ELSIF co2 = "0111" THEN q2 < = "1101010000000011";
          ELSIF co2 = "1000" THEN q2 < = "1111011011010111";
          ELSIF co2 = "1001" THEN q2 < = "1111011011000111";
          ELSIF co2 = "1010" THEN q2 < = "1111011000000111";
          ELSIF co2 = "1011" THEN q2 < = "1111011111100111";
          ELSIF co2 = "1100" THEN q2 < = "1111011110001111";
          ELSIF co2 = "1101" THEN q2 < = "1111111111111111";
          ELSIF co2 = "1110" THEN q2 < = "1111111111111111";
          ELSIF co2 = "1111" THEN q2 < = "1111111111111111";
          ELSE q2 < = "0101010101010101";
          END IF;
```

```
       ELSE   q2 < = "0101010101010101";
         END IF;
      END PROCESS;
END behav;
```

7.4.9 系统顶层设计

1. 顶层设计的端口与元件、信号定义

顶层设计采用元件例化法将底层各个模块连接在一起,达到最终的设计要求。顶层程序的端口、元件、信号定义如下:

```
LIBRARY IEEE;
USE IEEE. STD_LOGIC_1164. ALL;
USE IEEE. STD_LOGIC_ARITH. ALL;
USE IEEE. STD_LOGIC_UNSIGNED. ALL;
ENTITY top IS
    PORT(clk20mhz: IN STD_LOGIC;
         e: IN STD_LOGIC;
         f: IN STD_LOGIC;
         a: IN STD_LOGIC_VECTOR(3 DOWNTO 0);
         co3: OUT STD_LOGIC;
         din, lat, g: OUT STD_LOGIC;
         gg: IN STD_LOGIC;
         clkk: OUT STD_LOGIC;
         d: OUT STD_LOGIC_VECTOR(3 DOWNTO 0));
END top;
ARCHITECTURE a OF top IS
    SIGNAL s1:STD_LOGIC;
    SIGNAL s2:STD_LOGIC_VECTOR(3 DOWNTO 0);
    SIGNAL s3:STD_LOGIC_VECTOR(1 DOWNTO 0);
    SIGNAL s4:STD_LOGIC_VECTOR(9 DOWNTO 0);
    SIGNAL s5:STD_LOGIC_VECTOR(3 DOWNTO 0);
    SIGNAL s6:STD_LOGIC_VECTOR(15 DOWNTO 0);
    SIGNAL s7:STD_LOGIC;
    COMPONENT m8hz IS                -- 8Hz 信号产生
      PORT(clk: IN STD_LOGIC;
           c: OUT STD_LOGIC);
    END COMPONENT m8hz;
    COMPONENT rom_jianpu IS          -- 定制 ROM
      PORT(address: IN STD_LOGIC_VECTOR (9 DOWNTO 0);
           clock: IN STD_LOGIC ;
           q: OUT STD_LOGIC_VECTOR (3 DOWNTO 0));
    END COMPONENT rom_jianpu;
    COMPONENT fanyi IS               -- 简谱转换成分频数设计
      PORT(A: IN STD_LOGIC_VECTOR(3 DOWNTO 0);
           E: OUT STD_LOGIC_VECTOR(15 DOWNTO 0));
    END COMPONENT fanyi;
    COMPONENT shukongfenpin IS       -- 数控分频和调整占空比设计
      PORT(clk: IN STD_LOGIC;
           E: IN STD_LOGIC_VECTOR(15 DOWNTO 0);
```

```
            CO: OUT STD_LOGIC);
      END COMPONENT shukongfenpin;
      COMPONENT xuanqu IS              -- 选曲模块
        PORT(e: IN STD_LOGIC;
             f: IN STD_LOGIC;
             clk: IN STD_LOGIC;
             clk20mhz:IN STD_LOGIC;
             a:IN STD_LOGIC_VECTOR(3 DOWNTO 0);
             a1:OUT STD_LOGIC_VECTOR(3 DOWNTO 0);
             add: OUT STD_LOGIC_VECTOR(1 DOWNTO 0));
      END COMPONENT xuanqu;
      COMPONENT dizhifasheng IS        -- 地址发生器
        PORT(clk: IN STD_LOGIC;
             a: IN STD_LOGIC_VECTOR(3 DOWNTO 0);
             e: IN STD_LOGIC;
             f: IN STD_LOGIC;
             add: IN STD_LOGIC_VECTOR(1 DOWNTO 0);
             q: OUT STD_LOGIC_VECTOR(9 DOWNTO 0));
      END COMPONENT dizhifasheng;
      COMPONENT saomiao IS             -- LED 点阵列扫描信号产生
        PORT(clk: IN STD_LOGIC;
             c: OUT STD_LOGIC);
      END COMPONENT saomiao;
      COMPONENT dianzhen IS            -- LED 点阵显示的控制模块
        PORT(clk: IN STD_LOGIC;
             a: IN STD_LOGIC_VECTOR(3 DOWNTO 0);
             din,lat,g: OUT STD_LOGIC;
             gg: IN STD_LOGIC;
             d: OUT STD_LOGIC_VECTOR(3 DOWNTO 0);
             clkk: OUT STD_LOGIC;
             add: IN STD_LOGIC_VECTOR(1 DOWNTO 0);
             e,f: IN STD_LOGIC);
      END COMPONENT dianzhen;
```

2. 顶层设计中各元件的关联方式

```
BEGIN
      U1: m8hz          PORT MAP(clk20mhz,s1);
      U2: rom_jianpu    PORT MAP (s4,s1,s5);
      U3:fanyi          PORT MAP (s5,s6);
      U4:shukongfenpin  PORT MAP (clk20mhz,s6,co3);
      U5:xuanqu         PORT MAP (e,f,s1,clk20mhz,a,s2,s3);
      U6:dizhifasheng   PORT MAP (s1,s2,e,f,s3,s4);
      U7:saomiao        PORT MAP (clk20mhz,s7);
      U8:dianzhen       PORT MAP (s7,s2,din,lat,g,gg,d,clkk,s3,e,f);
END a;
```

3. 硬件电路的工艺结构图

系统硬件电路工艺结构如图 7.20 所示。

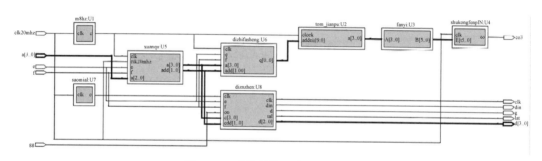

图 7.20 系统硬件电路工艺结构图

7.5 数字测频系统设计

数字频率测量是频率测量的重要手段之一,具有测量范围大、精度高、可靠性好等优点,广泛应用于通信、电子、冶金、制药、航空等生产与科研领域。

7.5.1 系统设计方案

系统能够测量数字信号的频率(模拟信号需要先整形),测量范围为 $1Hz\sim99.99MHz$,三个量程挡位分别为 1 挡:$1Hz\sim9999Hz$;2 挡:$1.0kHz\sim999.9kHz$;3 挡:$1.00MHz\sim99.99MHz$,测量结果用 4 位数码管以十进制形式显示。

1. 设计思路与系统结构框图

当被测信号在时间 T 内的周期个数为 N 时,则被测信号的频率 $f=N/T$。其中 f 为被测信号的频率,N 为计数器所累计的信号周期数,T 为产生 N 个信号周期所需的时间。如果 T 采用单位时间,如 1s,则计数器记录的结果就是被测信号的频率,单位为 Hz。

本系统的设计思路是,无论被测信号频率属于何种范围,测量所用的单位时间均采用 1s。对于频率范围为 $1Hz\sim99.99MHz$ 的数字信号,其最大频率需要 8 位十进制数表示,如果仅用 4 位数码管表示结果,且满足不同量程的测量需要,则需要量程按键与小数点的配合。系统结构如图 7.21 所示。

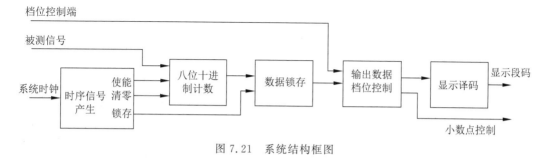

图 7.21 系统结构框图

2. 各模块功能说明

(1) 时序信号产生。产生计数使能信号 EN(脉冲宽度为 1s)、锁存信号 LOCK 以及计数器清零信号 CLR。三者的时序关系如图 7.22 所示。

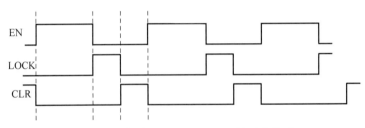

图 7.22　信号 EN、LOCK、CLR 的时序关系

在计数器清零信号 CLR=1 时计数清零,在使能信号 EN=1 时开始对被测信号的上升沿进行十进制计数;在锁存信号 LOCK 上升沿到来时将计数器中的数值锁存输出。

(2) 8 位十进制计数。由于本例设定被测信号最高频率为 99.99MHz,所以需要 8 位十进制数来表达计数结果。每 1 位十进制计数器的输出均为 4 位二进制数,即 8421 BCD 码,便于数码管显示。

(3) 数据锁存。在锁存信号控制下,将 8 位十进制计数结果锁存输出。

(4) 量程按键选择输出。在量程按键控制下,根据量程的不同来输出测量结果的不同位置的数据,同时给出小数点的控制信号,点亮相应位置的数码管的小数点。

(5) 输出显示。将测量结果译成段码进行输出,驱动数码管显示。

7.5.2　时序信号产生

将 20MHz 系统时钟进行 20MHz 分频,产生 1Hz 时钟,该分频信号虽然周期为 1s,但是脉宽并非 1s。设置信号 s_cnt1,检测计数变量 cnt1 的上升沿进行 s_cnt1 的取非运算,就能得到占空比均匀、脉宽为 1s 的信号;将 20MHz 系统时钟进行 5M 分频,则产生 4Hz 时钟,设置信号 s_cnt2,检测计数变量 cnt2(频率为 cnt1 的 4 倍)的上升沿进行 s_cnt2 取非运算,会得到占空比均匀、脉宽为 1/4 秒的信号。

1. 程序流程

结合仿真情况,为使诸信号上升沿同步,调整设计,将 s_cnt1 和 s_cnt2 分别再次取非,作为使能信号 EN 和信号 s_cnt3(频率为 EN 的 4 倍)。检测 s_cnt3 上升沿,在计数变量 cnt3(计数范围 0～3)为不同取值时,给出锁存信号 LOCK、清零信号 CLR 的电平。程序流程如图 7.23 所示。

2. 主要代码

主要代码如下:

```
...
ENTITY CTRL IS
    PORT(CLK: IN STD_LOGIC;                     -- 系统时钟 20MHz
         EN,LOCK,CLR: OUT STD_LOGIC );
                         -- 脉冲宽度为 1s 的计数使能信号 EN,锁存信号 LOCK,计数清零信号 CLR
END CTRL;
ARCHITECTURE aa OF CTRL IS
    SIGNAL s_cnt1,s_cnt2,s_cnt3: STD_LOGIC;
      BEGIN
        PROCESS(CLK)                            -- 产生脉冲宽度为 1s 的计数允许信号 EN
            VARIABLE cnt1: INTEGER RANGE 0 TO 19999999; -- 进行 20M 计数
```

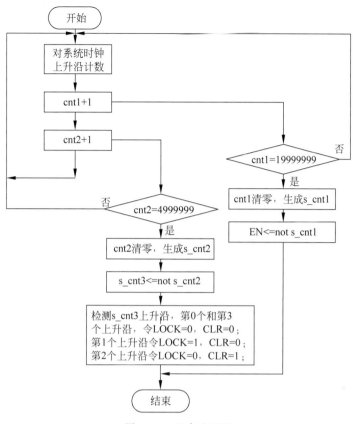

图 7.23 程序流程图

```
        BEGIN
            IF CLK'EVENT AND CLK = '1' THEN        -- 对系统时钟(20MHz)上升沿计数
                IF cnt1 = 19999999 THEN
                    cnt1: = 0;
                    s_cnt1 <= NOT s_cnt1;
                        -- cnt1 = 19999999 则 s_cnt1 翻转,获得 1s 脉宽,cnt1 重新计数
                ELSE
                    cnt1: = cnt1 + 1;
                END IF;
            END IF;
END PROCESS;
EN <= not s_cnt1;                                  -- 将 s_cnt1 取反送给 EN
PROCESS(CLK)                                        -- 产生 s_cnt3,用于产生 LOCK、CLR 信号
    VARIABLE cnt2: INTEGER RANGE 0 TO 4999999;     -- 进行 5×10⁶ 计数
        BEGIN
            IF CLK' EVENT AND CLK = '1' THEN        -- 对系统时钟(20MHz)上升沿计数
                IF cnt2 = 4999999 THEN
                    cnt2: = 0;
                    s_cnt2 <= NOT s_cnt2;
                        -- cnt2 = 4999999 则 s_cnt2 翻转,获得脉宽 1/4 s ,cnt2 重新计数
                ELSE
                    cnt2: = cnt2 + 1;
                END IF;
            END IF;
```

```
END PROCESS;
s_cnt3 < = NOT s_cnt2;                          -- 将 s_cnt2 取反送给 s_cnt3
PROCESS(s_cnt3)                                 -- 产生 LOCK、CLR
    VARIABLE cnt3: INTEGER RANGE 0 TO 3;
        BEGIN
            IF (s_cnt3' EVENT AND s_cnt3 = '1')THEN    -- 对 s_cnt3 上升沿计数
                IF cnt3 = 1 THEN
                    LOCK < = '1';
                    CLR < = '0';
                    cnt3: = 2;
                            -- s_cnt3 第 2 个上升沿到来时,LOCK 赋值为 1,CLR 赋值为 0
                ELSIF cnt3 = 2 THEN
                    LOCK < = '0';
                    CLR < = '1';
                    cnt3: = 3;
                            -- s_cnt3 第 3 个上升沿到来时,LOCK 赋值为 0,CLR 赋值为 1
                ELSE
                    cnt3: = cnt3 + 1;
                    LOCK < = '0';
                    CLR < = '0';                        -- 其余时间,LOCK 赋值为 0,CLR 赋值为 0
                END IF;
            END IF;
        END PROCESS;
END aa;
```

3. 仿真与分析

为了缩短仿真时间,让仿真图更加直观,仿真时降低系统时钟频率和分频数,得到如图 7.24 所示的仿真波形。EN 的脉宽分别是 LOCK 和 CLR 的两倍,且出现高电平的顺序依次为 EN、LOCK、CLR,时序关系与设计方案完全一致。

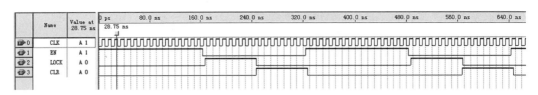

图 7.24　时序信号仿真波形图

7.5.3　8 位十进制计数器设计

首先设计 1 位十进制计数器,计数值用 4 位二进制数表示,即 8421 BCD 码,然后用元件例化语句实现 8 位十进制计数。CLR=1 时所有计数器的数全部清零,EN=1 时检测待测信号的上升沿进行计数,每位计数器计到 9 时回 0 开始重新计数,同时下一个计数器的数加 1,EN=0 时停止计数,保持计数结果不变。

1. 1 位十进制计数器

```
...
ENTITY CT10 IS
    PORT (CLK : IN STD_LOGIC;                           -- 待测信号
```

```
            EN : IN STD_LOGIC;                        -- 计数使能信号
            CLR : IN STD_LOGIC;                       -- 计数器清零信号
            co : OUT STD_LOGIC;                       -- 计数器进位输出端
            q : OUT STD_LOGIC_VECTOR (3 downto 0));   -- 计数值寄存器
END CT10;
ARCHITECTURE aa OF CT10 IS
    SIGNAL q1: STD_LOGIC_VECTOR(3 DOWNTO 0);
      BEGIN
         PROCESS(CLK,CLR)
            BEGIN
              IF CLR = '1' THEN
                q1 <= "0000";                         -- CLR 为 1 时,计数器清 0
              ELSIF CLK'EVENT AND CLK = '1' THEN      -- 检测待测信号上升沿
                IF EN = '1' THEN
                     -- 待测信号上升沿到来且 EN 为 1 时开始计数,计到 9 则从 0 开始重新计数
                  IF q1 = "1001" THEN
                    q1 <= "0000";
                  ELSE
                    q1 <= q1 + '1';
                  END IF;
                END IF;
              END IF;
         END PROCESS;
         co <= '1' WHEN EN = '1' AND q1 = "1001" ELSE
              '0';                        -- EN 为 1 且计数值为 9 时,进位输出 co 为 1,否则为 0
         q <= q1;
END aa;
```

2. 8 位十进制计数

...

```
ENTITY COUNT IS
    PORT(F_IN,EN,CLR: IN STD_LOGIC;         -- F_IN 待测信号,EN 计数允许信号,CLR 计数清零信号
        q1,q2,q3,q4,q5,q6,q7,q8: OUT STD_LOGIC_VECTOR(3 DOWNTO 0));   -- 8 位十进制计数值
END COUNT;
ARCHITECTURE aa  OF COUNT IS
    COMPONENT CT10                                    -- 1 位十进制计数元件说明
        PORT ( CLK : IN STD_LOGIC;
             EN : IN STD_LOGIC;
             CLR : IN STD_LOGIC;
             co : OUT STD_LOGIC;
             q : OUT STD_LOGIC_VECTOR (3 downto 0));
    END COMPONENT;
    SIGNAL co1, co2, co3, co4, co5, co6, co7, co8: STD_LOGIC;   -- 8 个进位输出端
      BEGIN                                           -- 计数器元件例化
            U1:CT10 PORT MAP(F_IN,EN,CLR, co1,q1);
            U2:CT10 PORT MAP(F_IN, co1,CLR, co2, q2);
            U3:CT10 PORT MAP(F_IN, co2,CLR, co3, q3);
            U4:CT10 PORT MAP(F_IN, co3,CLR, co4, q4);
            U5:CT10 PORT MAP(F_IN, co4,CLR, co5, q5);
            U6:CT10 PORT MAP(F_IN, co5,CLR, co6, q6);
```

```
U7:CT10 PORT MAP(F_IN, co6,CLR, co7, q7);
U8:CT10 PORT MAP(F_IN, co7,CLR, co8,q8);
                        -- 共用 F_IN、CLR,低位的进位输出 co 为高位的计数使能 EN
END aa;
```

8 位十进制计数器内部元件连接关系如图 7.25 所示。

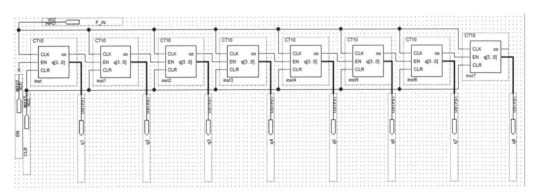

图 7.25　8 位十进制计数器内部元件连接

7.5.4　数据锁存

在锁存信号 LOCK 上升沿处,输出各计数值。主要代码如下:

```
...
ENTITY LOCK IS
    PORT(LOCK:IN STD_LOGIC;                              -- 锁存信号
        qin1,qin2,qin3,qin4,qin5,qin6,qin7, qin8: IN STD_LOGIC_VECTOR(3 DOWNTO 0);
                                                         -- 计数器的计数值
        qout1, qout2, qout3, qout4, qout5, qout6, qout7, qout8: OUT STD_LOGIC_VECTOR(3 DOWNTO 0));
                                                         -- 锁存后的计数值
END LOCK;
ARCHITECTURE aa  OF  LOCK IS
    BEGIN
        PROCESS(LOCK)
            BEGIN
                IF(LOCK'EVENT AND LOCK = '1')THEN
                    qout1 <= qin1;
                    qout2 <= qin2;
                    qout3 <= qin3;
                    qout4 <= qin4;
                    qout5 <= qin5;
                    qout6 <= qin6;
                    qout7 <= qin7;
                    qout8 <= qin8;
    -- LOCK 上升沿到来时,将计数值赋值给 qout1、qout 2、qout 3、qout 4、qout 5、qout 6、qout 7、qout 8
                END IF;
            END PROCESS;
END aa;
```

7.5.5 量程按键选择输出

设量程按键为 3 个,DP＝001 设为量程 1 挡(Hz 挡):测量范围 1Hz～9999Hz。

DP＝010 设为量程 2 挡(kHz 挡):测量范围 1.0kHz～999.9kHz。

DP＝100 设为量程 3 挡(MHz 挡):测量范围 1.00MHz～99.99MHz。

在仅用 4 个数码管、只显示 4 位十进制数时,如果被测信号频率很高而需要使用大量程时,则输出数据应该选择高位数据辅以小数点,小数点的位置随着量程挡位不同而相应移动。主要代码如下:

```
...
ENTITY KONG IS
    PORT(DP: IN STD_LOGIC_VECTOR(2 DOWNTO 0);                    -- 量程按键
        q1,q2,q3,q4,q5,q6,q7,q8: IN STD_LOGIC_VECTOR(3 DOWNTO 0);   -- 8 位十进制的计数值
        qa,qb,qc,qd: OUT STD_LOGIC_VECTOR(3 DOWNTO 0);      -- 选择输出的 4 组计数值
        d1,d2,d3,d4: OUT STD_LOGIC);                         -- 小数点控制信号,d1 为最低位
END KONG;
ARCHITECTURE   aa   OF   KONG   IS
    BEGIN
        PROCESS(DP,q1,q2,q3,q4,q5,q6,q7,q8)
            BEGIN
                IF DP = "001"THEN
-- 按键为 001(Hz 挡)时,输出计数器前 4 组计数值,小数点均不点亮
                    qa <= q1;
                    qb <= q2;
                    qc <= q3;
                    qd <= q4;
                    d4 <= '0'; d3 <= '0'; d2 <= '0'; d1 <= '0';
                ELSIF DP = "010"THEN
-- 按键为 010(kHz 挡)时,输出计数器第 3～6 组计数值,从低位起第二个数码管的小数点点亮
                    qa <= q3;
                    qb <= q4;
                    qc <= q5;
                    qd <= q6;
                    d4 <= '0'; d3 <= '0'; d2 <= '1'; d1 <= '0';
                ELSIF DP = "100"THEN
-- 按键为 100(MHz 挡)时,输出计数器第 5～8 组计数值,从低位起第三个数码管的小数点点亮
                    qa <= q5;
                    qb <= q6;
                    qc <= q7;
                    qd <= q8;
                    d4 <= '0'; d3 <= '1'; d2 <= '0'; d1 <= '0';
                END IF;
        END PROCESS;
    END aa;
```

7.5.6 输出显示

由量程按键选择输出的 4 组计数值,是用 4 组 8421 BCD 码表示的十进制计数值,首先

设计显示译码电路,然后用元件例化语句实现 4 组计数值的显示译码,给出 4 组显示段码用于数码管显示。

1. 显示译码

主要代码为:

```
...
ENTITY BCD7 IS
  PORT (BCD : IN  STD_LOGIC_VECTOR(3 DOWNTO 0);
       LED : OUT STD_LOGIC_VECTOR(6 DOWNTO 0) ) ;
END BCD7;
ARCHITECTURE aa  OF  BCD7  IS
    BEGIN
       PROCESS( BCD )
         BEGIN
            CASE  BCD  IS
            WHEN "0000" => LED <= "0111111" ;
            WHEN "0001" => LED <= "0000110" ;
            WHEN "0010" => LED <= "1011011" ;
            WHEN "0011" => LED <= "1001111" ;
            WHEN "0100" => LED <= "1100110" ;
            WHEN "0101" => LED <= "1101101" ;
            WHEN "0110" => LED <= "1111101" ;
            WHEN "0111" => LED <= "0000111" ;
            WHEN "1000" => LED <= "1111111" ;
            WHEN "1001" => LED <= "1101111" ;
            WHEN OTHERS => NULL ;
            END CASE ;
       END PROCESS ;
   END aa;
```

2. 4 位计数值显示译码

运用元件例化语句,主要代码为:

```
...
ENTITY SEG IS
    PORT(qa,qb,qc,qd: IN STD_LOGIC_VECTOR(3 DOWNTO 0);        -- 需要显示的 4 组数
        SEGA,SEGB,SEGC,SEGD: OUT STD_LOGIC_VECTOR(6 DOWNTO 0) );   -- 4 组显示段码
END SEG;
ARCHITECTURE aa  OF  SEG  IS
    COMPONENT BCD7                                          -- 显示译码元件说明
        PORT(BCD: IN STD_LOGIC_VECTOR(3 DOWNTO 0);
            LED: OUT STD_LOGIC_VECTOR(6 DOWNTO 0));
    END COMPONENT;
       BEGIN
          U0: BCD7 PORT MAP(qa,SEGA);
          U1: BCD7 PORT MAP(qb,SEGB);
          U2: BCD7 PORT MAP(qc,SEGC);
          U3: BCD7 PORT MAP(qd,SEGD);
   END aa;
```

7.5.7　顶层设计及相关讨论

1. 顶层设计

将各模块用元件例化语句连接,完成顶层设计,主要代码如下:

```
...
ENTITY PINLVJI IS
    PORT(F_IN,CLK: IN STD_LOGIC;              -- F_IN 为待测信号,CLK 为系统时钟信号 20MHz
        DP:IN STD_LOGIC_VECTOR(2 DOWNTO 0);         -- 量程按键
        SEG1,SEG2,SEG3,SEG4: OUT STD_LOGIC_VECTOR(6 DOWNTO 0); -- 4 组显示段码
        dd1, dd2, dd3,dd4: OUT STD_LOGIC );         -- 小数点控制
END PINLVJI;
ARCHITECTURE aa   OF   PINLVJI IS
    SIGNAL ENS,LOCKS,CLRS: STD_LOGIC;
    SIGNAL qas,qbs,qcs,qds: STD_LOGIC_VECTOR(3 DOWNTO 0);
    SIGNAL q1s,q2s, q3s,q4s,q5s,q6s,q7s,q8s: STD_LOGIC_VECTOR(3 DOWNTO 0);
    SIGNAL qout1s, qout2s, qout3s, qout4s, qout5s, qout6s, qout7s, qout8s: STD_LOGIC_VECTOR
    (3 DOWNTO 0);
    COMPONENT CTRL                              -- 时序信号产生元件说明
        PORT(CLK: IN STD_LOGIC;
             EN,LOCK,CLR: OUT STD_LOGIC );
    END COMPONENT;
    COMPONENT COUNT                            -- 8 位十进制计数元件说明
        PORT(F_IN,EN,CLR: IN STD_LOGIC;
            q1,q2,q3,q4,q5,q6,q7,q8: OUT STD_LOGIC_VECTOR(3 DOWNTO 0));
    END COMPONENT;
    COMPONENT LOCK                             -- 数据锁存元件说明
        PORT(LOCK: IN STD_LOGIC;
            qin1,qin2,qin3,qin4,qin5,qin6,qin7, qin8: IN STD_LOGIC_VECTOR(3 DOWNTO 0);
            qout1, qout2, qout3, qout4, qout5, qout6, qout7: OUT STD_LOGIC_VECTOR(3 DOWNTO 0));
    END COMPONENT;
    COMPONENT KONG                             -- 量程按键选择输出元件说明
        PORT(DP: IN STD_LOGIC_VECTOR(2 DOWNTO 0);
             q1,q2,q3,q4,q5,q6,q7,q8: IN STD_LOGIC_VECTOR(3 DOWNTO 0);
             qa,qb,qc,qd: OUT STD_LOGIC_VECTOR(3 DOWNTO 0);
             d1,d2,d3,d4: OUT STD_LOGIC);
    END COMPONENT;
    COMPONENT SEG                              -- 4 位计数值显示译码元件说明
        PORT(qa,qb,qc,qd: IN STD_LOGIC_VECTOR(3 DOWNTO 0);
            SEGA,SEGB,SEGC,SEGD: OUT STD_LOGIC_VECTOR(6 DOWNTO 0));
    END COMPONENT;
        BEGIN                                  -- 各元件例化
            U1:CTRL PORT MAP(CLK,ENS,LOCKS,CLRS);
            U2:COUNT PORT MAP(F_IN,ENS,CLRS,q1s, q2s, q3s, q4s, q5s, q6s, q7s, q8s);
            U3:LOCK PORT MAP(LOCKS, q1s, q2s, q3s, q4s,   q5s, q6s, q7s, q8s,qout1s, qout2s, qout3s,
                qout4s, qout5s, qout6s, qout7s, qout8s);
            U4:KONG PORT MAP(DP, qout1s, qout2s, qout3s,qout4s, qout5s, qout6s, qout7s,
                qout8s,qas,qbs,qcs,qds, dd1,dd2, dd3,dd4);
            U5:SEG PORT MAP (qas,qbs,qcs,qds,SEG1,SEG2,SEG3,SEG4);
END aa;
```

2. 系统电路工艺结构图

系统电路工艺结构如图 7.26 所示,图中可见底层各元件的关系与设计方案一致。经过硬件测试,频率测量的范围和精度完全达到设计目标。

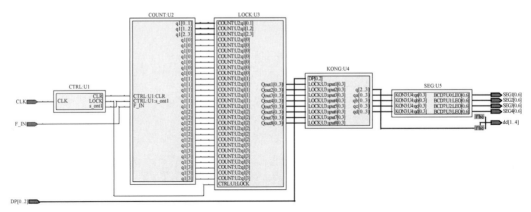

图 7.26　系统电路工艺结构图

3. 相关讨论

本例仅采用 4 个数码管显示测量结果,系统电路结构简洁、稳定低耗,但是由此而来的问题是,显示结果与真实频率是否存在较大误差? 经计算,kHz 挡和 MHz 挡相对误差均小于等于 0.01%,因而该测频系统的测量精度满足大多测频要求,适用范围较广。

7.6　码制转换设计

数码在编制时需要遵循一定的规则,这些规则称为码制。考虑信息处理和交换的需要,常常需要将数码进行码制间转换,如二进制码与 BCD 码的转换、二进制码与格雷码之间的转换等。

7.6.1　二进制码转换为 8421 BCD 码

二进制码与 8421 BCD 码之间存在一定规律,掌握这一规律,就可以编程实现转换。

1. 转换范围 0~99

0~99 间二进制码与 8421 BCD 码的关系是:

$$8421 \text{ BCD 码} = 二进制码 + 调整数$$

0~9 的二进制码与 8421 BCD 码完全一致,调整数为 0;10~19 间,8421 BCD 码等于二进制码加 6,调整数为 6;20~29 则需要加 12……90~99 需要加 54,观察 0、6、12、…、54,得知该调整数为 6 的倍数,即

$$8421 \text{ BCD 码} = 二进制码 + 6n$$

n 为该二进制码数值所在区间的整数位值。

(1) 设计一

```
LIBRARY IEEE;
USE IEEE.STD_LOGIC_1164.ALL;
```

```
USE IEEE.STD_LOGIC_UNSIGNED.ALL;
USE IEEE.STD_LOGIC_ARITH.ALL;
ENTITY bcd_w IS
    PORT(b: IN STD_LOGIC_VECTOR (7 DOWNTO 0);
         d: out STD_LOGIC_VECTOR (7 DOWNTO 0));
END bcd_w;
ARCHITECTURE aa OF bcd_w IS
    BEGIN
        PROCESS(b)
            BEGIN
                IF b >= "00000000" AND b <= "00001001" THEN d <= b + "00000000";
                ELSIF b >= "00001010" AND b <= "00010011" THEN d <= b + "00000110";
                ELSIF b >= "00010100" AND b <= "00011101" THEN d <= b + "00001100";
                ELSIF b >= "00011110" AND b <= "00100111" THEN d <= b + "00010010";
                ELSIF b >= "00101000" AND b <= "00110001" THEN d <= b + "00011000";
                ELSIF b >= "00110010" AND b <= "00111011" THEN d <= b + "00011110";
                ELSIF b >= "00111100" AND b <= "01000101" THEN d <= b + "00100100";
                ELSIF b >= "01000110" AND b <= "01001111" THEN d <= b + "00101010";
                ELSIF b >= "01010000" AND b <= "01011001" THEN d <= b + "00110000";
                ELSIF b >= "01011010" AND b <= "01100011" THEN d <= b + "00110110";
                ELSE d <= "XXXXXXXX";
                END IF;
    END PROCESS;
    END aa;
```

（2）设计二

```
LIBRARY IEEE;
USE IEEE.STD_LOGIC_1164.ALL;
USE IEEE.STD_LOGIC_UNSIGNED.ALL;
USE IEEE.STD_LOGIC_ARITH.ALL;
ENTITY zhuanhuan IS
    PORT(B: IN STD_LOGIC_VECTOR (7 DOWNTO 0);
         BCD: OUT STD_LOGIC_VECTOR (7 DOWNTO 0));
END zhuanhuan;
ARCHITECTURE aa OF zhuanhuan IS
    SIGNAL n:INTEGER;
    BEGIN
        PROCESS(B)
            BEGIN
                n <= CONV_INTEGER(B) / 10;
                BCD <= B + 6 * n;
            END PROCESS;
    END aa;
```

$0\sim99$ 二进制码转换成 8421 BCD 码的仿真如图 7.27 所示。二进制码 00110001 的十进制值为 49，其 8421 BCD 码值应为 01001001，由图 7.27 可见，结果符合设计要求。

2. 转换范围 0~999

随着二进制码值的增大，其转换成 8421 BCD 码的规律越加复杂，而根据二进制码的组成原理采用移位方式，将适用于 $0\sim999$ 的二进制码与 8421 BCD 码转换。

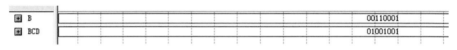

图 7.27　0～99 二进制码转换成 8421 BCD 码

对于 n 位二进制码 $B_{n-1}B_{n-2}\cdots B_0$,其十进制值 N_D 为

$$N_D = B_{n-1} \times 2^{n-1} + B_{n-2} \times 2^{n-2} + \cdots + B_1 \times 2^1 + B_0$$
$$= \{\{\cdots[(B_{n-1} \times 2 + B_{n-2}) \times 2 + B_{n-3}] \times 2 + \cdots\} \times 2 + B_1\} \times 2 + B_0$$

其中乘以 2 相当于数码左移 1 位,可见二进制码转换为 8421 BCD 码可以用寄存器移位实现。具体方法是,设 4 位一组的左移移位寄存器共 N 级,每组寄存器将存放一组 BCD 码。将待转换的二进制码从最高位开始以串行方式逐位进入 N 级左移移位寄存器。检查每组(4 位)寄存器的值,如果大于等于 5,则要加 3 进行调整(当次判断只需调整一次),再继续移位,直至待转换的二进制码全部移入寄存器,则无须再做判断和调整,立即终止转换。以待转换码$(10111110)_2$为例,使用 4 位寄存器共 3 级,转换为 8421 BCD 码的过程如图 7.28所示。

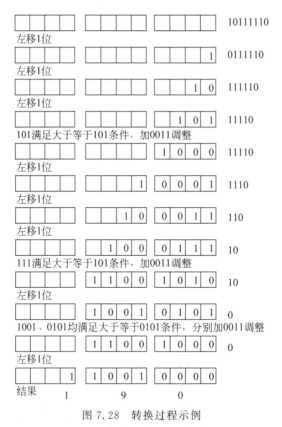

图 7.28　转换过程示例

以转换范围 0～255 为例,待转二进制码为 8 位,转换结果为 12 位(如果转换范围继续扩大至 0～999,则调整输入数据位宽,编程思路基本相同)。

设置 3 个进程,进程 1 利用时钟 CLK 控制数据的串行输入,其中 count 用来标记移位进度,转换 8 位二进制码需要移位 8 次。

（1）count＝0时，待转码最高位移入BCD寄存器；

（2）count＜8过程中，进行移位操作的是不断调整了的寄存器数据；

（3）当count取得上述范围之外的其他值时，令count＝10（数值可自拟，0～7之外即可）。设定此时作为进程3输出结果的时刻。

进程2对BCD码寄存器每4位一组进行判断，符合条件则加3调整。注意，3组4位寄存器的判断互不影响，并且不进位。

进程3检测CLK上升沿，捕捉count＝10时进行结果输出，因为此时已完成转换工作。

```
LIBRARY IEEE;
USE IEEE.STD_LOGIC_1164.ALL;
USE IEEE.STD_LOGIC_UNSIGNED.ALL;
USE IEEE.STD_LOGIC_ARITH.ALL;
ENTITY b_bcd IS
    PORT(reset,CLK : IN STD_LOGIC;                      -- 复位端,时钟
         bin :IN STD_LOGIC_VECTOR(7 DOWNTO 0);          -- 待转二进制码
         bcd :OUT STD_LOGIC_VECTOR(11 DOWNTO 0));       -- 转换结果
END   b_bcd;
ARCHITECTURE aa OF b_bcd IS
    SIGNAL temp_bin : STD_LOGIC_VECTOR(8 DOWNTO 0): = (OTHERS => '0');
                                                        -- 待转二进制码寄存器
    SIGNAL temp_bcd1 : STD_LOGIC_VECTOR(11 DOWNTO 0): = (OTHERS => '0');
                                                        -- BCD码寄存器1
    SIGNAL temp_bcd2 : STD_LOGIC_VECTOR(11 DOWNTO 0): = (OTHERS => '0');
                                                        -- BCD码寄存器2,寄存调整后的数据
    SIGNAL count: INTEGER RANGE 0 TO 10: = 0;           -- 用来标记寄存器移位和输出的进度
      BEGIN
        PROCESS(CLK,reset)                              -- 控制待转二进制码依次左移至BCD码寄存器
           BEGIN
             IF reset = '1' THEN
                count < = 0;
                temp_bcd1 < = (OTHERS => '0');          -- 寄存器清零
             ELSIF CLK'event AND CLK = '1' THEN
                IF count = 0 THEN
                   temp_bin(7 DOWNTO 1)< = bin(6 DOWNTO 0);
                   temp_bcd1(0) < = bin(7);
                                            -- 待转二进制码最高位左移至BCD码寄存器最低位
                   temp_bcd1(11 DOWNTO 1) < = (OTHERS => '0');
                   count < = count + 1;
                ELSIF count < 8 THEN
                   temp_bin(7 DOWNTO 1) < = temp_bin(6 DOWNTO 0);
                   temp_bcd1(0) < = temp_bin(7);
                                            -- 待转二进制码逐位左移至BCD码寄存器最低位
                   temp_bcd1(11 DOWNTO 1) < = temp_bcd2(10 DOWNTO 0);
                                            -- 调整后的数据左移1位
                   count < = count + 1;
                ELSIF count = 10 THEN                   -- count 赋值可在 0～7 之外任取
                   count < = 0;
```

```
            ELSE
                count <= 10;
            END IF;
        END IF;
    END PROCESS;
    PROCESS(temp_bcd1)                        -- BCD 码寄存器每 4 位一组进行判断,符合条件则加 3 调整
      BEGIN
        IF(temp_bcd1(3 DOWNTO 0) >= 5) THEN
          temp_bcd2(3 DOWNTO 0) <= temp_bcd1(3 DOWNTO 0) + "0011";
        ELSE
          temp_bcd2(3 DOWNTO 0) <= temp_bcd1(3 DOWNTO 0);
        END IF;
        IF(temp_bcd1(7 DOWNTO 4) >= 5) THEN
          temp_bcd2(7 DOWNTO 4) <= temp_bcd1(7 DOWNTO 4) + "0011";
        ELSE
          temp_bcd2(7 DOWNTO 4) <= temp_bcd1(7 DOWNTO 4);
        END IF;
        IF(temp_bcd1(11 DOWNTO 8) >= 5) THEN
          temp_bcd2(11 DOWNTO 8) <= temp_bcd1(11 DOWNTO 8) + "0011";
        ELSE
          temp_bcd2(11 DOWNTO 8) <= temp_bcd1(11 DOWNTO 8);
        END IF;
    END PROCESS;
    PROCESS(CLK,count,temp_bcd1)               -- 取出转换结果
      BEGIN
        IF RISING_EDGE(CLK) THEN               -- 检测 CLK 上升沿,取数据
          IF count = 10 THEN
            bcd <= temp_bcd1;
          END IF;
        END IF;
    END PROCESS;
END aa;
```

仿真如图 7.29 所示。其中二进制码$(10010001)_2 = (145)_{10}$,$(11111111)_2 = (255)_{10}$,$(00001001)_2 = (9)_{10}$,转换输出结果正是它们的 8421 BCD 码,转换结果正确。图 7.29 中可见每次转换需要消耗多个时钟,所以结果输出有所延迟,在实际应用中应该考虑到这一点。

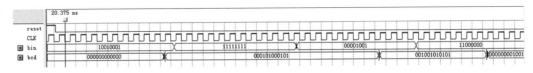

图 7.29 0~255 二进制码转换为 8421 BCD 码

仿真时需要注意的是,待转二进制码保持时间要大于等于 10 个时钟周期,否则输出结果为错误代码,因为在程序设计中,串行移位、count 赋值以及最后结果输出至少用到 10 个时钟,少于这个时间,转换将不能完整进行。

7.6.2 二进制码与格雷码的转换

格雷码又称错误最小化代码,当它按照编码顺序由 0 递增变化时,相邻两个格雷码只有一位发生变化,在代码变化过程中不会产生过渡伪码,也称"噪声",而普通二进制码在代码更替中可能产生过渡噪声,例如二进制码 0111 更替为 1000 时,四个触发器都需要翻转,然而翻转速度可能参差不齐,如最高位触发器动作慢,可能出现 1111 这样的过渡状态,而格雷码的对应代码为 0100 和 1100,在代码变换过程中只有最高位一个触发器需要翻转,所以不会出现过渡错误代码,也就不会引起电路误动作。4 位二进制码与格雷码对照关系如表 7.2 所示,总结二者的规律可知,按照图 7.30 和图 7.31 能够实现二进制码与格雷码转换。

表 7.2 4 位二进制码与格雷码对照关系

编码顺序	二进制码	格雷码
0	0000	0000
1	0001	0001
2	0010	0011
3	0011	0010
4	0100	0110
5	0101	0111
6	0110	0101
7	0111	0100
8	1000	1100
9	1001	1101
10	1010	1111
11	1011	1110
12	1100	1010
13	1101	1011
14	1110	1001
15	1111	1000

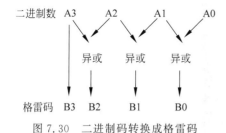

图 7.30 二进制码转换成格雷码   图 7.31 格雷码转换成二进制码

1. 二进制码转换为格雷码

```
LIBRARY IEEE;
USE IEEE.STD_LOGIC_1164.ALL;
USE IEEE.STD_LOGIC_UNSIGNED.ALL;
USE IEEE.STD_LOGIC_ARITH.ALL;
ENTITY  b_gre IS
```

```
      PORT(B: IN STD_LOGIC_VECTOR(3 DOWNTO 0);          -- 待转二进制码
          G: OUT STD_LOGIC_VECTOR(3 DOWNTO 0));         -- 格雷码
END b_gre;
ARCHITECTURE aa OF b_gre IS
   BEGIN
      PROCESS(B)
         BEGIN
            G(3) < = B(3);
            FOR i IN 2 DOWNTO 0 LOOP
               G(i) < =  B(i + 1) XOR B(i);
            END LOOP;
         END PROCESS;
END aa;
```

二进制码转换为格雷码仿真如图 7.32 所示,转换延迟约 12ns。

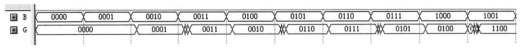

图 7.32　二进制码转换为格雷码

2. 格雷码转换为二进制码

```
LIBRARY IEEE;
USE IEEE.STD_LOGIC_1164.ALL;
USE IEEE.STD_LOGIC_UNSIGNED.ALL;
USE IEEE.STD_LOGIC_ARITH.ALL;
ENTITY G_B IS
   PORT(G: IN STD_LOGIC_VECTOR(3 DOWNTO 0);           -- 待转格雷码
        B: OUT STD_LOGIC_VECTOR(3 DOWNTO 0));         -- 二进制码
END G_B;

ARCHITECTURE aa OF G_B IS
   SIGNAL BB: STD_LOGIC_VECTOR(3 DOWNTO 0);
      BEGIN
         PROCESS(G)
            BEGIN
               BB(3) < =  G(3);
               FOR i IN 2 DOWNTO 0 LOOP
                  BB(i) < =  G(i) XOR BB(i + 1);
               END LOOP;
                  B < = BB;
         END PROCESS;
END aa;
```

格雷码转换为二进制码仿真如图 7.33 所示,转换延迟约 12ns。

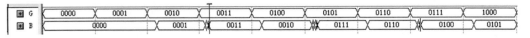

图 7.33　格雷码转换为二进制码

第 8 章

EDA 技术设计实验项目

8.1 设计一：8 位数码扫描显示电路

8.1.1 设计目的

（1）掌握七段数码管结构与工作原理，掌握动态扫描显示原理，了解位码、段码概念。

（2）熟悉计数器、二进制译码器、显示译码电路的设计，掌握编程下载与硬件测试流程，熟悉 EDA 设计的全过程。

8.1.2 设计内容及要求

（1）设计计数器、二进制译码器、显示译码电路，完成位码与段码的产生。

（2）程序统调，实现 8 位七段数码管动态扫描显示电路设计，显示字型指定为 1234560A。

（3）对编写的程序进行编译、仿真，引脚锁定，在线下载程序，进行硬件测试。

8.1.3 设计原理

七段数码管可分为共阳极、共阴极两种，以共阴极为例，其等效电路如图 8.1 所示，4 位二进制数与共阴极七段显示段码的对应表如表 8.1 所示。

视频 8.1

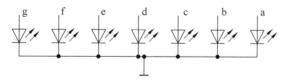

图 8.1 共阴极七段数码管等效电路

通常点亮一个数码管所需电流是 5～10mA，同时点亮一个七段数码管将需电流 10mA×7＝70mA，如果显示 8 位数字，则总电流高达 560mA，这对于一般电子电路来说功耗过大。与此同时，各个数码管需要单独接收来自 FPGA 的段码，以 8 位数据显示为例，仅仅用于显示就需要占用 FPGA 的 56 个 I/O 引脚，这对于 I/O 资源十分珍贵的 FPGA 来说是巨大的浪费。

动态扫描显示将解决这些问题，其原理是：根据人眼的视觉暂留效应，当扫描显示的频率超过 24Hz，就能达到依次点亮单个数码管却能产生它们同时显示的视觉效果，并且不致闪烁抖动。由于所有数码管在同一时刻接收的段码是相同的，所以无论所接数码管数量多少，段码占用的 I/O 只有 7 个，大大节约了 FPGA 的 I/O 资源。

表 8.1 4 位二进制数与共阴极七段显示段码对应表

4 位二进制数				共阴极七段显示码						
D3	D2	D1	D0	g	f	e	d	c	b	a
0	0	0	0	0	1	1	1	1	1	1
0	0	0	1	0	0	0	0	1	1	0
0	0	1	0	1	0	1	1	0	1	1
0	0	1	1	1	0	0	1	1	1	1
0	1	0	0	1	1	0	0	1	1	0
0	1	0	1	1	1	0	1	1	0	1
0	1	1	0	1	1	0	1	1	0	1
0	1	1	1	0	0	0	0	1	1	1
1	0	0	0	1	1	1	1	1	1	1
1	0	0	1	1	1	0	1	1	1	1
1	0	1	0	1	1	1	0	1	1	1
1	0	1	1	1	1	1	1	1	0	0
1	1	0	0	0	1	1	1	0	0	1
1	1	0	1	1	0	1	1	1	1	0
1	1	1	0	1	1	1	1	0	0	1
1	1	1	1	1	1	1	0	0	0	1

节拍脉冲作为动态显示扫描信号,采用计数器与译码器结合产生,译码器的输出即为节拍脉冲 BT7~BT0,节拍脉冲波形如图 8.2 所示。

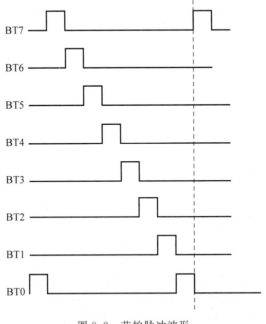

图 8.2 节拍脉冲波形

将节拍脉冲分别接于数码管的控制电路,即由三极管构成的开关电路,如图 8.3 所示。每当节拍脉冲为高电平时,与之相连的 NPN 型三极管导通,使得该位数码管得以导通。同一时间只有一个扫描信号为高电平,则同一时间只有一个七段数码管被点亮,虽然 8 个数码管同时接收到同一种显示段码,但只有一个数码管能够显示出数字。只要控制其相应的BT 的周期小于 1/24s,就可以达到点亮单个数码管却产生 8 个数码管同时显示的视觉效果。

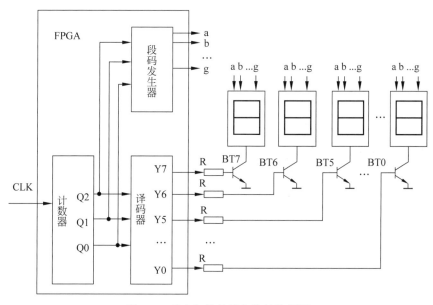

视频 8.2

图 8.3　动态扫描显示电路结构框图

8.1.4　思考

(1) 在设计电子系统时,系统脉冲频率常常较高,如 4MHz、12MHz 等,若要获得扫描信号,需将其分频。如果使扫描显示不至闪烁,要获取 N 位显示器的扫描信号,应该对系统脉冲进行怎样的分频?

视频 8.3

(2) 如果要求显示字型不是指定字型,而是实时显示前级电路的处理结果,如 32b 数据,还需要增加什么环节? 如何产生段码?

8.2　设计二:直流电动机的 PWM 控制

视频 8.4

8.2.1　设计目的

(1) 学习脉冲宽度调制(Pulse Width Modulation,PWM)原理,了解其应用的广泛性。
(2) 学习直流电动机的控制原理,了解 H 桥驱动电路的工作原理。
(3) 掌握计数器、比较器等模块的 VHDL 设计。

8.2.2　设计内容及要求

要求该控制电路能够实现电动机启动和停止控制、转向控制、转速控制,具体内容如下。
(1) 设计计数器、比较器。
(2) 设计电动机速度控制电路,要求电动机速度能够 4 挡可调。

（3）设计电动机方向控制电路。

（4）利用实验箱进行硬件测试。

视频8.5

8.2.3 设计原理

PWM 是利用微处理器的数字输出对模拟电路进行控制的一种非常有效的技术,广泛应用在测量、通信、功率控制与变换等许多领域中。

直流电动机的转速与其两端电压有关:

$$n = \frac{U - IR}{K\varphi} \tag{8-1}$$

其中,U 为电枢电压,I 为电枢电流,R 为电枢电路总电阻,K 为电动机结构参数,φ 为每级磁通量。

PWM 调速控制原理图和输入输出电压波形如图 8.4 所示。在图 8.4(a)中,当开关管的驱动信号为高电平时,开关管导通,直流电动机电枢绕组两端接通电压 U_S。经过了 t_1 秒,驱动信号变为低电平,开关管截止,电动机电枢两端电压变为 0 直至 t_2。在时间 t_2 之后,驱动信号重新变为高电平,开关管的动作重复前面的过程。对应输入电平的高低,直流电动机电枢绕组两端的电压波形如图 8.4(b)所示,其中 t_2 即 PWM 波的周期 T。电动机的电枢绕组两端的电压平均值 U_0 为:

$$U_0 = \frac{t_1 \times U_S + 0}{t_2} = \frac{t_1 \times U_S}{T} = D \times U_S \tag{8-2}$$

其中 D 为占空比,$D = \frac{t_1}{T}$。

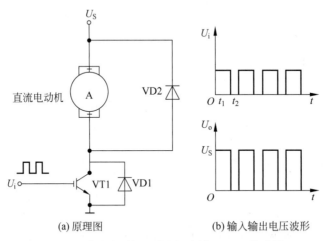

(a) 原理图   (b) 输入输出电压波形

图 8.4 直流电动机工作原理图与 PWM 波形图

占空比 D 表示在一个周期 T 里开关管导通的时间与周期的比值。D 的变化范围为 0～1。由式(8-1)可知,当电源电压 U_S 不变的情况下,电枢两端电压的平均值 U_0 取决于占空比 D 的大小,改变 D 值也就改变了电枢两端电压的平均值,从而达到控制电动机转速的目的。

直流电动机控制电路主要包括 PWM 波产生电路和由 H 桥组成的正反转功率驱动电路。其中基于 FPGA 的 PWM 波产生电路的结构框图如图 8.5 所示。按键部分负责选取速度挡位,计数器负责输出 0~31 或更大的数值,比较器用来将挡位数字与计数器输出进行比较,从而输出 PWM 波,正反转控制信号将决定 PWM 信号从正端还是反端输出,进而由 H 桥驱动电路控制电源接入电动机的极性,实现电动机正转或反转。

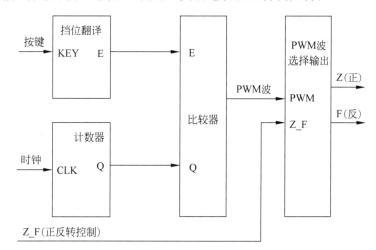

视频 8.6

图 8.5　FPGA 直流电动机驱动控制电路框图

H 桥式电动机驱动电路主要结构为 4 个三极管,要使电动机运转,必须导通对角线上的一对三极管。根据不同三极管对的导通情况,电流流过电动机的方向截然不同,从而控制电动机的转向。H 桥式电动机驱动电路结构如图 8.6 所示。

视频 8.7

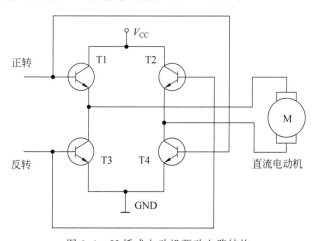

图 8.6　H 桥式电动机驱动电路结构

8.2.4　思考

(1) 如果计数器的计数范围很小,会带来什么问题? 计数器计数范围大有什么好处?

(2) 速度挡位的选择采用按键方式,按键数目可以与挡位数一致。例如,采用 4 个挡位控制电动机转速,则采用 4 个按键。如果只采用一个按键,如何实现挡位切换?

(3) 了解步进电动机与直流电动机的区别,思考步进电动机如何实现转速与转向控制。

视频 8.8

8.3　设计三：基于 VHDL 状态机的 A/D 采样控制电路设计

8.3.1　设计目的

（1）了解 ADC0809 的工作时序,用状态机实现对 ADC0809 的采样控制。

（2）进一步掌握程序下载与硬件测试流程,熟悉 EDA 设计的全过程。

8.3.2　设计内容及要求

（1）ADC0809 芯片引脚如图 8.7 所示,依据图 8.8 的 ADC0809 工作时序图,参考图 8.9 与图 8.10 的提示,设计 ADC0809 采样控制系统,控制其将模拟电压转换成 8 位数字量,并且传入 FPGA 中进行锁存。

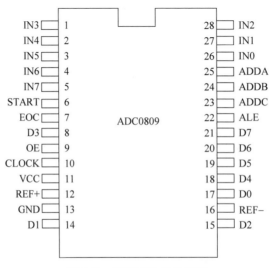

图 8.7　ADC0809 芯片引脚

（2）采用动态扫描方式,实时显示所测数据（不必转化为真实电压值,只要能够验证对 ADC0809 实时采样控制是否成功即可）。

（3）下载程序,进行硬件功能测试。

8.3.3　设计原理

视频 8.9

ADC0809 是 CMOS 的 8 位 A/D 转换器,片内有 8 路模拟开关,可控制 8 路模拟量中的一路进入转换器,转换时间约 $100\mu s$。

ADC0809 的主要控制信号与工作时序如图 8.8 所示。ALE 是 3 位通道选通地址（ADDC、ADDB、ADDA）信号的锁存信号。当模拟量送至某一输入端（INi）,由 3 位地址信号确定 i 的值,即模拟信号的地址,而地址信号由 ALE 上升沿锁存。START 是转换启动信号,下降沿处启动有效。EOC 是表明 ADC0809 转换情况的信号,当启动转换后,EOC 为低电平,约 $100\mu s$ 后,转换结束,EOC 回到高电平。在 EOC 的上升沿后,若令使能信号 OE 为高电平,则控制打开三态缓冲器,把 ADC0809 转换完成的 8 位数据传至数据总线。至此,

ADC0809 完成一次转换。

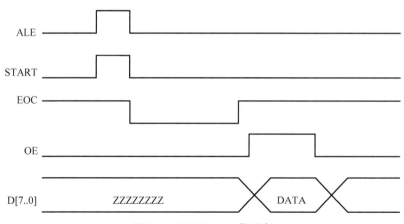

图 8.8　ADC0809 工作时序

　　基于 FPGA 实现 A/D 采样控制的设计主要包括 3 个模块，ADC0809 采样控制系统结构框图如图 8.9 所示。其中，状态机负责按照 ADC0809 的工作时序对 A/D 转换进行控制，锁存器负责适时存取数据 D，动态扫描显示模块负责将 8 位数据 D 用两个数码管显示出来。

视频 8.10

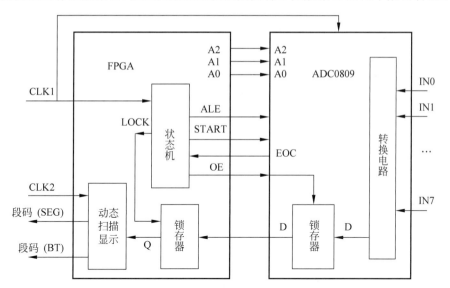

图 8.9　ADC0809 采样控制系统结构框图

视频 8.11

视频 8.12

视频 8.13

　　设计时，首先将 ADC0809 采样控制过程划分为 ST0～ST4 共 5 个状态，各状态情况示意图见图 8.10，然后采用状态机的方法完成设计。

8.3.4　思考

　　(1) 数据锁存信号 LOCK 的上升沿与 OE=1 同时出现可以吗？原因是什么？

　　(2) 该设计可否将 5 个状态合并为 4 个？怎样调整设计？

　　(3) 数据锁存信号与时钟信号均为上升沿有效。在一个结构体中，如何处理数据锁存信号 LOCK 上升沿和时钟上升沿的检测？

视频 8.14

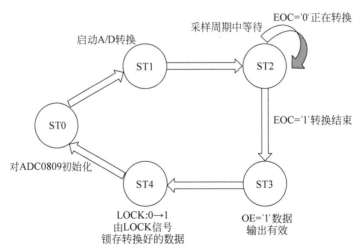

图 8.10　ADC0809 采样控制各状态示意图

8.4　设计四：硬件乐曲演奏电路及扩展设计——音乐播放器

8.4.1　设计目的

通过本设计,掌握数控分频原理、存储器的工作原理,掌握基于 EDA 技术的计数器、分频器、定制 ROM、元件例化的方法以及数据读取方法等。

8.4.2　设计内容及要求

1. 硬件乐曲演奏电路设计

设计硬件乐曲演奏电路,能够用 7 个按键模拟演奏电路的琴键,使之发出"1,2,3,4,5,6,7"共 7 个音符。设计内容及要求包括:

（1）模拟琴键模块 U1,用于产生 7 个音符的分频数。

（2）数控分频模块 U2,将系统主频进行分频,得到频率与 7 个音符相对应的脉冲号。

（3）占空比调整模块,调整占空比为大于等于 50％,以利于扬声器的驱动。

（4）利用实验箱进行硬件测试。

2. 扩展设计——音乐播放器

设计音乐播放器,能够自动播放乐曲《梁祝》,其简谱数据见7.4.5节。设计内容及要求包括:

（1）设计分频器,将系统主频进行分频,分频输出作为 ROM 地址计数器以及 ROM 数据输出的时钟信号,即乐曲的节拍,建议频率为 4Hz 或 8Hz。

（2）设计计数器,其输出作为 ROM 的地址。

（3）定制 ROM,存储数据为乐曲的简谱数据。

（4）设计查表电路,即该乐曲涉及的所有音符的分频数列表,将音符数据转换为分频数。

（5）设计数控分频电路及占空比调整电路。

（6）利用实验箱进行硬件测试。

8.4.3　设计原理

1. 硬件乐曲演奏电路

系统由 3 个模块组成: 模拟琴键模块、数控分频器和占空比调整模块。

(1) 模拟琴键模块为数控分频器提供所发音符的分频预置数, 而每个数值在数控分频器输入口停留的时间长短则体现了该音符的节拍, 这个停留时间取决于按键时长。

(2) 数控分频器对输入的高频率的脉冲进行分频, 该预置数来自模拟琴键模块的输出, 数控分频器输出的是与音符的频率相对应的脉冲信号。

(3) 由于分频输出的脉冲信号占空比低, 没有足够的功率来驱动扬声器, 所以需要进行占空比调整, 使得扬声器能够正常驱动。

2. 扩展设计——音乐播放器

视频 8.20

在硬件乐曲演奏电路中, 数控分频器的输入数据是人的手指按键产生的, 而在音乐播放器中, 数控分频器的输入数据是音符数据存储器的输出, 其内部存储的数据为音符的分频数, 而音乐节拍则通过分频数据停留不同时钟节拍来实现。如果存储器的地址计数器时钟频率为 4Hz, 则每一计数值的停留时间为 0.25s, 恰为全音符设为 1s 时四四节拍的 4 分音符持续时间。例如, 某个音符为 3 拍, 则该音符的分频数应存储于地址连续的 3 个存储单元里。音乐播放器的结构框图如图 8.11 所示。

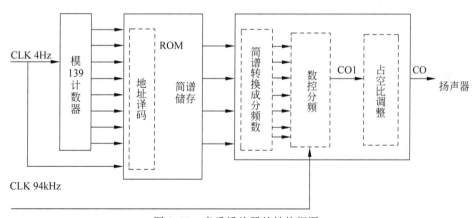

图 8.11　音乐播放器的结构框图

8.4.4　思考

(1) 音乐播放器中出现两个时钟, 它们的功能分别是什么?

(2) 本设计的简谱数据共 139 个, 定制 ROM 时, 地址线应该是多少条? 该 ROM 存储了多少个字? 每个字的位宽是多少? 为什么?

(3) 如何调节音乐播放速度? 如何调节音乐声调高低?

(4) 如何播放多首乐曲?

8.5　设计五: 四人抢答电路与八路彩灯控制器

8.5.1　设计目的

通过本设计巩固数字电路基本知识和技能, 掌握触发器、寄存器、计数器、译码器等常用数字器件的功能,培养将所学理论应用于实践的能力,体会用 EDA 技术实现系统的优越性。

视频 8.21

8.5.2　设计内容及要求

1. 四人抢答电路

设计内容及要求如下:

(1) 每个参赛者控制一个按钮,用按动按钮发出抢答信号。

(2) 竞赛主持人控制另一个按钮,用于将电路复位。

(3) 竞赛开始后,先按动按钮的参赛者将对应的一个发光二极管点亮,此后其他人再按动按钮时对电路不起作用。

提示: 抢答器用 D 触发器或 JK 触发器进行数据存储。

2. 八路彩灯控制器

设计内容及要求如下:

(1) 彩灯明暗变化节拍为 1s。

(2) 彩灯花型如表 8.2 所示。该系统的外加信号是时钟,输出为 8 路彩灯信号。彩灯控制器按 1s 的节拍改变 8 路输出的电平高低,控制彩灯按预定规律亮、灭,从而显示一定的花型。

表 8.2　彩灯花型

节拍	花型
0	10000000
1	11000000
2	11100000
3	11110000
4	11111000
5	11111100
6	11111110
7	11111111

8.5.3　设计原理

本设计采用原理图设计或者文本设计均能达到设计要求。

1. 四人抢答电路

抢答电路设计有两个重点: 按键代表的数据信息能够得到传递;一人按键的同时,需要封锁其他人按键信息的输入。对于第一点,由于 D 触发器和 JK 触发器都具有传递输入数据的功能,所以可用 4 个 D 触发器或 JK 触发器代表 4 个人。对于第二点,可以通过封锁时钟使得触发器得不到触发信号而实现保持,从而封锁其他按键信息进入抢答器。

2. 八路彩灯控制器

观察彩灯设计花型表,可以看出彩灯变换节奏受到时钟的控制。第一种方案是,时钟直接控制移位寄存器工作,寄存器工作方式为串入/并出,输入数据始终为高电平,8 位并行输出接 8 路彩灯。第二种方案是,计数器接 3-8 线译码器。在时钟作用下,计数输出控制译码

器的数据输入端,译码器的 8 个数据输出端分别接 8 路彩灯。第三种方案是计数器接数据
选择器 MUX 的地址端,MUX 的输出端接 1 路彩灯,此方案需要多片数据选择器。

8.5.4 思考

(1) 增加抢答电路的规模,丰富抢答电路的功能。
(2) 采用各种声、光、电手段来实现八路彩灯电路,要求花型多样,控制灵活。

8.6 设计六:信号灯控制系统设计

8.6.1 设计目的

运用 EDA 技术进行小型综合系统设计,巩固状态机设计方法和元件例化语句的应用
能力,培养解决实际问题的能力。

8.6.2 设计内容及要求

设计一个交通信号灯控制系统,主要控制十字路口的通行车辆。红灯亮,车辆禁止通
行;绿灯亮,车辆可以通行;黄灯在绿灯之后亮,提醒车辆停在停车线内;黄灯结束的时候,
相应的红灯亮,开始下一个计数周期。本例中,设东西方向为主干道,通行时间为 60s;南北
方向为次干道,通行时间为 45s;提示与缓冲的时间均为 5s。

8.6.3 设计原理

视频 8.22

将交通灯控制系统划分为 5 个模块:分频器、减法计数器、状态机、译码器、顶层文件例
化模块。系统结构框图如图 8.12 所示,模块之间的关系为:系统脉冲经过分频产生状态机
工作时钟和1Hz的秒脉冲,其中秒脉冲作为 60s,45s 和 5s 减法计数器的计数时钟。在状态

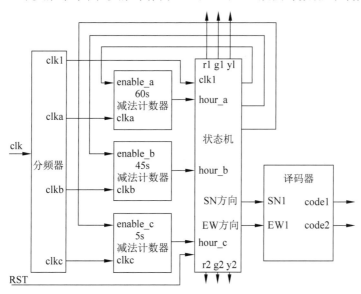

图 8.12 系统结构框图

机中,通过检测当前状态以及减法计时数据,给出跳转的目标状态以及该状态下各交通灯的通断信号,同时给出相应减法计数器的工作使能信号。译码器将计数器输出的数据转换成数码管显示段码加以显示。顶层文件例化模块将上述 4 个模块按照系统结构框图的逻辑关系加以连接,实现系统要求。

8.6.4　思考

(1) 增加外围电路,考虑增加人行道以及方便盲人的交通灯控制方案。

(2) 考虑紧急情况(如消防车、120 急救车)的应急交通灯控制方案。

参 考 文 献

［1］ 潘松,黄继业.EDA 技术实用教程[M].4 版.北京:科学出版社,2010.
［2］ 狄超,刘萌.FPGA 之道[M].西安:西安交通大学出版社,2014.
［3］ 阎石.数字电子技术基础[M].5 版.北京:高等教育出版社,2011.
［4］ 谭会生,张昌凡.EDA 技术及应用[M].2 版.西安:西安电子科技大学出版社,2005.
［5］ 徐志军,王金明,尹廷辉,等.EDA 技术与 PLD 设计[M].北京:人民邮电出版社,2007.
［6］ 段吉海,黄智伟.基于 CPLD/FPGA 的数字通信系统建模与设计[M].北京:电子工业出版社,2006.
［7］ 王伶俐,周学功,王颖.系统级 FPGA 设计与应用[M].北京:清华大学出版社,2012.
［8］ 褚振勇.FPGA 设计及应用[M].3 版.西安:西安电子科技大学出版社,2012.
［9］ 卢毅,赖杰.VHDL 与数字电路设计[M].北京:科学出版社,2001.
［10］ WILSON P.FPGA 设计实战[M].北京:人民邮电出版社,2009.
［11］ 潘松,黄继业.EDA 技术与 VHDL[M].4 版.北京:清华大学出版社,2013.
［12］ 谭会生,瞿遂春.EDA 技术综合应用实例与分析[M].西安:西安电子科技大学出版社,2004.
［13］ 何宾.EDA 原理及 VHDL 实现[M].北京:清华大学出版社,2014.
［14］ 黄科,艾琼龙,李磊.EDA 数字系统设计案例实践[M].北京:清华大学出版社,2010.

图 书 资 源 支 持

感谢您一直以来对清华大学出版社图书的支持和爱护。为了配合本书的使用，本书提供配套的资源，有需求的读者请扫描下方的"书圈"微信公众号二维码，在图书专区下载，也可以拨打电话或发送电子邮件咨询。

如果您在使用本书的过程中遇到了什么问题，或者有相关图书出版计划，也请您发邮件告诉我们，以便我们更好地为您服务。

我们的联系方式：

教学资源·教学样书·新书信息

地　　址：北京市海淀区双清路学研大厦 A 座 714

邮　　编：100084

电　　话：010-83470236　010-83470237

人工智能科学与技术
人工智能|电子通信|自动控制

资源下载：http://www.tup.com.cn

客服邮箱：tupjsj@vip.163.com

资料下载·样书申请

QQ：2301891038（请写明您的单位和姓名）

书圈

用微信扫一扫右边的二维码，即可关注清华大学出版社公众号。